高等学校计算机专业系列教材

算法设计与分析

张树东　罗　宁　柳昊明　编著

清华大学出版社
北京

内容简介

本书介绍计算机算法分析与设计的基本概念、典型算法和经典案例，使读者掌握常用的算法分析与设计技术。全书共分为8章，第1章介绍算法的概念与特征，算法分析与设计的相关数学基础，算法复杂性的概念、表示方法和衡量刻度标准；第2章讲述了算法相关的数据组织方式和组织结构，包括线性表、树、二叉搜索树、红黑树、B树、散列表、最小生成树等；第3～8章分别介绍分治法、动态规划法、贪心算法、回溯法、分支限界法、概率分析和随机算法等经典算法，并通过典型案例加以分析和说明。本书给出了各种算法的具体代码实现，其中，分治法、动态规划法采用传统的类C语言伪代码进行描述；贪心算法、回溯法、分支限界法、概率分析和随机算法则采用C#语言实现。

本书适合作为高等学校计算机及相关专业"算法设计与分析"课程的教材，也可供相关专业人员参考使用。

图书在版编目(CIP)数据

算法设计与分析/张树东，罗宁，柳昊明编著. —北京：清华大学出版社，2023.8
高等学校计算机专业系列教材
ISBN 978-7-302-64130-8

Ⅰ. ①算… Ⅱ. ①张… ②罗… ③柳… Ⅲ. ①算法设计－高等学校－教材 ②算法分析－高等学校－教材 Ⅳ. ①TP301.6

中国国家版本馆CIP数据核字(2023)第129540号

责任编辑：龙启铭 薛 阳
封面设计：何凤霞
责任校对：胡伟民
责任印制：沈 露

出版发行：清华大学出版社
网 址：http://www.tup.com.cn，http://www.wqbook.com
地 址：北京清华大学学研大厦A座 邮 编：100084
社 总 机：010-83470000 邮 购：010-62786544
投稿与读者服务：010-62776969，c-service@tup.tsinghua.edu.cn
质量反馈：010-62772015，zhiliang@tup.tsinghua.edu.cn
课件下载：http://www.tup.com.cn，010-83470236
印 装 者：三河市君旺印务有限公司
经 销：全国新华书店
开 本：185mm×260mm 印 张：14.5 字 数：365千字
版 次：2023年10月第1版 印 次：2023年10月第1次印刷
定 价：49.00元

产品编号：095764-01

前言

自2008年起为本科生开设"算法分析与设计"课程，自2010年起为专业学位硕士开设"算法分析与设计"课程，于2019年拓展为学术型学位硕士开设"算法分析与设计"课程，前后已15年。近年来，随着人工智能和大数据技术的飞速发展，特别是以深度学习为代表的机器学习领域的跨越性发展，算法技术被提到了空前的高度，并得到了产业界前所未有的重视。但在深度学习应用中偏重于数据标注和提高训练效率，对模型本身、模型改进的研究较少。在本科生教学阶段，主要讲述算法的基础知识和常用算法，在研究生教学阶段增加了启发式算法和人工智能算法，目的是使学生掌握常用的算法技术，为后续的学习和研究打好基础。

本书共分为8章，第1章讲述了算法的概念、特征、算法复杂性及相关数学基础；第2章讲述了算法相关的数据组织方式和组织结构；第3～8章分别讲述了分治法、动态规划法、贪心算法、回溯法、分支限界法、概率分析和随机算法。

本书的特色主要有：

(1)书中包含大量的案例，通过案例分析掌握相关算法。

(2)每个案例按照问题提出、问题分析、问题求解、算法实现、算法复杂性分析的思路讲解。

(3)分治法、动态规划法采用传统的类C语言伪代码进行描述；贪心算法、回溯法、分支限界法、概率分析和随机算法采用C#语言实现。

(4)书中对流水作业调度问题进行了深入的探讨，并给出了一组下界值估计函数。

编者在2008年首次讲授"算法分析与设计"课程，基于吴敏华教授的《算法分析与设计》白皮书(2005年1月)，之后在此基础上不断扩展，在此对吴敏华教授表示感谢！在资料的收集方面，得到了首都师范大学信息工程学院2021级选修"算法分析与设计"课程的75名研究生的协助，在此一并表示感谢！

著　者

2023年9月

目录

第 1 章　算法基础　/1

第 2 章　信息结构　/23

第8章 概率分析和随机算法 /193

参考文献 /217

第1章 算法基础

1.1 算法概念与特征

1.1.1 算法概念

对于算法的概念从不同的角度有着不同的描述，总结起来有以下几种。

(1) 算法是指对于解决某个问题方案准确而完整的描述，是一系列解决问题的清晰指令序列，算法代表着用系统方法描述解决问题的策略机制。

(2) 算法是一个有穷规则的集合。这里规则是指解某问题所用到的各种运算的序列。

(3) 算法是求解一个问题无二义性的有穷过程。过程是指求解问题的一个动作序列。

(4) 用给定计算机语言编写，并且可以在这种计算机上执行的过程称为算法。

(5) 算法是对所有有效输入都停机的图灵机。

1.1.2 算法特征

算法一般具有以下5个特征。

(1) 确切性：算法的每一个步骤必须有确切的定义。

(2) 输入项：一个算法有0个或多个输入，以刻画运算对象的初始情况，0个输入是指算法本身给出初始条件的情况。

(3) 输出项：一个算法至少有1个或多个输出，以反映算法对输入项数据处理后的结果，没有输出的算法毫无意义。

(4) 可行性：算法中可执行的任何计算步骤都可被分解为基本的可执行的操作步骤，即每个操作步骤都可以在有限的时间内完成(也被称为算法的有效性)。

(5) 有穷性：算法必须能在执行有限个步骤之后终止。

1.2 数学基础

1.2.1 数学归纳法

数学归纳法(Mathematical Induction，MI)是一种数学证明方法，通常被用于证明某个给定命题在整个(或者局部)自然数范围内成立。

虽然数学归纳法名字中有“归纳”，但是数学归纳法并非不严谨的归纳推理法，它属于完全严谨的演绎推理法。每个演绎推理都有两个前提，即大前提(概括性的一般原理)和小前提(对个别事物的判断)，演绎推理即根据两个前提之间的关系做出新判断(推理)，得出结论。

1. 数学归纳法原理

首先证明在某个起点值时命题成立，然后证明从一个值到下一个值的过程有效。当这两点都已经证明，那么任意值都可以通过反复使用这个方法推导出来。

数学归纳法有第一数学归纳法、第二数学归纳法、跳跃归纳法、递降归纳法、螺旋式归纳法、倒推归纳法等变体。其中，第二数学归纳法又被称为完整归纳法。

(1) 第一数学归纳法。

第一数学归纳法可以概括为以下三步。

① 归纳奠基：证明 $n=1$ 时命题成立。

② 归纳假设：假设 $n=k$ 时命题成立。

③ 归纳递推：由归纳假设推出 $n=k+1$ 时命题也成立。

(2) 第二数学归纳法。

第二数学归纳法原理是设有一个与自然数 n 有关的命题，如果：

① 当 $n=1$ 时，命题成立。

② 假设当 $n\leqslant k$ 时命题成立，由此可推得当 $n=k+1$ 时，命题也成立。那么，命题对于一切自然数 n 来说都成立。

(3) 螺旋式归纳法。

螺旋式归纳法的原理是对两个与自然数有关的命题 $P(n)$ 和 $Q(k)$，如果：

① $n=n_0$ 时，$P(n)$成立。

② 假设 $P(k)$在 $k>n_0$ 时成立，能推出 $Q(k)$成立；假设 $Q(k)$成立，能推出 $P(k+1)$成立。则对一切自然数 $n(n\geqslant n_0)$，$P(n)$和 $Q(n)$都成立。

(4) 跳跃归纳法。

跳跃归纳法的原理是对于一个与自然数 n 有关的命题 $P(n)$，如果：

① $P(1),P(2),\cdots,P(I)$成立；

② 假设 $P(k)$成立，可以推出 $P(k+1)$成立，则 $P(n)$对一切自然数 n 都成立。

(5) 倒推归纳法。

倒推归纳法又名反向归纳法，其原理是对于一个与自然数 n 有关的命题 $P(n)$，如果：

① 对于无穷多个自然数 n 命题 $P(n)$成立。

② 假设 $P(k+1)(k\geqslant n_0)$成立，并在此基础上，推出 $P(k)$成立。则对一切自然数 $n(n\geqslant n_0)$，命题 $P(n)$都成立。

2. 典型示例

(1) 格雷码产生问题。

背景：格雷码(Gray Code)是一个数列集合，每个数使用二进位进行表示，假设使用 n 位元来表示每个数字，任两个数之间只有一个位元值不同。

问题：如何产生所有 n 位元的格雷码？

解决方案：

如果要产生 n 位元的格雷码，那么格雷码的个数为 2^n。

假设原始的值从 0 开始，格雷码产生的规律是：第一步，改变最右边的位元值；第二步，改变右起第一个为 1 的位元的左边位元；第三步、第四步重复第一步和第二步，直到所有的格雷码产生完毕。

仔细观察格雷码的结构，会有以下发现。

① 除了最高位(左边第一位)，格雷码的位元完全上下对称。例如，第一个格雷码与最后一个格雷码对称(除了第一位)，第二个格雷码与倒数第二个对称，以此类推。

② 最小的重复单元是0、1。

所以，在实现的时候，完全可以利用递归，在每一层前面加上0或者1，然后就可以列出所有的格雷码。下面以3位元格雷码为例。

第一步：产生0、1两个字符串。

第二步：在第一步的基础上，每一个字符串都加上0和1，但是每次只能加一个，所以得做两次。这样就变成了00,01,11,10(注意对称)。

第三步：在第二步的基础上，再给每个字符串都加上0和1，同样，每次只能加一个，这样就变成了000,001,011,010,110,111,101,100。

这样就生成了3位元的所有格雷码。

如果要生成4位元格雷码，只需要在3位元格雷码上再加一层0,1。总结上述过程，可以得出，n位元格雷码是基于$n-1$位元格雷码产生的。

(2) 有向图中的有路可达问题。

问题：$G(V,E)$为有向图，证明G中有一个独立集$S(G)$，使G中每一个顶点都能由$S(G)$中的点通过长度不超过2的路径到达。

解决方案：

设图G的顶点数为n。

当$n \leqslant 3$时，该结论必然成立。

假设对于顶点数小于n的有向图该结论成立，对于顶点数为n的有向图：取一个点v，$N(v)$为所有与v相邻的点的集合$\{w \mid <v,w> \text{在} G \text{中}\}$，则对于图$H=G-v-N(v)$，因其顶点数小于$n$，根据假设可满足命题要求，即：

① 若$S(G)=S(H)+\{v\}$是独立集，v又与所有$N(v)$一步到达，则这个图中所有点都可由$S(G)$中的点通过长度不超过2的路到达。

② 若$S(H)+\{v\}$不是独立集，意味着$S(H)$中必然有一个p，存在边$<p,v>$，这样p可以经过两步到所有$N(v)$，从而$S(G)=S(H)$，满足要求。

综上所述，所证命题成立。

1.2.2　取整函数

取整函数作为一种基本运算，在计算、科研方面一直保持着不可替代的地位。在许多程序语言中，函数有且仅具有一个返回值，这些返回值的类型包括整型、浮点数、结构体、指针等。对于整数而言，数值之间的间隔为1，在进行运算的过程中，会出现小数的情况，对于小数赋值整型变量的情况，需要对小数点后的内容进行取舍，这个过程称为取整。

取整函数包括向上取整、向下取整以及四舍五入取整。其中，向上取整即为：取不小于该数的最小整数，用$\lceil x \rceil$表示；向下取整即为：取不大于该数的最大整数，用$\lfloor x \rfloor$表示。

取整函数具有以下性质。

- $x-1<\lfloor x \rfloor \leqslant x \leqslant \lceil x \rceil < x+1$　　(1-1)

• $\left\lfloor \frac{n}{2} \right\rfloor + \left\lfloor \frac{n}{2} \right\rfloor = n$ (1-2)

对于 $n \geqslant 0, a, b > 0$，有：

• $\left\lceil \left\lceil \frac{n}{a} \right\rceil / b \right\rceil = \left\lceil \frac{n}{ab} \right\rceil$ (1-3)

• $\left\lfloor \left\lfloor \frac{n}{a} \right\rfloor / b \right\rfloor = \left\lfloor \frac{n}{ab} \right\rfloor$ (1-4)

• $\left\lceil \frac{a}{b} \right\rceil \leqslant \frac{a+(b-1)}{b}$ (1-5)

• $\left\lfloor \frac{a}{b} \right\rfloor \geqslant \frac{a-(b-1)}{b}$ (1-6)

• $f(x) = \lfloor x \rfloor, g(x) = \lceil x \rceil$为单调递增函数 (1-7)

对于向上取整方法，一种可行的实现方法如下。

```
int f(float a)
{
    if(a-(int)a<1e-9)
        return (int)a;
    else
        return (int)a+1;
}
```

对于位长为 n 的输入数字，时间复杂度为 $O(1)$。

当然也可以调用一些标准头文件如＜math.h＞预定义函数等，如 ceil(double x)，其效果为向正无穷方向取整，对负数同样有效。

对于向下取整，则使用强制转换即可，或调用 floor(double x)，效果为向负无穷方向取整，对负数同样有效。

对于四舍五入的计算，则可利用 int 向下取整的特性，编写如下程序(仅对一位取整有效)。

```
int f(double a)
{
    a*=10;
    int b=a+5;
    return b/10;
}
```

而对于第 n 位的取整，则有如下代码。

```
int f(float a, int n)
{
    int b=10*pow10(n);
    a*=b;
    a+=5;
    return a/10;
}
```

1.2.3　二项式定理

二项式定理，又称牛顿二项式定理，由艾萨克·牛顿于1664—1665年提出，高斯在1812年首次给出了证明。两个数之和的整数次幂展开为类似项之和的恒等式。二项式定理可以推广到任意实数次幂，即广义二项式定理。可以将 $x+y$ 的任意次幂展开成和的形式：

$$(x+y)^n=\binom{n}{0}x^ny^0+\binom{n}{1}x^{n-1}y^1+\binom{n}{2}x^{n-2}y^2+\cdots+\binom{n}{n-1}x^1y^{n-1}+\binom{n}{n}x^0y^n$$
$$=\sum_{i=0}^{n}\binom{n}{i}x^{n-i}y^i \tag{1-8}$$

1. 二项式定理推导

考虑用数学归纳法。

当 $n=1$ 时，有

$$(x+y)^1=x+y=\binom{1}{0}x^1y^0+\binom{1}{1}x^0y^1=x+y \tag{1-9}$$

等式成立。

假设二项展开式在 $n=m$ 时成立。

设 $n=m+1$，则有

$$(x+y)^{m+1}=x(x+y)^m+y(x+y)^m \tag{1-10}$$

由于等式在 $n=m$ 时成立，则有

$$\begin{aligned}(x+y)^{m+1}&=x\sum_{i=0}^{m}\binom{m}{i}x^{m-i}y^i+y\sum_{i=0}^{m}\binom{m}{i}x^{m-i}y^i\\&=\sum_{i=0}^{m}\binom{m}{i}x^{m-i+1}y^i+\sum_{i=0}^{m}\binom{m}{i}x^{m-i}y^{i+1}\\&=x^{m+1}+\sum_{i=1}^{m}\binom{m}{i}x^{m-i+1}y^i+\sum_{i=1}^{m+1}\binom{m}{i-1}x^{m-i+1}y^i\\&=x^{m+1}+\sum_{i=1}^{m}\binom{m}{i}x^{m+1-i}y^i+\sum_{i=1}^{m}\binom{m}{i-1}x^{m+1-i}y^i+y^{m+1}\\&=x^{m+1}+y^{m+1}+\sum_{i=1}^{m}\binom{m+1}{i}x^{m+1-i}y^i\\&=\sum_{i=0}^{m+1}\binom{m+1}{i}x^{m+1-i}y^i\end{aligned} \tag{1-11}$$

等式成立，证明完毕。

2. 二项式定理推广至 n 为负数

二项式定理的一个常用形式如下：

$$(1+x)^n=\sum_{k=0}^{n}C_n^kx^k,\quad (n>0) \tag{1-12}$$

由于组合数的性质，当 $k>n$ 时，$C_n^k=0$，式(1-12)可以改写如下：

$$(1+x)^n=\sum_{k=0}^{\infty}C_n^k x^k,\quad (n>0) \tag{1-13}$$

当式(1-13)中左边的指数为负整数时,公式

$$(1+x)^{-n}=\sum_{k=0}^{\infty}C_{-n}^k x^k=\sum_{k=0}^{\infty}(-1)^k C_{n+k-1}^k x^k \tag{1-14}$$

依然成立。同理,二项式定理也可以推广到非整数指数的情况:

$$(1+x)^{\alpha}=\sum_{k=0}^{\infty}C_{\alpha}^k x^k=\sum_{k=0}^{\infty}\frac{\alpha(\alpha-1)\cdots(\alpha-k+1)}{k!}x^k \tag{1-15}$$

1.2.4 二项式系数

根据二项式定理可知,对任意的复数 x,都有

$$(1+x)^n=\sum_{i=0}^{n}\binom{n}{i}x^i \tag{1-16}$$

式中$\binom{n}{i}$($n\geqslant i\geqslant 0$)称为二项式系数。

对于 n 和 i 是满足 $n\geqslant i\geqslant 0$ 的整数,则有

$$\binom{n}{i}=\frac{n!}{i!\ (n-i)!} \tag{1-17}$$

表示从 n 个互不相同的元素中取出 i 个元素的组合个数。所以$\binom{n}{i}$读作“n 中选取 i”。

例如,从 $n=5$ 的集合$\{a,b,c,d,e\}$中一次取出 $i=3$ 个元素的组合有

```
abc,abd,abe,acd,ace,ade,bcd,bce,bde,cde
```

$$\binom{5}{3}=\frac{5!}{3!\ (5-3)!}=\frac{5\times4\times3\times2\times1}{(3\times2\times1)\times(2\times1)}=10 \tag{1-18}$$

二项式系数在算法分析与设计中有着广泛的应用。

当 i 取特殊值时,有

$$\binom{n}{0}=1,\binom{n}{1}=n,\binom{n}{2}=\frac{n(n-1)}{2} \tag{1-19}$$

二项式系数有如下性质。

(1) 对称性:

$$\binom{n}{i}=\frac{n!}{i!\ (n-i)!}=\frac{n!}{(n-i)!\ (n-(n-i))!}=\binom{n}{n-i} \tag{1-20}$$

(2) 移进括号和移出括号:

$$\binom{n}{i}=\frac{n!}{i!\ (n-i)!}=\frac{n}{i}\ \frac{(n-1)!}{(i-1)!\ (n-1-(i-1))!}=\frac{n}{i}\binom{n-1}{i-1} \tag{1-21}$$

式(1-21)变换可得:

$$i\binom{n}{i}=n\binom{n-1}{i-1} \tag{1-22}$$

$$\frac{1}{n}\binom{n}{i}=\frac{1}{i}\binom{n-1}{i-1} \tag{1-23}$$

类似关系式有

$$\binom{n}{i}=\frac{n!}{i!\,(n-i)!}=\frac{n}{n-i}\,\frac{(n-1)!}{i!\,(n-1-i)!}=\frac{n}{n-i}\binom{n-1}{i} \tag{1-24}$$

进而

$$(n-i)\binom{n}{i}=n\binom{n-1}{i} \tag{1-25}$$

（3）加法公式：

$$\begin{aligned}\binom{n}{i}&=\frac{n}{i}\binom{n-1}{i-1}=\frac{n-i+i}{i}\binom{n-1}{i-1}=\frac{n-i}{i}\binom{n-1}{i-1}+\binom{n-1}{i-1}\\&=\frac{n-i}{i}\,\frac{(n-1)!}{(i-1)!\,(n-1-(i-1))!}+\binom{n-1}{i-1}\\&=\frac{n-i}{i}\,\frac{(n-1)!}{(i-1)!\,(n-i)!}+\binom{n-1}{i-1}\\&=\frac{(n-i)(n-1)!}{i(i-1)!\,(n-i)!}+\binom{n-1}{i-1}\\&=\frac{(n-1)!}{i!\,(n-1-i)!}+\binom{n-1}{i-1}\\&=\binom{n-1}{i}+\binom{n-1}{i-1}\end{aligned} \tag{1-26}$$

进而：

$$\binom{n}{i}=\binom{n-1}{i-1}+\binom{n-1}{i}=\binom{n-1}{i-1}+\binom{n-1}{i-2}+\binom{n-2}{i}=\cdots \tag{1-27}$$

或者：

$$\binom{n}{i}=\binom{n-1}{i}+\binom{n-1}{i-1}=\binom{n-1}{i}+\binom{n-2}{i-1}+\binom{n-2}{i-2}=\cdots \tag{1-28}$$

于是导出如下两个求和公式：

$$\sum_{i=0}^{n}\binom{r+i}{i}=\binom{r}{0}+\binom{r+1}{1}+\cdots+\binom{r+n}{n}=\binom{r+n+1}{n} \tag{1-29}$$

$$\sum_{i=0}^{n}\binom{i}{m}=\binom{0}{m}+\binom{1}{m}+\cdots+\binom{n}{m}=\binom{n+1}{m+1} \tag{1-30}$$

当 $m=1$ 时：

$$\begin{aligned}\sum_{i=0}^{n}\binom{i}{1}&=\binom{0}{1}+\binom{1}{1}+\cdots+\binom{n}{1}=0+1+\cdots+n=\frac{(n+1)n}{2}\\&=\binom{n+1}{2}\end{aligned} \tag{1-31}$$

（4）上标取反：

$$\binom{n}{i}=\frac{n!}{i!\,(n-i)!}=\frac{n\cdot(n-1)\cdots(n-i+1)}{i!}$$

$$=(-1)^i \cdot \frac{(i-n-1)(i-n-2)\cdots(i-n-i)}{i!}$$

$$=(-1)^i \cdot \frac{(i-n-1)!}{i!\ (-n-1)!}$$

$$=(-1)^i \binom{i-n-1}{i} \tag{1-32}$$

其中，i 为整数。

(5) 简化乘积：

$$\binom{n}{m}\binom{m}{i}=\frac{n!}{m!\ (n-m)!}\frac{m!}{i!\ (m-i)!}$$

$$=\frac{n!}{i!\ (n-i)!}\ \frac{(n-i)!}{(m-i)!\ (n-m)!}=\binom{n}{i}\frac{(n-i)!}{(m-i)!}$$

$$=\binom{n}{i}\frac{(n-i)!}{(m-i)!\ (n-i-(m-i))!}=\binom{n}{i}\binom{n-i}{m-i} \tag{1-33}$$

当 $n \geqslant m \geqslant i \geqslant 0$ 时。

1.2.5 斐波那契数

列奥那多·斐波那契是13世纪著名的意大利数学家，他在其惊世之作《算盘书》中提出了一个有趣的“兔子问题”：

如果一对兔子每月能生一对小兔子(一雄一雌)，而每一对小兔子在它出生后的第三个月里，又能生一对小兔子。假定在不发生死亡的情况下，由一对初生的小兔子开始，在一年后会有多少对兔子?

答案是一组非常特殊的数字：1,1,2,3,5,8,13,21,34,55,89,144,233,…

以上这个数列就是著名的“斐波那契数列(又称为黄金分割数列)”，这个数列从第3项起，每一项是前两项之和，即

$$a_1=a_2=1, a_n=a_{n-1}+a_{n-2} \quad (n \geqslant 3) \tag{1-34}$$

斐波那契数列中的任一个数，都叫斐波那契数。

18世纪数学家棣莫佛给出了斐波那契数列的通项表达：

$$F_n=\frac{1}{\sqrt{5}}\left[\left(\frac{1+\sqrt{5}}{2}\right)^n-\left(\frac{1-\sqrt{5}}{2}\right)^n\right] \tag{1-35}$$

又称为“封闭形式”，但不是唯一存在的。

斐波那契数满足很多有趣的恒等式，例如：

$$F_{n+1}F_{n-1}-F_n^2=(-1)^n \tag{1-36}$$

1.2.6 生成函数

生成函数又称母函数，是组合数学中计数方面的一个重要理论和工具。最早提出母函数的人是法国数学家 Laplace P.S.，他在其1812年出版的《概率的分析理论》中明确提出“生成函数的计算”，书中对生成函数思想奠基人——Euler.L 在18世纪对自然数的分解与合成的研究做了延伸与发展，至此生成函数的理论基本建立。他的思想在于将离散数列和幂级

数一一对应起来，把离散数列间的相互结合关系对应成为幂级数间的运算关系，最后由幂级数形式来确定离散数列的构造。

我们想了解某个数列$\langle a_n \geqslant a_0, a_1, a_2, \cdots \rangle$时，可以建立以数列$\langle a_n \rangle$为参数的函数$F(z)$：

$$F(z) = a_0 + a_1 z + a_2 z^2 + \cdots = \sum_{n \geqslant 0} a_n z^n \tag{1-37}$$

称$F(z)$为数列$\langle a_n \geqslant a_0, a_1, a_2, \cdots \rangle$的生成函数。

生成函数可以分为普通型生成函数(OGF)以及指数型生成函数(EGF)，同时还包含三种级数——L 级数、贝尔级数以及狄利克雷级数。在应用方面，普通型生成函数应用较多，主要目标在于研究未知数列的通项规律。生成函数也广泛应用于编程与算法设计、分析，运用这种数学方法往往对程序效率与速度有很大改进。

在这里将生成函数定义为$F(x)$，$F(x)$往往可以表现为幂级数的形式，其中每一项的系数a_n可以提供关于这个序列的信息：

$$F(x) = \sum a_n k_n(x) \tag{1-38}$$

在上述函数公式中，$k_n(x)$被称为核函数。核函数取值的不同会产生不同的生成函数，其性质也会随之而变。例如：

(1) 普通生成函数——取$k_n(x) = x^n$，得到：

$$F(x) = \sum a_n x^n \tag{1-39}$$

(2) 指数生成函数——取$k_n(x) = \dfrac{x^n}{n!}$，得到：

$$F(x) = \sum a_n \frac{x^n}{n!} \tag{1-40}$$

(3) 狄利克雷生成函数——取$k_n(x) = \dfrac{1}{n^x}$，得到：

$$F(x) = \sum \frac{a_n}{n^x} \tag{1-41}$$

生成函数常用于多重集组合问题，例如：

(1) 有 1g、2g、3g、4g 的砝码各一枚，能称出哪几种质量？每种质量各有几种可能方案？

假设未知数x表示砝码，x的指数表示砝码的质量，于是可以得到：

- 1 枚 1g 的砝码可以表示为$1 + x^1$。
- 1 枚 2g 的砝码可以表示为$1 + x^2$。
- 1 枚 3g 的砝码可以表示为$1 + x^3$。
- 1 枚 4g 的砝码可以表示为$1 + x^4$。

四种砝码的组合称重情况可以表示如下：

$$g(x) = (1 + x^1)(1 + x^2)(1 + x^3)(1 + x^4) \tag{1-42}$$

将其展开后可以得到生成函数$F(x)$，即

$$F(x) = 1 + x + x^2 + 2x^3 + 2x^4 + 2x^5 + 2x^6 + 2x^7 + x^8 + x^9 + x^{10} \tag{1-43}$$

从上述展开式可知，x^n中n代表了当前方案称出了ng 的质量，而前面的系数代表了对应的方案数，例如，$2x^3$代表了称出 3g 的砝码选择方案共有 2 种。

(2) 现有 1 分、2 分、3 分的邮票,问有多少种贴出不同数值的方案?

这道题目与第一题不同之处在于没有限制邮票的数目,因此若用 x 表示邮票,指数表示邮票点数,则 1 分的邮票可表示为 $1+x+x^2+x^3+\cdots$,分别对应取 0 张、1 张、2 张、3 张…。同理,2 分的邮票可以表示为 $1+x^2+x^4+x^6+\cdots$,3 分的邮票可以表示为 $1+x^3+x^6+x^9+\cdots$。由此可以得到生成函数 $F(x)$,即

$$
\begin{aligned}
F(x) &= (1+x+x^2+x^3+\cdots)(1+x^2+x^4+x^6+\cdots)(1+x^3+x^6+x^9+\cdots) \\
&= \frac{1}{1-x}\frac{1}{1-x^2}\frac{1}{1-x^3}
\end{aligned}
\tag{1-44}
$$

将其进行麦克劳林展开后即可根据 x 的指数以及系数求得组合方案数。

(3) 求解递推式 $a_n=8a_n+10^{n-1}$,初始条件为 $a_1=9$,使用生成函数找出 a_n 的显式公式。

为方便计算,设 $a_0=1$。

在递推式两边同时乘 x^n 得到 $a_nx^n=8a_nx^n+10^{n-1}x^n$。

设 $G(x)=\sum\limits_{x=0}^{\infty}a_nx^n$ 是序列 $a_0,a_1,a_2,\cdots$ 的生成函数。

从 $n=1$ 开始两边求和,得到

$$
G(x)-a_0=\sum_{x=1}^{\infty}a_nx^n
$$

$$
\begin{aligned}
G(x)-1 &= \sum_{x=1}^{\infty}(8a_{n-1}x^n+10^{n-1}x^n) \\
&= 8\sum_{x=1}^{\infty}a_{n-1}x^n+\sum_{x=1}^{\infty}10^{n-1}x^n \\
&= 8x\sum_{x=1}^{\infty}a_{n-1}x^{n-1}+x\sum_{x=1}^{\infty}10^{n-1}x^{n-1} \\
&= 8x\sum_{x=0}^{\infty}a_nx^n+x\sum_{x=0}^{\infty}10^nx^n \\
&= 8xG(x)+\frac{x}{1-10x}
\end{aligned}
\tag{1-45}
$$

解得

$$
\begin{aligned}
G(x) &= \frac{1-9x}{(1-8x)(1-10x)}=\frac{1}{2}\left(\frac{1}{1-8x}+\frac{1}{1-10x}\right) \\
&= \sum_{n=0}^{\infty}\frac{1}{2}(8^n+10^n)x^n
\end{aligned}
\tag{1-46}
$$

故

$$
a_n=\frac{1}{2}(8^n+10^n)
\tag{1-47}
$$

对于普通生成函数 $F(x)=\sum a_nx^n$,计算 x 的 n 次幂的时间复杂度为 $O(\log n)$,思路为将 x 的 n 次幂划分为 1 次、2 次、4 次、8 次幂……计算这些幂的值仅需要 $\log_2 n$ 次,并且其他次幂仅需要将这些幂进行组合后即可得出,组合次数为 n 量级,故 $F(x)$的时间复杂度为 $O(n\log n)$。

1.3　算法复杂性分析

如何评价一个算法的好与坏呢？一个好的算法，首先必须是正确的，即算法总能在有限时间内得出正确的运行结果。其次，算法效率要高，即在同类算法中所占用的计算资源少、运行时间短。

1.3.1　算法复杂性概念

CPU和存储是计算机两个重要的资源，算法复杂性由其占用的计算机资源来衡量。所占用的运算资源用算法时间复杂性来衡量，所占用的存储资源用算法空间复杂性来衡量。

一个算法的执行时间，除了受算法本身的约束之外，还受实现算法的语言、算法所运行机器的性能等外部条件的影响。为了屏蔽这些影响因素，只探讨算法本身的好坏，我们引进基本运算的概念，通过算法基本运算的数量来评价不同算法的优劣。

基本运算是指算法中最主要、最核心、最频繁的操作。例如，排序算法中的比较操作，矩阵乘法中的乘法操作、加法操作。这些操作的次数直接影响着算法的运行效率。

问题的规模也是影响算法执行时间的一个重要因素。问题规模越小，问题越容易解决，反之，问题规模越大，所花费的代价越高，执行时间越长，因此算法复杂性与问题规模相关。

时间复杂性：若一个问题的输入规模为 n，解决这个问题的某一算法，所需执行的运算的次数是 n 的函数 $T(n)$，认为 $T(n)$就是这个算法执行所需的时间，称为该算法的时间复杂性。

空间复杂性：若一个问题的输入规模为 n，解决这个问题的某一算法所需的空间为 $S(n)$，$S(n)$就是该算法的空间复杂性。

通过上述定义可知，算法时间复杂性和算法空间复杂性都是问题规模 n 的函数，一般情况下，$T(n)$和 $S(n)$随着 n 的增长而增大。

1.3.2　算法复杂性刻度标准

在输入规模相同的情况下，不同的输入数据会影响基本运算的次数，例如，在一个集合中查找某个数据，最好的情况下一次比较就能找到该数据，在最坏的情况下需要遍历该集合才能找到该数据。因此评价算法可用最好情况下复杂性、最坏情况下复杂性和平均复杂性。分析最好情况下复杂性一般没有意义，所以一般分析算法最坏情况下复杂性和平均复杂性。

设 D_n 是某个问题规模为 n 的全体输入数据的集合，I 是解决该问题算法的一个输入，其中，$I \in D_n$，$t(I)$是该算法所花费的时间，$q(I)$是输入 I 在输入数据中出现的概率，满足 $0 \leqslant q(I) \leqslant 1$，$\sum q(I)=1$，则

(1) 最坏情况下的时间复杂性。

对于每个输入$I \in D_n$，则该算法的最坏情况下复杂性为

$$T_w(n)=\max_{I \in D_n}\{t(I)\} \tag{1-48}$$

(2) 平均情况下的时间复杂性。

$$T_{\exp}(n)=\sum_{I\in D_n}q(I)\cdot t(I) \tag{1-49}$$

1.3.3 算法复杂性耗费标准

一般情况下，计算机存储一个数据占用一个存储空间，执行一个操作（基本运算）需要一个时间单位。但当输入数据 n 非常大时，其在内存中所需的存储空间$[\log_2 n]+1$大于计算机字长时，其需要大于1的存储单元，数值间的运算也需要多于1个的基本操作。

（1）对数耗费标准。

考虑到数值字长的影响，定义：

$$L(i)=\begin{cases}\lfloor\log_2 i\rfloor+1 & i\neq 0\\ 1 & i=0\end{cases} \tag{1-50}$$

则执行一条一条语句的时空耗费是运算对象 I 的函数。

（2）均匀耗费标准。

考虑数值字长的影响会加大算法分析的难度和复杂性，如果忽略数值字长的影响，每执行一条指令（基本运算）需要一个单位时间，每个数据需要占用一个单位空间，即一个单位时间看成各种不同字长数据运算所需的平均时间，一个单位空间看成各种数据的平均存储空间，这样的耗费标准称为均匀耗费标准。

1.3.4 渐进表示

算法时间复杂性 $T(n)$和空间复杂性 $S(n)$是输入问题规模 n 的函数。比较两个算法的好坏受问题规模的影响，有的算法在问题规模较小时表现比较好，有的算法在问题规模较大时表现较好，为了便于算法复杂性分析，我们引进算法复杂性的渐进表示。下面以算法时间复杂性 $T(n)$为例讲述算法复杂性的渐进表示。

若一个问题的输入规模为 n，解决这一问题的某一算法所需执行的基本运算次数是 n 的函数 $T(n)$，当问题输入规模 n 增大时，$T(n)$的极限称为算法的渐进时间复杂性，即问题输入规模趋于无穷时算法的复杂性。我们用 $t(n)$表示 $T(n)$的渐进态，$t(n)$具有如下性质。

（1）$t(n)\to\infty$，当 $n\to\infty$时。

（2）$\dfrac{T(n)-t(n)}{T(n)}\to 0$，当 $n\to\infty$时。

例如，$T(n)=3x^3+5x^2+6x+5$，$t(n)$可为 $3x^3$。因此在数学上，$t(n)$是 $T(n)$的渐近表达式，是 $T(n)$略去低阶项留下的主项，它比 $T(n)$简单，也更便于分析。通常情况下，以数量级的形式来讨论算法时间复杂性，即考虑时间复杂性的增长率。

为了便于分析我们引进其确界函数。

1. 大 *O* 记号

定义：如果存在一个常数 c 和一个整数 n_0（其中，$c>0$，$n_0\geqslant 0$），对于一切 $n>n_0$，有 $f(n)\leqslant cg(n)$成立，则称 $f(n)$在集合 $O(g(n))$中。$O(g(n))$表示这个算法时间复杂性 $f(n)$增长率的**上界**的一个表达函数是 $g(n)$，即最差情况下 $f(n)$与 $g(n)$增长速度相同，显然函数 $g(n)$非唯一。

下面举例说明。例如,平方和公式:

$$1^2+2^2+\cdots+n^2=\frac{1}{3}n\left(n+\frac{1}{2}\right)(n+1)=\frac{1}{3}n^3+\frac{1}{2}n^2+\frac{1}{6}n$$

由此得出:

$$1^2+2^2+\cdots+n^2=O(n^3)$$

$$1^2+2^2+\cdots+n^2=\frac{1}{3}n^3+O(n^2)$$

$$1^2+2^2+\cdots+n^2=\frac{1}{3}n^3+\frac{1}{2}n^2+O(n)$$

大O记号对于近似值处理有很大的帮助,它能简要描述一个经常出现的概念,同时又略去无关紧要的详细信息,同时它还能按照常见的方式进行代数运算。但它具有单向相等性,例如,$\frac{1}{2}n^2+\frac{1}{6}n=O(n^2)$成立,但$O(n^2)=\frac{1}{2}n^2+\frac{1}{6}n$是错误的。

2. 小 o 记号

定义:如果存在一个常数c和一个整数n_0(其中,$c>0$,$n_0\geqslant 0$),对于一切$n>n_0$,有$f(n)<cg(n)$成立,则称$f(n)$在集合$o(g(n))$中。

从小o记号定义可以看出,渐进上界$o(g(n))$是非紧确的。例如,$2n^2=O(n^2)$是紧确的,而$2n=O(n^2)$是非紧确的,可以用$2n=o(n^2)$表示。

3. 大 Ω 记号

同理,可以定义函数的下界。

定义:如果存在一个常数c和一个整数n_0(其中,$c>0$,$n_0\geqslant 0$),对于一切$n>n_0$,有$f(n)\geqslant cg(n)$成立,则称$f(n)$在集合$\Omega(g(n))$中。$\Omega(g(n))$表示这个算法时间复杂性$f(n)$增长率的**下界**的一个表达函数是$g(n)$。

大Ω记号具有大O一样的代数运算性质。

4. 小 ω 记号

定义:如果存在一个常数c和一个整数n_0(其中,$c>0$,$n_0\geqslant 0$),对于一切$n>n_0$,有$f(n)>cg(n)$成立,则称$f(n)$在集合$\omega(g(n))$中。

大Ω记号与小ω的关系类似于大O和小o的关系。

5. 大 Θ 记号

当一个函数$g(n)$既是函数$f(n)$的上界又是函数$f(n)$的下界时,称$g(n)$是函数$f(n)$的确切界,用$f(n)=\Theta(g(n))$表示,其数学定义如下。

如果存在常数c_1和c_2和一个整数n_0(其中,$c_1>0$,$c_2>0$,$n_0\geqslant 0$),对于一切$n>n_0$,有$c_1g(n)\leqslant f(n)\leqslant c_2g(n)$成立,则称$f(n)$在集合$\Theta(g(n))$中。

大Θ记号具有如下性质。

定理:

$$\Theta(g(n))=O(g(n))\cap\Omega(g(n)) \tag{1-51}$$

6. 渐进记号的含义

一般情况下,等式和不等式中的渐进记号$O(g(n))$表示$O(g(n))$中的某个函数。$f(n)=O(g(n))$的确切意义是$f(n)\in O(g(n))$。

例如,$2n^2+3n+1=2n^2+O(n)$表示$2n^2+3n+1=2n^2+f(n)$,其中,$f(n)$是$O(n)$中

某个函数。

7. 渐进记号的若干性质

(1) 传递性。

- $f(n)=\Theta(g(n))$且$g(n)=\Theta(h(n))$,则$f(n)=\Theta(h(n))$。 (1-52)
- $f(n)=O(g(n))$且$g(n)=O(h(n))$,则$f(n)=O(h(n))$。 (1-53)
- $f(n)=\Omega(g(n))$且$g(n)=\Omega(h(n))$,则$f(n)=\Omega(h(n))$。 (1-54)
- $f(n)=o(g(n))$且$g(n)=o(h(n))$,则$f(n)=o(h(n))$。 (1-55)
- $f(n)=\omega(g(n))$且$g(n)=\omega(h(n))$,则$f(n)=\omega(h(n))$。 (1-56)

(2) 反身性。

- $f(n)=\Theta(f(n))$。 (1-57)
- $f(n)=O(f(n))$。 (1-58)
- $f(n)=\Omega(f(n))$。 (1-59)

(3) 对称性。

- $f(n)=\Theta(g(n))$当且仅当$g(n)=\Theta(f(n))$。 (1-60)

(4) 互对称性。

- $f(n)=O(g(n))$当且仅当$g(n)=\Omega(f(n))$。 (1-61)
- $f(n)=o(g(n))$当且仅当$g(n)=\omega(f(n))$。 (1-62)

(5) 算术运算。

- $O(f(n))+O(g(n))=O(\max\{f(n),g(n)\})$。 (1-63)
- $O(f(n))+O(g(n))=O(f(n)+g(n))$。 (1-64)
- $O(f(n))\times O(g(n))=O(f(n)\times g(n))$。 (1-65)
- $O(c\cdot f(n))=O(f(n))$。 (1-66)

因为这些性质成立,可以在两个函数f与g的渐进比较和两个实数a与b的比较间做类比。

$f(n)=\Theta(g(n))$类似于$a=b$。

$f(n)=O(g(n))$类似于$a\leqslant b$。

$f(n)=\Omega(g(n))$类似于$a\geqslant b$。

$f(n)=o(g(n))$类似于$a<b$。

$f(n)=\omega(g(n))$类似于$a>b$。

1.3.5 渐进记号的常用函数

1. 取整函数

在1.2.2节中给出了取整函数的定义,向下取整函数$f(x)=\lfloor x\rfloor$是单调递增的;同理,向上取整函数$f(x)=\lceil x\rceil$也是单调递增的。

2. 模运算

对于任意整数a和任意正整数n,$a \bmod n$的值就是a整除n的余数。

$$a \bmod n = a - n\lfloor a/n\rfloor \tag{1-67}$$

结果有:

$$0\leqslant a \bmod n < n$$

定义：如果$(a \bmod n)=b \bmod n$，则记$a\equiv b(\bmod n)$，称为模n时a等价于b。换句话说，a与b整除n时具有相同的余数。

$a\equiv b(\bmod n)$当且仅当n是$b-a$的一个因子。

若模n时a不等价于b，记为$a\not\equiv b(\bmod n)$。

3. 多项式函数

在1.2.4节中讨论了二项式系数。给定一个非负数d，n的d次多项式为具有以下形式的函数$p(n)$：

$$p(n)=\sum_{i=0}^{d}a_i n^i \tag{1-68}$$

其中，常量$a_0,a_1,\cdots,a_d$是多项式的系数且$a_d\neq 0$。

一个多项式为渐进正值函数当且仅当$a_d>0$。对于一个d次渐进正值多项式$p(n)$有：

$$p(n)=\Theta(n^d) \tag{1-69}$$

对于任意实常量$a\geqslant 0$，函数n^a单调递增；对于任意实常量$a\leqslant 0$，函数n^a单调递减。若对某个常量k，有$f(n)=O(n^k)$，则称函数$f(n)$是多项式有界的。

4. 对数

我们采用如下对数表示记号：

$$\log n=\log_2 n \tag{1-70}$$

$$\ln n=\log_e n \tag{1-71}$$

$$\lg^k n=(\lg n)^k \tag{1-72}$$

$$\lg\lg n=\lg(\lg n) \tag{1-73}$$

对于所有实数$a>0,b>0,c>0$和n有：

$$a=b^{\log_b a} \tag{1-74}$$

$$\log_c(ab)=\log_c a+\log_c b \tag{1-75}$$

$$\log_b a=\frac{\log_c a}{\log_c b} \tag{1-76}$$

$$\log_b\left(\frac{1}{a}\right)=-\log_b a \tag{1-77}$$

$$\log_b a=\frac{1}{\log_a b} \tag{1-78}$$

$$a^{\log_b c}=c^{\log_b a} \tag{1-79}$$

其中，对数底不为1。

5. 阶乘

记号$n!$，读作“n的阶乘”，定义为对整数$n\geqslant 0$，有：

$$n!=\begin{cases}1 & 若\ n=0\\ n(n-1)! & 若\ n>0\end{cases} \tag{1-80}$$

由于$n!$的每项都不大于n，因此其一个弱上界是：

$$n!=O(n^n) \tag{1-81}$$

斯特林(Stirling)近似公式：

$$n!=\sqrt{2\pi n}\left(\frac{n}{e}\right)^n\left(1+\Theta\left(\frac{1}{n}\right)\right) \tag{1-82}$$

1.4 排序算法

在进行复杂程序开发的时候，涉及计算机性能消耗以及程序的高效等问题，都会应用到排序算法。一个排序算法是确定有序次序的方法，它是算法分析与设计中的一个基础算法，许多问题的求解需要对问题输入进行排序或要求问题输入已是有序序列，排序算法已经应用到数据处理领域，并且越来越重要。下面给出排序问题的描述。

输入：一个 n 个数的序列$\langle a_1, a_2, \cdots, a_n \rangle$

输出：输入序列的一个排序(重排)$\langle a'_1, a'_2, \cdots, a'_n \rangle$，使得 $a'_1 \leqslant a'_2 \leqslant \cdots \leqslant a'_n$或者 $a'_1 \geqslant a'_2 \geqslant \cdots \geqslant a'_n$。

虽然输入的是一个 n 个数的序列，在实际应用中这个序列可能是一组记录的 key 值。

1.4.1 插入排序

插入排序是一种基本的排序方法，其基本思想是将一个待排序的对象，按其元素大小，插入前面已经排好序的一组对象的适当位置上，直到对象全部插入为止。

例如，排序序列＜20,23,48,51,12,7,35＞，其排序过程如下。

初始状态：有序序列为空＜＞，待排序序列为＜20,23,48,51,12,7,35＞。

第 1 趟排序，从待排序序列中选取元素 20，插入有序序列中，得到有序序列＜20＞。

第 2 趟排序，从待排序序列中选取元素 23，插入有序序列相应位置，得到有序序列＜20,23＞；本次插入需要比较 23 与元素 20 的大小。

第 3 趟排序，从待排序序列中选取元素 48，插入有序序列相应位置，得到有序序列＜20,23,48＞；本次插入需要比较 48 与元素 20、23 的大小。

第 4 趟排序，从待排序序列中选取元素 51，插入有序序列相应位置，得到有序序列＜20,23,48,51＞；本次插入需要比较 48 与元素 20、23、48 的大小。

第 5 趟排序，从待排序序列中选取元素 12，插入有序序列相应位置，得到有序序列＜12,20,23,48,51＞；本次插入需要比较 12 与元素 20 的大小。

第 6 趟排序，从待排序序列中选取元素 7，插入有序序列相应位置，得到有序序列＜7,12,20,23,48,51＞；本次插入需要比较 7 与元素 12 的大小。

第 7 趟排序，从待排序序列中选取元素 35，插入有序序列相应位置，得到有序序列＜7,12,20,23,35,48,51＞；本次插入需要比较 35 与元素 7、12、20、23、48 的大小。

排序完成。

假设待排序元素共有 n 个，共需要 n 趟插入排序，每趟插入排序最多需要有序序列中元素个数次比较，n 趟插入排序前有序序列中元素个数分别为 $0,1,\cdots,n-1$，因此最坏情况下，插入排序的算法时间复杂度为

$$\mathrm{KCN}(n) = \sum_{i=0}^{n-1} i = \frac{n(n-1)}{2} = O(n^2) \tag{1-83}$$

1.4.2 希尔排序

希尔排序也是一种插入排序，是一种改进的简单插入排序算法，也称为缩小增量排序。

其基本思想是按增量(gap)对待排序序列进行分组，例如，对于序列＜8,9,1,7,2,3,5,4,6,0＞，如果增量 gap=2，则将序列分成两组＜8,1,2,5,6＞和＜9,7,3,4,0＞。初始时，增量 gap=序列长度 $n/2$，缩小增量以 gap=gap/2 的方式，如上述举例序列，初始时 gap=$\frac{10}{2}$=5，第一次缩小增量 gap=$\frac{5}{2}$=2，第二次缩小增量 gap=$\frac{2}{2}$=1。希尔排序的增量序列的选择与证明是个数学难题，我们选择的上述增量序列是比较常用的，也是希尔建议的增量，称为希尔增量，但这个增量序列不是最优的。

下面以序列＜8,9,1,7,2,3,5,4,6,0＞为例进行希尔排序过程的描述。

首先，确定增量 gap=$\frac{n}{2}$=$\frac{10}{2}$=5，按 gap 间隔将序列分成 5 组：＜8,3＞，＜9,5＞，＜1,4＞，＜7,6＞，＜2,0＞。每组进行直接插入排序得到排好的序列：＜3,8＞，＜5,9＞，＜1,4＞，＜6,7＞，＜0,2＞，将子序列按当时挑选的位置放回待排序序列中，得到序列＜3,5,1,6,0,8,9,4,7,2＞，第 1 趟排序完成。

第 2 趟排序，确定增量 gap=$\frac{5}{2}$=2，按 gap 间隔将序列分成两组：＜3,1,0,9,7＞，＜5,6,8,4,2＞，每组进行直接插入排序得到排好的序列：＜0,1,3,7,9＞＜2,4,5,6,8＞，将子序列按当时挑选的位置放回待排序序列中，得到序列＜0,2,1,4,3,5,7,6,9,8＞。

第 3 趟排序，确定增量 gap=$\frac{2}{2}$=1，对序列＜0,2,1,4,3,5,7,6,9,8＞调整得到序列＜0,1,2,3,4,5,6,7,8,9＞。

希尔排序是按照不同步长对元素进行插入排序，当刚开始元素很无序的时候，步长最大，所以插入排序的元素个数很少，速度很快；当元素基本有序了，步长很小，插入排序对于有序的序列效率很高。所以，希尔排序的时间复杂度会比 $O(n^2)$ 好一些，其时间复杂度为 $O\left(n^{\frac{3}{2}}\right)$，时间复杂度的下界是 $\Omega(n\log(2n))$。

1.4.3　选择排序

选择排序是从待排序序列中不断选择最大或最小的元素放入已排序序列中。

下面以序列＜20,23,48,51,12,7,35＞为例描述其排序过程。

初始状态：有序序列为空＜＞，待排序序列为＜20,23,48,51,12,7,35＞。

第 1 趟排序，从待排序序列中选取最小元素 7，放入有序序列中，得到有序序列＜7＞；选择最小元素过程，首先选择第 1 个元素 20，其与 23,48,51,12 比较，发现 12 比 20 小，用 12 代替 20；用 12 与 7 比较，发现 7 比 12 小，用 7 代替 12；用 7 与 35 比较，最后得到最小元素 7。本趟排序，比较的次数为待排序序列元素个数减 1，即 7−1。

第 2 趟排序，从待排序序列中选取最小元素 12，放入有序序列中，得到有序序列＜7,12＞。本趟排序，比较的次数也为待排序序列元素个数减 1，即 6−1。

第 3 趟排序，从待排序序列中选取最小元素 20，放入有序序列中，得到有序序列＜7,12,20＞。本趟排序，比较的次数也为待排序序列元素个数减 1，即 5−1。

第 4 趟排序，从待排序序列中选取最小元素 23，放入有序序列中，得到有序序列＜7,12,20,23＞。本趟排序，比较的次数也为待排序序列元素个数减 1，即 4−1。

第 5 趟排序,从待排序序列中选取最小元素 35,放入有序序列中,得到有序序列<7,12,20,23,35>。本趟排序,比较的次数也为待排序序列元素个数减 1,即 3−1。

第 6 趟排序,从待排序序列中选取最小元素 48,放入有序序列中,得到有序序列<7,12,20,23,35,48>。本趟排序,比较的次数也为待排序序列元素个数减 1,即 2−1。

第 7 趟排序,从待排序序列中选取最小元素 51,放入有序序列中,得到有序序列<7,12,20,23,35,48,51>。本趟排序,比较的次数也为待排序序列元素个数减 1,即 1−1。

排序完成。

假设待排序元素共有 n 个,共需要 n 趟选择排序,每趟选择排序需要待排序序列中元素个数减 1 次比较,n 趟选择排序前待排序序列中元素个数分别为 $n-1,n-2,\cdots,1,0$,因此选择排序的算法时间复杂度为

$$\mathrm{KCN}(n)=\sum_{i=1}^{n}(i-1)=\frac{n(n-1)}{2}=O(n^2) \tag{1-84}$$

1.4.4 冒泡排序

冒泡排序是指从后往前(或从前往后)两两比较相邻元素的值,若为逆序,则交换它们,直到序列比较完。我们称它为第一趟冒泡,结果是将最小的元素交换到待排序列的第一个位置(或将最大的元素交换到待排序列的末尾位置),关键字最小的元素如气泡一般逐渐往上漂浮,直至水面,下一趟冒泡的时候,前一趟确定的最小元素不再参与比较,每趟冒泡的结果是把序列中最小的元素放到了最终的位置。这样最多做 $n-1$ 趟就能把所有元素都排序好。

下面以序列<9,3,1,4,2,7,8,6,5>为例,按照从前往后的顺序进行冒泡排序过程的描述。

第 1 趟排序,元素 9 与剩余元素比较,如果比待比较元素大,交换其与待比较元素的位置,得到序列<3,1,4,2,7,8,6,5,9>。进行了 $n-1$ 次比较,将最大元素沉到队尾。

第 2 趟排序,元素 3 与剩余元素比较,如果比待比较元素大,交换其与待比较元素的位置,如果比待比较元素小,用待比较元素代替该元素,继续比较过程,直至倒数第 2 个元素,得到序列<1,3,2,4,7,6,5,8,9>。进行了 $n-2$ 次比较。

第 3 趟排序,元素 1 与剩余元素比较,如果比待比较元素大,交换其与待比较元素的位置,如果比待比较元素小,用待比较元素代替该元素,继续比较过程,直至倒数第 3 个元素,得到序列<1,2,3,4,6,5,7,8,9>。进行了 $n-3$ 次比较。

第 4 趟排序,元素 1 与剩余元素比较,如果比待比较元素大,交换其与待比较元素的位置,如果比待比较元素小,用待比较元素代替该元素,继续比较过程,直至倒数第 4 个元素,得到序列<1,2,3,4,5,6,7,8,9>。进行了 $n-4$ 次比较。

第 5 趟排序,元素 1 与剩余元素比较,如果比待比较元素大,交换其与待比较元素的位置,如果比待比较元素小,用待比较元素代替该元素,继续比较过程,直至倒数第 5 个元素,无元素位置变化,排序完成。

若待排序序列的初始状态是正序的,一趟扫描即可完成排序。所需的比较次数达到最小值:$C_{\min}=n-1$。所以,冒泡排序最好情况的时间复杂度为 $O(n)$。

若初始文件是反序的,需要进行 $n-1$ 趟排序。每趟排序要进行 $n-i$ 次比较($1\leqslant i\leqslant$

$n-1$)。在这种情况下,比较次数达到最大值:

$$C_{\max}=\sum_{i=1}^{n-1}(n-i)=\frac{n(n-1)}{2}=O(n^2) \tag{1-85}$$

冒泡排序总的平均时间复杂度也为 $O(n^2)$。

1.4.5 合并排序

将被排序的 n(n 是2的幂次)个元素放入集合 S 中,然后将集合 S 分成互不相交的两个集合 S_1 和 S_2,S_1 和 S_2 分别有 $n/2$ 个元素。如果集合 S_1 和 S_2 排好序了,通过合并两个有序的集合为一个有序的集合的方法可以使 S 有序。

例如,待排序集合{49,38,65,97,76,13,27}的排序过程如下。

首先进行集合划分。将集合划分为足够小:{49,38},{65,97},{76,13},{27}。然后对各子集合进行内部排序,得到{38,49},{65,97},{13,76},{27}。

第1趟合并。对子集合进行两两合并,得到{38,49,65,97},{13,27,76}。

第2趟合并。对子集合进行两两合并,得到{13,27,38,49,65,76,97}。

排序完成。

算法时间复杂性分析:设算法时间复杂度为 $T(n)$,如果将待排序集合2等分,则每个子集合有 $n/2$ 个元素,每个子集合排序的时间复杂度为 $T(n/2)$。将两个已排序好的子集合合并,最坏的情况下需要 $n-1$ 次比较,所以:

$$\begin{aligned}T(n)&=2T\left(\frac{n}{2}\right)+n-1\\&=2\left(2T\left(\frac{n}{4}\right)+\frac{n}{2}-1\right)+n-1\\&=4T\left(\frac{n}{4}\right)+2n-2-1\\&=8T\left(\frac{n}{8}\right)+3n-4-2-1\\&=\cdots\\&=n\cdot 1+\log n\cdot n-(n-1)\\&=O(n\log n)\end{aligned} \tag{1-86}$$

1.4.6 快速排序

快速排序思想是基于分治法,在待排序表 $L[1\cdots n]$ 中任取一个元素 pivot 作为竖轴,通过一趟排序将待排序表划分为独立的两部分,即 $L[1\cdots k-1]$ 和 $L[k+1\cdots n]$,使得 $L[1\cdots k-1]$ 中所有元素都小于 pivot,$L[k+1\cdots n]$ 中的所有元素都大于 pivot,则 pivot 放在了最终的位置 $L(k)$ 上。这个过程称为一次快速排序,然后递归地对两个子表进行这个划分过程,直到每部分元素为空或者只剩下一个元素为止。这样整个序列就排序好了。其排序过程如图1-1所示。

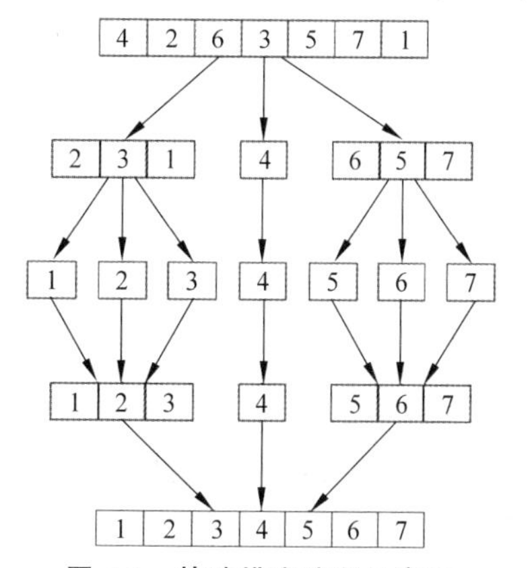

图1-1 快速排序流程示意图

快速排序是一种合并排序,因此其时间复杂性为 $O(n\log n)$。但与普通合并排序算法相比,其在 $O(n\log n)$中的常数因子非常小,是实际运行效果最好的排序算法。

在快速排序算法中,轴的选择非常重要,一般快速排序算法取序列的第 1 个元素为轴。在极端情况下,每次选择的轴均为最小元素或最大元素,则其效率等同于选择排序,其时间复杂度为 $O(n^2)$,因此轴的合理选择是又一个值得研究的问题。

1.4.7 排序算法的稳定性问题

如果一个排序算法保留了等值元素在输入中的先后顺序,就可以说它是稳定的(stable)。也就是说,如果一个输入序列包含两个值相等的元素,它们的位置分别是 i 和 j,并有 $i<j$,通过排序算法完成排序后,它们的位置分别为 i'和 j',如果 $i'<j'$成立,则称算法是稳定的。

排序算法的稳定性在实际应用中非常重要,例如,一个班级学生列表是按学号排序的,针对某一课程成绩我们想按学生成绩排序,在稳定的排序算法下,成绩相同的学生还是按学号顺序排序。

在上述介绍的排序算法中除了希尔排序算法,其他排序算法都是稳定的。

1.5 递归与递推

1.5.1 递归

直接或间接地调用自身的算法称为递归算法。用函数自身给出定义的函数称为递归函数。递归是一种常用的描述算法的方法,有很多数学函数都可以用递归的方法定义,使用递归技术描述算法、书写程序能收到简单易懂、言简意赅的功效。

一个递归函数包括两部分:初值的定义和递归定义。例如,阶乘可以定义如下:

$$n!=\begin{cases}1 & (n=0\text{ 或 }1)\quad //\text{初值定义}\\ n\times(n-1)! & (n>0)\quad //\text{递归定义}\end{cases}$$

再例如斐波那契数:

$$f(n)=\begin{cases}1 & (n=1)\quad //\text{初值定义}\\ 1 & (n=2)\quad //\text{初值定义}\\ f(n-1)+f(n-2) & (n\geqslant 3)\quad //\text{递归定义}\end{cases}$$

递归具有如下优点:结构清晰,可读性强,而且容易用数学归纳法来证明算法的正确性,因此它为设计算法、调试程序带来很大方便。

同时,递归算法的运行效率较低,无论是耗费的计算时间还是占用的存储空间都比非递归算法要多。

1.5.2 递推

递推是按照一定的规律来计算序列中的每个项,通常是通过计算前面的一些项来得出序列中指定项的值。其思想是把一个复杂的庞大的计算过程转换为简单过程的多次重复,该算法利用了计算机速度快和不知疲倦的机器特点。

例如，计算 Catalan 数：Catalan 数首先是由 Euler 在精确计算对凸 n 边形不同的对角线剖分的个数问题时得到的。

问题：在一个凸 n 边形中，通过不相交于 n 边形内部的对角线，把 n 边形拆分为若干个三角形，不同的拆分数目用 h_n 表示，h_n 即为 Catalan 数。例如，五边形有如图 1-2 所示的 5 种拆分方案。故 $h_5=5$。

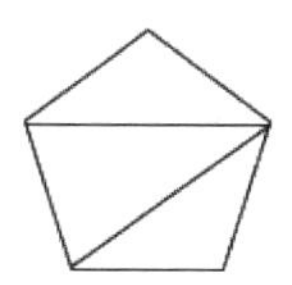
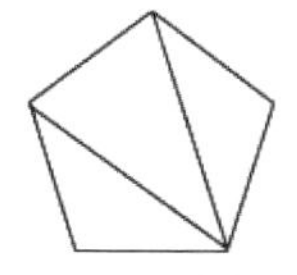
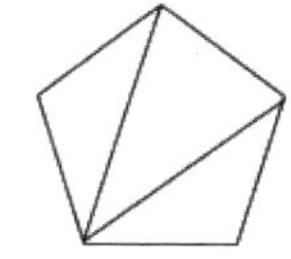
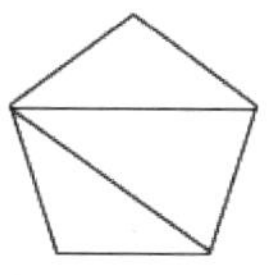
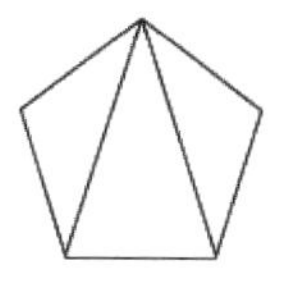

图 1-2　五边形拆分方案图

分析：设 C_n 表示凸 n 边形的拆分方案总数，从问题描述中可知，一个凸 n 边形的任意一条边都必然是一个三角形的一条边，P_1P_n 也不例外。边 P_1P_n 与这条边之外的任意一点 $P_k(1<k<n)$ 均确定一个三角形，这个三角形将凸多边形分成三个区域，如图 1-3 所示。

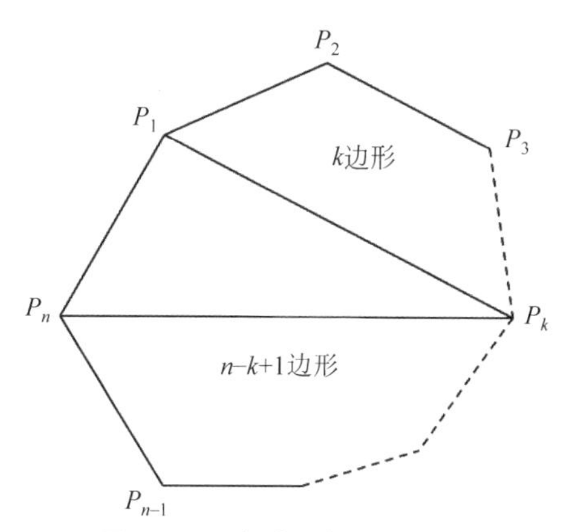

图 1-3　凸多边形拆分方案图

区域 1 为凸 k 多边形。区域 2 为三角形。区域 3 为凸 $n-k+1$ 多边形。则这时的拆分方案数有 C_kC_{n-k+1} 个，又由于 k 的取值范围为 $2\sim n-1$，所以凸 n 边形的 Catalan 数为：

$$C_n=\sum_{k=2}^{n-1}C_kC_{n-k+1},\quad C_2=1 \tag{1-87}$$

形式上，递推和递归有些类似，不同之处在于：递归是把未知的东西一点点和已知的东西联系起来；递推是从已知的东西推出未知的东西。

下面来计算第二类 Stirling 数。

问题：n 个有区别的球要放到 m 个相同的盒子中，要求无一空盒，其不同的方案数用 $S(n,m)$ 表示，求 $S(n,m)$。

分析：

设 n 个球分别用 $b_1,b_2,\cdots,b_n$ 表示；

$S(n,m)=0$，当 $n<m$ 时；

$S(n,n)=1$，当 $n=m$ 时；

当 $n>m$ 时，从球中任意取出一个球 b_n，则 b_n 的放法有以下两种。

(1) b_n 独自占一个盒子，剩余的球只能放在 $m-1$ 个盒子中，共有方案数：

$$S(n-1,m-1)$$

(2) b_n 与别的球共占一个盒子,这时方案数为:

$$mS(n-1,m)$$

综合上述两种情况,得出第二类 Stirling 数定理:

$$S(n,m)=mS(n-1,m)+S(n-1,m-1), \quad (n>1,m\geqslant 1) \tag{1-88}$$

边界条件为:

$S(n,0)=0$;

$S(n,1)=1$;

$S(n,n)=1$;

$S(n,m)=0$,当 $n<m$ 时。

第2章 信息结构

计算机系统信息通常以某种信息结构进行组织，信息元素之间带有某种关联或关系，以便于进行信息的操作。为了正确分析和设计算法，需要了解这些信息结构，了解数据内部的结构关系，了解处理这种结构的基本技术。

2.1 线性表

线性表是最常用且最简单的一种数据结构，一个线性表是 n 个数据元素的有限序列。数据表中的元素可以是各种各样的，但同一线性表中的元素必定具有相同的特性，即属于同一数据对象，相邻数据元素之间存在着序偶关系。若将线性表记为($a_1,\cdots,a_{i-1},a_i,a_{i+1},\cdots,a_n$)，则称 a_{i-1} 是 a_i 的直接前驱元素，a_{i+1} 是 a_i 的直接后继元素。当 $i=1,2,\cdots,n-1$ 时，a_i 有且仅有一个直接后继，当 $i=2,\cdots,n$ 时，a_i 有且仅有一个直接前驱。

线性表中的元素个数定义为线性表的长度，$n=0$ 时称为空表。在非空表中，每个数据元素都有一个确定的位置，如 a_1 是第一个数据元素，a_n 是最后一个数据元素，a_i 是第 i 个数据元素，称 i 为数据元素 a_i 在线性表中的位序。对线性表的数据元素不仅可以访问，还可以进行插入和删除。

2.1.1 线性表的操作

线性表的操作主要有以下几种。

(1) 访问表中指定结点：访问表的第 k 个结点，并查看或改变该结点字段的内容。

(2) 插入结点：在指定结点 k 之前或之后插入一个新结点。

(3) 删除结点：删除指定结点 k。

(4) 合并表：将两个或多个线性表合并成一个线性表。

(5) 切分表：按照某种规则将一个线性表切分成两个或多个线性表。

(6) 复制表：复制产生一个新的线性表。

(7) 确定或获取表中的结点数。

(8) 排序：根据结点的特定字段，把表中结点按递增或递减次序排序。

(9) 搜索：找出某一字段上具有指定值的结点。

线性表有很多种表示方法，但很难为线性表设计出一种完美的表示方法使得上述所有操作都高效地执行。针对线性表的应用场景，可以针对该场景下频繁的操作，设计出有针对性的线性表表示方法以提高线性表的执行效率。

2.1.2 栈和队列

在线性表中，很多应用是针对第一个结点和最后一个结点进行插入或删除操作，针对该情景设计出了相应的表示方法。

1. 栈

栈(stack)又名堆栈，是一种运算受限的线性表，所有的插入和删除都在表的一端进行。我们把能操作的一端称为栈顶，不能操作的一端称为栈底，它按照后进先出的原则存储数据，先进入的数据被压入栈底，最后的数据在栈顶，需要读数据的时候从栈顶开始弹出数据(最后一个数据被第一个读出来)，如图 2-1 所示。栈具有记忆作用，对栈的插入与删除操作中，不需要改变栈底指针。栈按照后进先出的次序操作栈中数据。

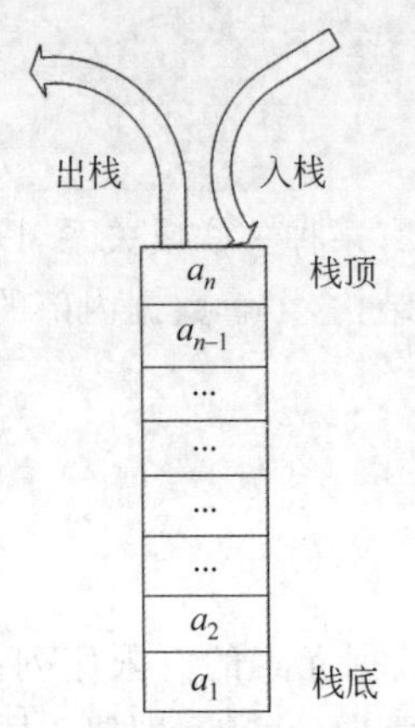

图 2-1 栈结构

2. 队列

队列也是一种特殊的线性表，特殊之处在于它只允许在表的前端(front)进行删除操作，而在表的后端(rear)进行插入操作，和栈一样，队列是一种操作受限制的线性表。进行插入操作的端称为队尾，进行删除操作的端称为队头，如图 2-2 所示。队列按照先进先出的次序操作队列中的数据。

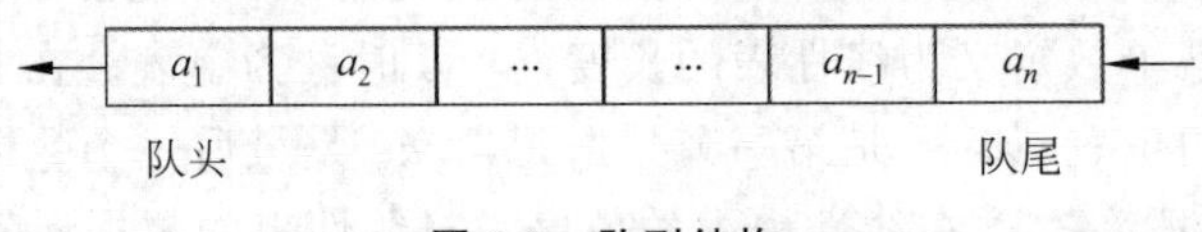

图 2-2 队列结构

3. 双端队列

双端队列又称为双向队列，所有的插入和删除都在表的两端进行，如图 2-3 所示。

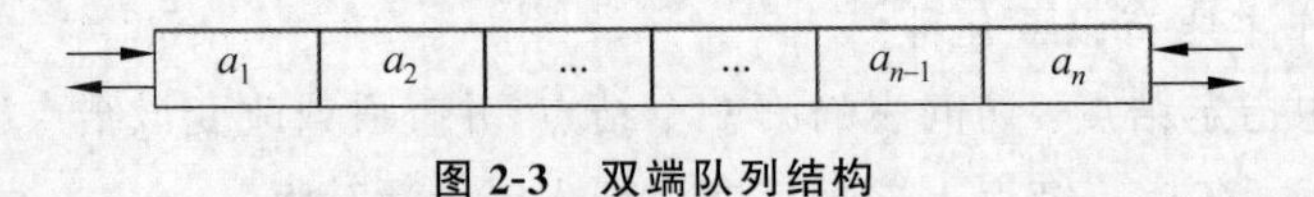

图 2-3 双端队列结构

2.1.3 表的存储

1. 顺序存储

在顺序存储方式中，线性表的各项存放在连续的位置，一个结点连着一个结点，如图 2-4 所示，有：

$$\mathrm{LOC}(X[j+1]) = \mathrm{LOC}(X[j]) + c \tag{2-1}$$

其中，c 是结点个数，$X[j]$代表结点 j，$\mathrm{LOC}(X[j])$是结点 $X[j]$存储的首位。假设 L_0 是结点 $X[1]$的首位，则结点 $X[j]$的首位为：

$$\mathrm{LOC}(X[j]) = L_0 + c(j-1) \tag{2-2}$$

地址	项
L_0	项1
L_0+c	项2
L_0+2c	项3
L_0+3c	项4
L_0+4c	项5
L_0+5c	项6

图 2-4 顺序存储

2. 链式存储

链式存储方式的线性表不需要占用连续的存储空间,对内存的使用更加灵活,更便于线性表长度的变更。在链式存储方式下,每项存储单元不但要保存存储项的内容,还要保存下一结点的存储地址,线性表最后一个存储项的地址为空,如图 2-5 所示。

A	项1	B
B	项2	C
C	项3	D
D	项4	E
E	项5	F
F	项6	∧

图 2-5　链式存储

2.1.4　表的操作

线性表的操作主要有查找、插入和删除三种。

查找操作:指的是取单链表中的第 i 个元素。

插入操作:指的是在线性表的两个数据元素 a 和 b 之间插入一个新的数据元素 x。

删除操作:指的是删除元素 b。

1. 查找操作

查找操作从表头指针出发,顺指针向后找,直到 p 指向第 i 个元素,或查找完毕未找到要找的元素。

算法实现

```
Status GetElem_L(LinkList L,int i,Elemtype &e){
    p=L->next;j=1;               //初始化,p指向第一个结点
    while(p&&j<i){
        p=p->next;++j;           //顺时针向后找,直到p指向第i个元素或p为空
    }
    if(!p||j>i)return ERROR;     //第i个元素不存在
        e=p->data;               //查找到第i个元素
    return OK;
}
```

算法复杂度分析

该算法的基本操作是比较 j 和 i 并后移指针 p,while 循环体中的语句频度和被查元素在表中的位置有关,若 $1\leqslant i\leqslant n$,则频度为 $i-1$,否则频度为 n,所以该算法的时间复杂度为 $O(n)$。

2. 插入操作

首先,生成一个数据域为 x 的结点;其次,将其插入单链表中;最后,修改前结点的指针域,令其指向结点 x,而指向结点 x 的指针域指向其后续结点。

算法实现

```
Status ListInsert_L(LinkList &L,int i,ElemType e){
    p =L; j =0;
    while(p&&j<i-1){p =p->next; ++j}          //遍历,寻找第i-1个结点
    if(!p&&j>i-1) return ERROR;               //i小于1或者大于表长度加1,错误
    s=(LinkList)malloc(sizeof(LNode));        //生成新结点x
    s->data=e;s->next=p->next;                //x插入L中,修改结点a的指针域
    p->next=s;                                //修改指向x的指针域指向b
```

```
    return OK;
}
```

算法复杂度分析

因为结点的新增只是指针指向的修改，所以结点的新增的时间复杂度为 $O(1)$，但是又因为在第 i 个结点之前插入一个新的结点，必须首先找到第 $i-1$ 个结点，即需要从头结点依次向后遍历到第 $i-1$ 个结点，所以最终的时间复杂度为 $O(n)$。

3. 删除操作

在线性表中删除元素 b 时，仅需要修改其前结点 a 中的指针域即可。

算法实现

```
Status ListDelete_L(LinkList &L,int i,ElemType &e){
    p =L; j =0;
    while(p&&j<i-1){p =p->next; ++j}          //寻找第 i 个结点,p 指向其前驱
    if(!(p->next)&&j>i-1) return ERROR;       //删除位置不合理
    q=p->next;p->next=q->next                 //删除结点
    e=q->data;free(q);                        //释放结点
    return OK;
}
```

算法复杂度分析

因为结点的删除只是指针指向的修改，所以结点的删除的时间复杂度为 $O(1)$，但是又因为删除第 i 个结点，必须首先找到第 $i-1$ 个结点，即需要从头结点依次向后遍历到第 $i-1$ 个结点，所以最终的时间复杂度为 $O(n)$。

2.2 树

2.2.1 树的定义

数据结构往往分为线性结构和非线性结构这两种类型，树状数据结构是一种常见的而且非常重要的非线性结构，是层次模型的典型代表。树结构是指结点之间具有“分支”关系，很像自然界中的树，如图 2-6 所示。树的形式化定义如下。

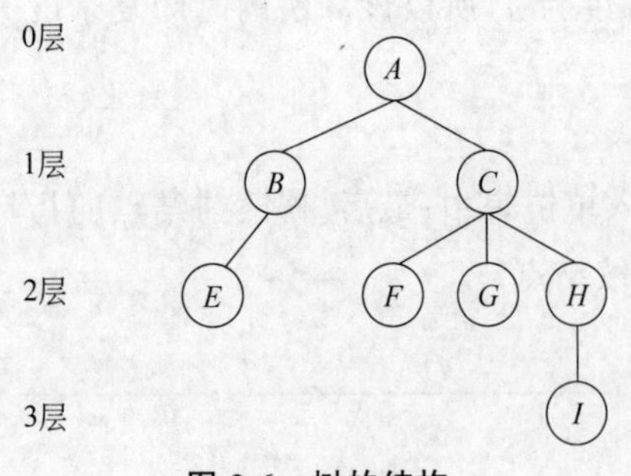

图 2-6 树的结构

(1) 树是具有一个或多个结点的有限集合，用 T 表示。

(2) 有一个特别的指定结点，称为树根，用 root(T)表示。

(3) 剩余结点(树根之外的结点)被划分成 $m\geqslant 0$ 个不相交的集合 $T_1, T_2, \cdots, T_m$，并且这些集合中的每一个都是一棵树，这些树 $T_1, T_2, \cdots, T_m$ 称为根的子树，用 subtree 表示。

由定义得到：树的每个结点都是包含在整棵树中的某棵子树的根，一个结点的子树的个数称为该结点的度，用 degree 表示；度为零的结点称为终端结点(terminal node)，或者称

为叶结点(leaf);非终端结点称为分支结点(branch node);根据结点距离根结点的远近,将结点划分为不同的层次,根结点的层次为0,而其他结点的层次比包含该结点子树的根结点对应的层次大1。

森林(forest):是0棵或多棵不相交的树的集合。子树不为1的树去除根结点,得到一个森林;反过来,任意森林增加一个新结点,森林的所有树都看成该新结点的子树,得到一棵树。

在计算机领域中对树的研究主要针对其不同的物理结构施加相应的算法来解决实际问题,并进行分析。

2.2.2　二叉树

二叉树(Binary Tree)是树状结构的一个重要类型。许多实际问题抽象出来的数据结构往往是二叉树形式,即使是一般的树也能简单地转换为二叉树,而且二叉树的存储结构及其算法都较为简单,因此二叉树显得特别重要。二叉树的特点是每个结点最多只能有两棵子树,且有左右之分。

二叉树是n个有限元素的集合,该集合或者为空,或者由一个称为根(root)的元素及两个不相交的、被分别称为左子树和右子树的二叉树组成。二叉树是一棵有序树。二叉树有以下5种形式。

(1) 空二叉树,树中元素个数为0。

(2) 只有一个根结点的二叉树,树中元素个数为1,根结点没有子树。

(3) 只有左子树。

(4) 只有右子树。

(5) 根结点既有左子树又有右子树。

几种特殊的二叉树如下。

(1) 满二叉树:如果一棵二叉树只有度为0的结点和度为2的结点,并且度为0的结点在同一层上,则这棵二叉树为满二叉树。

(2) 完全二叉树:深度为k、有n个结点的二叉树当且仅当其每一个结点都与深度为k的满二叉树中编号从1到n的结点一一对应时,称为完全二叉树。

完全二叉树的特点是叶子结点只可能出现在层序最大的两层上,并且某个结点的左分支下子孙的最大层序与右分支下子孙的最大层序相等或大于1。

二叉树的性质如下。

性质1:二叉树的第i层上至多有2^i个结点(根结点为第0层)。

性质2:深度为h的二叉树中至多含有2^h-1个结点。

性质3:若在任意一棵二叉树中有n_0个叶子结点,有n_2个度为2的结点,则必有$n_0=n_2+1$。

性质4:具有n个结点的完全二叉树深度为$\log_2 x+1$(其中,x表示不大于n的最大整数)。

性质5:若对一棵有n个结点的完全二叉树进行顺序编号($1\leqslant i\leqslant n$),那么,对于编号为$i(i\geqslant 1)$的结点:

当$i=1$时,该结点为根,它无双亲结点。

当 $i>1$ 时，该结点的双亲结点的编号为 $i/2$。

若 $2^i \leqslant n$，则有编号为 2^i 的左结点，否则没有左结点。

若 $2^i+1 \leqslant n$，则有编号为 2^i+1 的右结点，否则没有右结点。

2.2.3 二叉树的遍历

遍历(Traversal)是指沿着某条搜索路线，依次对树中每个结点均做一次且仅做一次访问。遍历是二叉树上最重要的运算之一，是二叉树上进行其他运算的基础。

一棵非空二叉树由根结点、左子树、右子树组成，因此二叉树的遍历包含以下3种操作。

(1) 访问结点本身(N)。

(2) 遍历该结点的左子树(L)。

(3) 遍历该结点的右子树(R)。

根据不同操作顺序，二叉树的遍历分为以下6种形式：NLR、LNR、LRN、NRL、RNL和RLN，前三种次序与后三种次序对称，故只讨论先左后右的前三种次序：NLR、LNR、LRN。

(1) NLR：前序遍历(Preorder Traversal，亦称先序遍历)。访问根结点的操作发生在遍历其左右子树之前。

(2) LNR：中序遍历(Inorder Traversal)。访问根结点的操作发生在遍历其左右子树之中(间)。

(3) LRN：后序遍历(Postorder Traversal)。访问根结点的操作发生在遍历其左右子树之后。

下面以中序遍历为例介绍遍历算法。

1. 树的二叉树表示

```
typedef struct CSNode{
    ElemType data;
    struct CSNode * lchild, * rchild;
}CSNode, * CSTree;
```

2. 非递归遍历算法

(1) 引入栈，若当前结点不为空，则开始遍历；若当前结点的左子树结点不为空，则当前结点入栈，取当前结点的左子树结点作为当前结点。

(2) 若当前结点或者栈不为空，处理当前结点。

(3) 若当前结点不为空，则当前结点入栈，取当前结点的左子树结点作为当前结点。

(4) 若当前结点为空，则从栈中弹出一个结点作为当前结点，访问该结点。

(5) 把当前结点的右子树结点作为当前结点。

(6) 重复步骤(2)～(5)直至当前结点和栈都为空，遍历结束。

3. 非递归算法实现

```
void inorder(BinTree bt,VistFunc visit){
    InitStack(s);                                  //初始化栈
    bt =p;
    while(p||!StackEmpty(s)){                      //p不为空或者栈不为空
```

```
        if(p){                                    //p不为空
            push(s,p);                            //入栈
            p=p->lchild;                          //一路向左
        }else{
            pop(s,p);                             //出栈
            visit(p);                             //访问结点
            p=p->rchild;                          //处理右子树
        }
    }
}
```

显然,遍历二叉树的算法中的基本操作是访问结点,所以对含有 n 个结点的二叉树,其时间复杂度为 $O(n)$,所需要的空间复杂度为遍历过程中栈的最大容量,即树的深度,在最坏的情况下为 n,则空间复杂度为 $O(n)$。

4. 递归遍历算法

```
void inorder(BinTree bt,VistFunc visit){
    if(bt){
        inorder(bt->lchild, visit);
        visit(bt);
        inorder(bt->rchild, visit);
    }
}
```

2.3　二叉搜索树

二叉树结构被广泛用来解决计算机领域中的各类实际问题。例如,在排序、检索、数据库管理系统以及人工智能等许多方面,二叉树都提供了强而有效的支持。当需要完整的插入、删除和检索等功能时,二叉搜索树较其他数据结构有更好的性能。

二叉搜索树(Binary Search Tree,BST,又称二叉查找树、二叉排序树)是一棵二叉树,若根结点的左子树不空,则左子树中所有结点的值均小于根结点的值;若根结点的右子树不空,则右子树中所有结点的值均大于或者等于根结点的值。每一棵子树也同样具有上述特性,即二叉搜索树中的任何一棵子树也是一棵二叉搜索树。通常,二叉搜索树以二叉链表为存储结构,我们可以设计每个结点有三个域,即数据域、左孩子域和右孩子域。二叉搜索树是一个递归的数据结构,对二叉搜索树进行中序遍历,可得到递增序列。涉及对二叉搜索树的操作包括建立、插入、删除、查找等。

2.3.1　二叉搜索树的建立与插入

通常采用**逐点插入法**来构造二叉搜索树。设 $K=(k_1,k_2,k_3,\cdots,k_n)$ 为具有 n 个数据元素的序列,从 k_1 开始,依次取元素 k_i,按照如下规则插入二叉树中。

(1) 若二叉树为空,则 k_i 为根结点。

(2) 若二叉树非空,则将 k_i 与该二叉树根结点进行比较,若 k_i 小于根结点的值,则将

k_i 插入根结点的左子树中；否则插入根结点的右子树中。

二叉搜索树的建立与插入的非递归算法实现如下。

```
BTREE SEARCHTREE(datatype K[],int n){          //构造二叉搜索树,K为输入元素
    BTREE T=NULL;                              //二叉搜索树
    int i;
    if(n>0){
        for(i=0;i<n;i++){
            INSERTBST(T,K[i])                  //在树中插入元素 K[i]
        }
    }
    return T;
}
viod INSERTBST(BTREE &T,datatype item){        //在树中插入一个元素
    BTREE p,q;
    p=(BTREE)malloc(sizeof(BTNode));           //构建待插入的子树
    p->data=item;
    p->lchild=NULL;
    p->rchild=NULL;
    if(T==NULL){
        T=p;                                   //如果树为空,将构建的子树作为根结点
    }
    else{
        q=T;
        while(1){
            if(item<q->data){                  //如插入元素小于根结点,将其插入左子树
                if(q->lchild!=NULL){           //如果左子树不为空,
                    q=q->lchild;               //则在左子树中继续寻找插入位置
                }
                else{                          //如果左子树为空,
                    q->lchild=p;               //则将其放在左子树位置
                    break;
                }
            }
            else{           //如插入元素大于根结点,将其插入右子树
                if(q->rchild!=NULL){           //如果右子树不为空,
                    q=q->rchild;               //则在右子树中继续寻找插入位置
                }
                else{                          //如果右子树为空,
                    q->rchild=p;               //则将其放在右子树位置
                    break;
                }
            }
        }
    }
}
```

二叉搜索树的建立与插入的递归算法实现如下。

```
void INSERTBST(BTREE &T,datatype item){
    if(T==NULL){
        T=(BTREE)malloc(sizeof(BTNode));
        T->data=item;
```

```
        T->lchild=NULL;
        T->rchild=NULL;
    }
    else if(item<T->data){
        INSERTBST(T->lchild,item);
    }
    else{
        INSERTBST(T->rchild,item);
    }
}
```

2.3.2　二叉搜索树的删除

二叉搜索树中删除一个结点是指仅删除指定结点，删除指定结点后二叉树仍要保持二叉搜索树的性质。若要删除的结点由变量 p 指出，其双亲结点由变量 q 指出，则需考虑以下 4 种情况。

(1) 被删除结点为叶结点，则可直接进行删除(双亲结点指针域置 NULL)。

(2) 被删除结点无左子树(右子树存在)，则可用其右子树根结点取代被删除结点的位置。

(3) 被删除结点无右子树(左子树存在)，则可用其左子树的根结点取代被删除结点的位置。

(4) 被删除结点左、右子树均存在，则需找到被删除结点右子树中值最小的结点(r)，并用该结点取代被删除结点的位置。由于 r 无左子树，则用 r 右子树取代 r 所指结点的位置。

二叉搜索树删除指定结点的算法实现如下。

```
void DELETEBST(BTREE &T,BTREE p,BTREE q){     //T 为二叉搜索树
                                              //p 为待删除结点,q 为 p 的父结点
    BTREE r,s;
    int flag=0;
    if(p->lchild==NULL){                      //待删除结点 p 的左子树为空
        if(p==T){                             //如果 p 是二叉搜索树的根结点
            T=p->rchild;                      //p 的右子树为新的二叉搜索树
        }
        else{                                 //否则
            r=p->rchild;                      //将 p 的右子树保存在 r 中
            flag=1;
        }
    }
    else if(p->rchild==NULL){                 //待删除结点 p 的右子树为空
        if(p==T){                             //如果 p 是二叉搜索树的根结点
            T=p->lchild;                      //p 的左子树为新的二叉搜索树
        }
        else{                                 //否则
            r=p->lchild;                      //将 p 的左子树保存在 r 中
            flag=1;
```

```
            }
        }
        else{                                      //p的左右子树均不为空
            s=p;
            r=s->rchild;                           //在其右子树中寻找最小元素,并将其保存在r中
            while(r->lchild!=NULL){
                s=r;
                r=r->lchild;
            }
            r->lchild=p->lchild;
            if(s!=p){
                s->lchild=r->rchild;
                r->rchild=p->rchild;
            }
            if(p==T){
                T=r;
            }
            else{
                flag=1;
            }
        }
        if(flag==1){                               //用子树r代替要删除的结点p
            if(p==q->lchild){
                q->lchild=r;
            }
            else{
                q->rchild=r;
            }
        }
        free(p);
    }
```

2.3.3 二叉搜索树的查找

若二叉搜索树为空,则查找失败,结束查找,返回信息NULL;否则将要查找的值与二叉搜索树根结点的值进行比较,若相等,则查找成功,结束查找,返回被查到结点的地址,若不等,则根据所查值与根结点值的大小关系决定到根结点的左子树/右子树中查找,直到查找成功/失败。

二叉搜索树的查找的非递归算法实现如下。

二叉搜索树采用二叉链表存储结构,根结点存储地址为T,item为要查找元素,p为活动指针。

```
BTREE SEARCHBST1(BTREE T,datatype item){
    BTREE p=T;
    while(p!=NULL){
        if(p->data==item){              //结点p是要查找的元素
            return p;
```

```
        }
        if(item<p->data){              //要查找的元素小于 p 的值,则在 p 的左子树继续查找
            p=p->lchild;
        }
        else{                          //要查找的元素大于 p 的值,则在 p 的右子树继续查找
            p=p->rchild;
        }
    }
    return NULL;
}
```

二叉搜索树的查找的递归算法实现如下。

```
BTREE SEARCHBST2(BTREE T,datatype item){
    if(T==NULL){
        return NULL;            //查找失败
    }
    if(T->data==item){
        retuen T;               //查找成功
    }
    if(item<T->data){
        return SEARCHBST2(T->lchild,item);
    }
    else{
        return SEARCHBST2(T->rchild,item);
    }
}
```

2.3.4　二叉搜索树操作算法复杂度分析

通常采用平均查找长度(Average Search Length,ASL)的概念来衡量查找算法的优劣性,指确定一个元素在树中位置所需要进行比较次数的期望值。

二叉搜索树的查找效率主要取决于树的高度,若二叉搜索树的左右子树高度之差绝对值不超过 1,则二叉搜索树称为平衡二叉树,其平均查找长度为 $O(\log 2n)$。若二叉搜索树为一个只有右(左)孩子的单支数,则平均查找长度为 $O(n)$。

二叉搜索树的结点构造和删除性能复杂度与查找效率相同,都与树的高度相关。

等概率查找的情况下,平均查找长度为:

$$P(n)=\frac{1}{n}[1+i\times(P(i)+1)+(n-i-1)\times(P(n-i-1)+1)] \tag{2-3}$$

2.4　红　黑　树

在二叉搜索树中,如果树的高度较高时,特别是在极端情况下,一棵普通的二叉搜索树可能会退化成一个单链表,这就导致树的增删改查效率会变得比较低下,需要采用“平衡”搜索以提高算法的效率。红黑树(red-black tree)是“平衡”搜索树中的一种,可以保证在最坏

情况下树操作算法的复杂度不高于 $O(\lg n)$。

2.4.1 定义

红黑树是二叉搜索树的一种，它在每个结点上增加了一个存储位来表示结点的**颜色**，可以是 RED 或 BLACK。通过对任何一条从根到叶子的简单路径上各个结点的颜色进行约束，确保没有一条路径会比其他路径长出两倍，因此红黑树是近似于平衡的。

红黑树中每个结点包含 5 个属性：color、key、left、right、p。如果一个结点没有子结点或者父结点，称为 NULL 结点或叶结点。

2.4.2 红黑树性质

(1) 任一结点或者是红色，或者是黑色。

(2) 根结点是黑色。

(3) 所有叶结点(NULL 结点)都是黑色。

(4) 每个红色结点的子结点都是黑色，即从根结点到每个叶结点的所有路径上不存在两个连续的红色结点。

(5) 任一结点到其每个叶结点的所有简单路径都包含相同数量的黑色结点(黑色结点的数量称为该结点的黑高，用 $\mathrm{bh}(x)$表示)。

引理：一棵有 n 个内部结点的红黑树的高度至多为 $2\log(n+1)$。

内部结点指除去根结点和叶子结点的结点。

证明：先证明以任一结点 x 为根的子树中至少包含 $2^{\mathrm{bh}(x)}-1$ 个内部结点。我们用数学归纳法证明。

若 x 为根的子树高度为 0，则 x 必为叶结点，且以 x 为根的子树至少包含 $2^{\mathrm{bh}(0)}-1=0$ 个结点，命题成立。

考虑 x 是一个内部结点，且其两个结构均不为空，则其子结点的黑高为 $\mathrm{bh}(x)$，当 x 的颜色为红色时；或者 $\mathrm{bh}(x)-1$，当 x 的颜色为黑色时。

假设 x 的每个子结构至少包含 $2^{\mathrm{bh}(x)-1}-1$ 个内部结点成立，则以 x 为根的子树至少包含$(2^{\mathrm{bh}(x)-1}-1)+(2^{\mathrm{bh}(x)-1}-1)+1=2^{\mathrm{bh}(x)}-1$ 个内部结点。

命题成立。

设树的高度为 h，根据性质(4)我们知道，从根结点到叶结点(不包括根结点)的任何一条简单路径上都至少有一半的结点为黑色，因此根的黑高至少为$\frac{h}{2}$，于是有：

$$n \geqslant 2^{\frac{h}{2}}-1 \tag{2-4}$$

把 1 移到不等式的左边，再对两边取对数，得到：

$$\lg(n+1) \geqslant \frac{h}{2} \tag{2-5}$$

或者：

$$h \leqslant 2\lg(n+1) \tag{2-6}$$

引理成立。

2.4.3　树结构的调整

假设已有一棵红黑树，满足上述性质(1)～(5)，当对这棵红黑树进行结点插入(Tree-Insert)或结点删除(Tree-Delete)操作时，操作后的树不再全部满足上述性质，需要对操作结果的树进行调整，使其还是一棵红黑树。

调整包括改变树中某些结点的颜色和指针结构。

指针结构的修改是通过旋转(rotation)来完成的。旋转包括左旋和右旋两种操作。

1. 左旋

当右子树的黑高不符合规定时，可以进行左旋操作。

逆时针旋转两个结点，使得为轴的结点被其右子结点取代，而该结点自身成为其右子结点的左子结点。

如图 2-7 所示，以结点 PL 为轴进行左旋，则结点 G 取代 PL 成为新的父结点，其原本的左子结点 C_2 成为 PL 的右子结点。

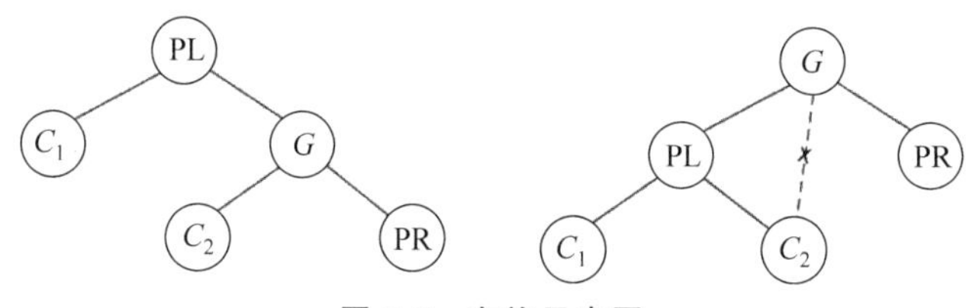

图 2-7　左旋示意图

2. 右旋

当左子树的黑高不符合规定时，可以进行右旋操作。

顺时针旋转两个结点，使得为轴的结点被其左子结点取代，而该结点自身成为其左子结点的右子结点。

如图 2-8 所示，以结点 G 取为轴进行右旋，则结点 PL 取代 G 成为新的父结点，其原本的右子结点 C_2 成为 G 的左子结点。

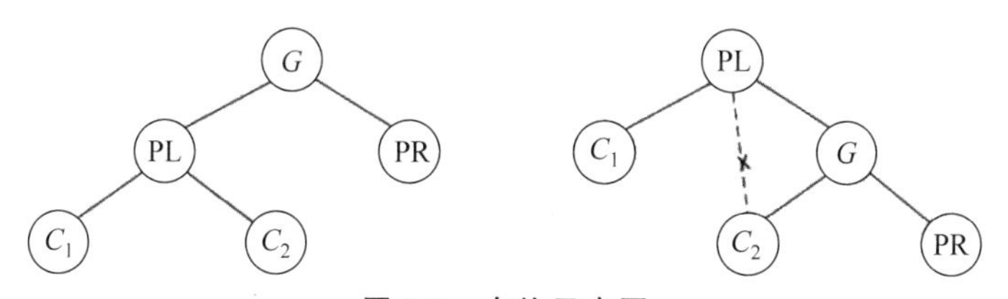

图 2-8　右旋示意图

2.4.4　插入

红黑树的插入操作和普通的二叉搜索树的插入操作基本一致，不同之处在于，红黑树在进行插入操作后需要对结构做出调整来让自身保持平衡，主要做法有旋转和变色两种。

1. 结点颜色

在进行插入操作时，一般默认结点颜色为红色。

根据性质(5)可知，当前红黑树中从根结点到叶结点的所有路径上黑色结点的数量都是相同的。假设插入的是黑色结点，则一定会因破坏这一规则而需要对树的结构做出调整；但如果插入的是红色结点,则不一定会出现这种情况,因此,默认插入红色结点。

2. 变色

当所插入结点的父结点为红色时,需要采取变色的方法。在这种情况下,需要将父结点颜色变为黑色,但也会因此导致该父结点所在子树的黑高加1,破坏性质(5)。因此需要使得父结点的兄弟结点,即 uncle 结点所在子树的黑高也加1。

如果 uncle 结点是红色,则直接将 uncle 结点变为黑色,但与此同时会导致祖父结点所在子树的黑高加1,因而将祖父结点变为红色。按照这一方法依次向上遍历,直到根结点。

如果 uncle 结点是黑色,则无法通过改变其颜色来调整左右子树的平衡,只能通过旋转的方式来处理。

3. 算法实现

结点插入:

```
Tree_Insert(T,node){
    If(T==NULL){                        //树 T 为空
        T=node;
        Return;
    }
    tmp=T;
    parent=NULL;
    while(tmp!=NULL){                   //找到结点的插入位置
        parent=tmp                      //保存父结点位置
        if(node.value <tmp.value)
            tmp=tmp.left);
        else
            tmp=tmp.right;
    }
    if(node.vale<parent.value)
        parent.left=node;
    else
        parent.left=node;
    InserRB_Fixup(T,node);              //对插入结点后的树结构进行调整
}
```

插入后,树的调整:

```
InserRB_Fixup(T,node){
    while isRed(node){
        parent=node.parent;
        if(isRed(parent))                       //父结点为黑色时,树不需要调整
            break;
        grandparent=parent.parent;
        if(parent==grandparent.left){           //父结点是祖父结点的左结点
            uncle=grandparent.right;
            if(isRed(uncle)){                   //uncle 结点是红色
                parent.color=BLACK;
                uncle.color=BLACK;
                grandparent.color=RED;
```

```
                node=grandparent;
            }
            elseif(node=parent.right){      //如果结点是父结点的右子结点,左旋
                Left_Rotate(T,parent);
                Swap(node,parent);
            }else{                          //如果结点是父结点的左子结点,右旋
                parent.color=BLACK;
                grandparent.color=RED;
                Right_Rotate(T,grandparent);
            }
        }else{                              //父结点是祖父结点的右结点
            uncle=grandparent.left;
            if(isRed(uncle)){               //uncle 结点是红色
                parent.color=BLACK;
                uncle.color=BLACK;
                grandparent.color=RED;
                node=grandparent;
            }
            elseif(node=parent.left){       //如果结点是父结点的左子结点,右旋
                Right_Rotate(T,parent);
                Swap(node,parent);
            }else{                          //如果结点是父结点的右子结点,左旋
                parent.color=BLACK;
                grandparent.color=RED;
                Left_Rotate(T,grandparent);
            }
        }
    }
    T.color=BLACK;                          //设置根结点颜色为黑色
}
```

左旋,假设 node.right 不等于 NULL。

```
Left_Rotate(T,node){
    y=node.right;
    node.right=y.left;
    if(y.left<>NULL){
        y.left.parent=node;
    }
    y.parent=node.parent;
    if(node.parent==NULL){              //node 是树 T 的根结点
        T.root=y;                       //设 y 为树 T 的根结点
    }elseif(node==node.parent.left)     //node 是其父结点的左子结点
        node.parent.left=y;
    else                                //node 是其父结点的右子结点
        node.parent.right=y;
    y.left=node;
    node.parent=y;
}
```

右旋，假设 node.left 不等于 NULL。

```
Right_Rotate(T,node){
    y=node.left;
    node.left=y.right;
    if(y.right<>NULL){
        y.right.parent=node;
    }
    y.parent=node.parent;
    if(node.parent==NULL){                  //node 是树 T 的根结点
        T.root=y;                           //设 y 为树 T 的根结点
    }elseif(node==node.parent.left)         //node 是其父结点的左子结点
        node.parent.left=y;
    else                                    //node 是其父结点的右子结点
        node.parent.right=y;
    y.right=node;
    node.parent=y;
}
```

2.4.5 删除

删除一个结点与插入操作相比，要复杂一些。黑树中删除一个结点，遇到的各种情形就是其子结点的状态和颜色的组合。子结点状态共有 3 种：无子结点、有一个子结点、有两个子结点，颜色有红色和黑色两种，所以共有 6 种组合。

如果被删除结点是叶结点，其颜色为红色，直接删除；如果其为黑色，则删除该结点，并调整树结构，达到平衡。

如果被删除结点只有一个子结点（左子结点或右子结点），按照红黑树的性质，其子结点的颜色只能为红色，被删除结点为黑色。这时删除该结点，并用其子结点代替该结点，并将子结点的颜色改为黑色（或与删除结点颜色一致）。

如果被删除结点有两个子结点，取其右子结构中最小的元素代替该结点，并调整树结构，达到平衡。

程序实现：

```
RB_Delete(T,z){
    y=z;
    y_original_color=y.color;
    if(z.left==NULL){                       //z 的左子结构为空
        x=z.right;
        RB_Transplant(T,z,z.right);
    }elseif(z.right==NULL){                 //z 的右子结构为空
        x=z.left;
        RB_Transplant(T,z,z.left);
    }else{                                  //z 有双子结构
        y=Tree_Minimum(z.right);            //取右子结构中的最小元素
        y_original_color=y.color;
```

```
        x=y.right;
        if(y.parent==z){                           //z.right 无子结构
            x.parent=y;
        }else{
            RB_Transplant(T,y,y.right);
            y.right=z.right;
            y.right.parent=y;
        }
        RB_Transplant(T,z,y);
        y.left=z.left;
        y.left.parent=y;
        y.color=z.color;
    }
    If(y_original_color==BLACK){
        RB_Delete_Fixup(T,x);
    }
}
```

用 v 代替 u：

```
RB_Transplant(T,u,v){
    if(u.parent==NULL)
        T.root=v;
    elseif(u==u.parent.left)
        u.parent.left=v;
    else
        u.parent.right=v;
    v.parent=u.parent;
}
```

取树结构 x 的最小元素：

```
Tree_Minimum(x){
    while(x.left!=NULL)
        x=x.left;
    return x;
}
```

树的调整：

```
RB_Delete_Fixup(T,x){
    while((x<>T.root)||(x.color==BLACK)){
        if(x==x.parent.left){              //x 是其父结点的左子结点
            w=x.parent.right;
            if(w.color==RED){
                w.color=BLACK;
                x.parent.color=RED;
                Left_Rotate(T,x.parent);
                w=x.parent.right;
            }
```

```
            if((w.left.color==BLACK)||(w.right.color==BLACK)){
                w.color=RED;
                x=x.parent;
            }elseif(w.right.color==BLACK){
                w.left.color=BLACK;
                w.color=RED;
                Right_Rotate(T,w);
                W=x.parent.right;
            }
            w.color=x.parent.color;
            x.parent.color=BLACK;
            Left_Rotate(T,x,p);
            x=T.root;
        }else{//x是其父结点的右子结点
            w=x.parent.left;
            if(w.color==RED){
                w.color=BLACK;
                x.parent.color=RED;
                Right_Rotate(T,x.parent);
                w=x.parent.left;
            }
            if((w.left.color==BLACK)||(w.right.color==BLACK)){
                w.color=RED;
                x=x.parent;
            }elseif(w.left.color==BLACK){
                w.right.color=BLACK;
                w.color=RED;
                Left_Rotate(T,w);
                W=x.parent.left;
            }
            w.color=x.parent.color;
            x.parent.color=BLACK;
            Right_Rotate(T,x,p);
            x=T.root;
        }
    }
}
```

2.5 B树

2.5.1 定义

1970年,R.Bayer和E.Mccreight提出了一种适用于磁盘或其他直接存取的辅助存储设备而设计的一种平衡搜索树。它类似于黑红树,不同之处它是一种平衡的多叉树,如图2-9所示。

一棵含有n个结点的B树的高度为$O(\lg n)$,但由于它可以有很多分支,其高度会比红

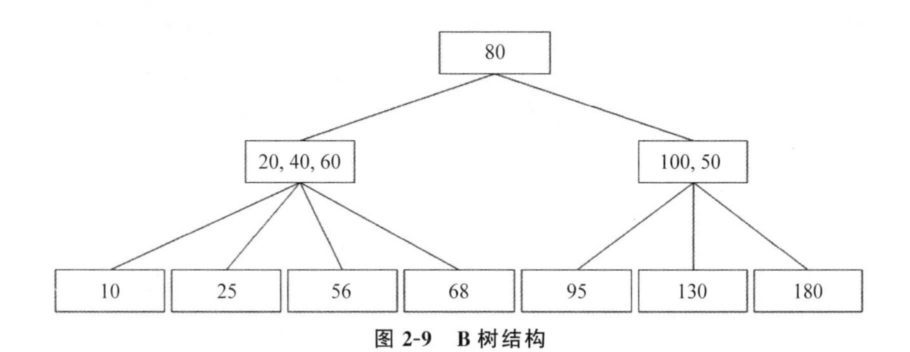

图 2-9　B 树结构

黑树小很多。

结点的阶：树中结点的子结点个数的最大值称为该结点的阶。

结点的关键字：在 B 树中结点可拥有 1 个或多个关键字，关键字用于分隔子结构。

卫星数据(Satelite Information)：指与关键字相关联的数据，关键字更像一个指针，指向卫星数据。

一棵 B 树 T 是具有以下性质的有根树(根为 $T.\text{root}$)。

(1) 每个结点 x 有以下性质。

① 用 $x.n$ 表示当前存储在该结点 x 中的关键字的个数。

② $x.n$ 个关键字以非降序的次序存放，使得 $x.\text{key}_1 \leqslant x.\text{key}_2 \leqslant \cdots \leqslant x.\text{key}_n$。

③ $x.\text{leaf}$ 是一个布尔值，如果 x 是叶结点，其值为 TRUE，否则为 FALSE。

(2) 每个非叶结点 x 包括 $x.n+1$ 个指向其孩子结构的指针 $x.c_1, x.c_2, \cdots, x.c_{n+1}$。

(3) 关键字 $x.\text{key}_i$ 对存储在各子树中的关键字范围加以分隔：如果 k_i 为存储在 x 的第 i 个子结构中的关键字，则有：

$$k_1 \leqslant x.\text{key}_1 \leqslant k_2 \leqslant x.\text{key}_2 \leqslant \cdots \leqslant x.\text{key}_n \leqslant k_{x.n+1}$$

(4) 每个叶结点具有相同的深度，即树的高度 h。

(5) 每个结点所包含的关键字个数有上界和下界，用被称为 B 树的最小度数(Minimum Degree)的固定整数 $t \geqslant 2$ 来表示这些界。

(6) 根结点的关键字个数 r 满足 $1 \leqslant r \leqslant m-1$。

① 除了根结点，每个结点至少有 $t-1$ 个关键字。因此除了根结点，每个结点至少有 t 个孩子。如果树非空，根结点至少有一个关键字。

② 每个结点至多可包含 $2t-1$ 个关键字。因此，一个结点至多包含 $2t$ 个孩子。当一个结点恰好有 $2t$ 个孩子，称该结点是满的(full)。

当 $t=2$ 时，B 树的结构最简单，每个非叶结点有 2 个、3 个或 4 个孩子，称该树为 2-3-4 树。

一棵具有 n 个结点的 B 树，t 值越大其高度越小。

2.5.2　B 树插入操作

当数据存储在内存中时，红黑树的性能十分优异。但当数据存储在磁盘等辅存设备中时，由于红黑树的高度仍然过高，需要进行的 I/O 操作十分频繁，会严重影响性能。而对于 B 树来说，当树的结点总数量相同时，其高度要远小于红黑树，因此，当数据存储在磁盘中时，需要 B 树。

B 树的目标是通过降低 B 树的高度以提高 B 树中数据搜索的效率，t 值越大，高度越低，搜索效率越高。但 t 值的增加也为 B 树的维护提出了挑战，主要体现在结点的插入和删除操作上，本节介绍 B 树结点的插入操作，2.5.3 节介绍 B 树的删除操作。

在 B 树中，一个结点的子结点个数等于其关键字个数加 1，所以在为一个结点插入一个子结点时等同于为其增加一个关键字。

在 B 树中插入一个结点，首先要找到该结点的插入位置。找到插入位置后，如果被插入结点的关键字是非满的，直接插入该关键字即可；如果被插入关键字是满的，需要对被插入结点进行分裂操作(split)，以中间关键字(median key，即中间值的关键字)为划分点，将被插入结点分类成两个含 $t-1$ 个关键字的结点，中间关键字被提成父结点的关键字；如果父结点关键字也是满的，要重复上述操作到上一层结点。

算法实现：

```
BTree_Insert(T,k){
    r=T.root;
    if(r.n==2t-1){                    //根结点是满的
        s=Allocate_Node();            //创建一个新结点
        T.root=s;
        s.leaf=FALSE;
        s.n=0;
        s.c[1]=r;
        BTree_Split_Child(s,1);
        BTree_Insert_Nofull(s,k);
    }else
        BTree_Insert_Nofull(r,k);
}
```

分裂 B 树中的结点：

```
BTree_Split_Child(x,i){
    z=Allocate_Node();
    y=x.c[i];
    z.leaf=y.leaf;
    z.n=t-1;
    for(j=1;j<t;j++){
        z.key[j]=y.key[i+j];
    }
    if(y.leaf==FALSE){
        for(j=1;j<t+1;j++){
            z.c[j]=y.c[i+j];
        }
    }
    y.n=t-1;
    for(j=x.n+1;j>i;j--){
        x.c[j+1]=x.c[j];
    }
    x.c[i+1]=z;
```

```
        for(j=x.n;j>=i;j--){
            x.key[j+1]=x.key[j];
        }
        x.key[i]=y.key[i];
        x.n=x.n+1;
    }
```

非满树插入结点：

```
    BTree_Insert_Nofull(x,k){
        i=x.n;
        if(x.leaf){
            while((i>=1)||(k<x.key[i])){
                x.key[i+1]=x.key[i];
                i=i-1
            }
            x.key[i+1]=k;
            x.n=x.n+1;
        }else{
            while((i>=1)||(k<x.key[i])){
                i=i-1
            }
            i=i+1;
            if(x.c[i].n==2t-1){            //x 的第 i 个孩子是满树
                BTree_Split_Child(x,i);
                if(k>x.key[i])
                    i=i+1
            }
            BTree_Insert_Nofull(x.c[i],k);
        }
    }
```

2.5.3　B 树删除操作

删除 B 树上的关键字相对复杂，要分析各种情况。假设 B 树的初始状态如图 2-10 所示。

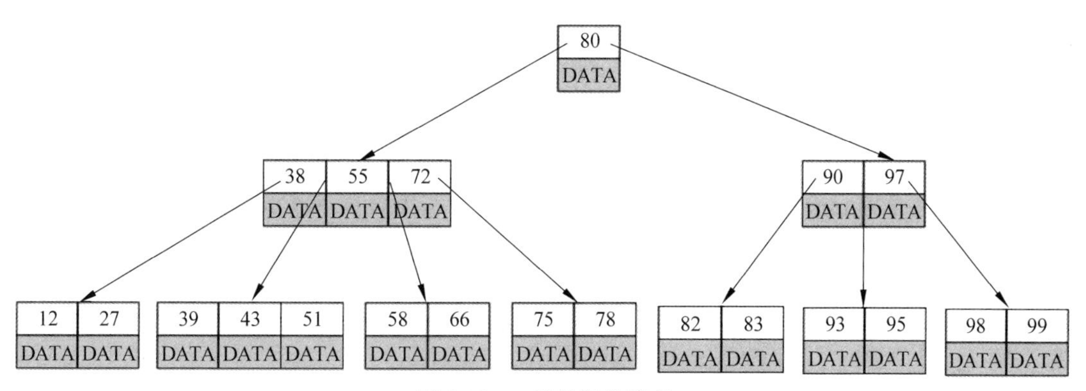

图 2-10　B 树的初始状态

按大类将删除操作分为：删除叶结点关键字和删除非叶结点关键字。

1. 删除叶结点关键字

(1) 当要删除的关键字所在结点在经过删除操作后，所含关键字个数依然大于或等于 $t-1$，则可以直接删除，如删除关键字 51，如图 2-11 所示。

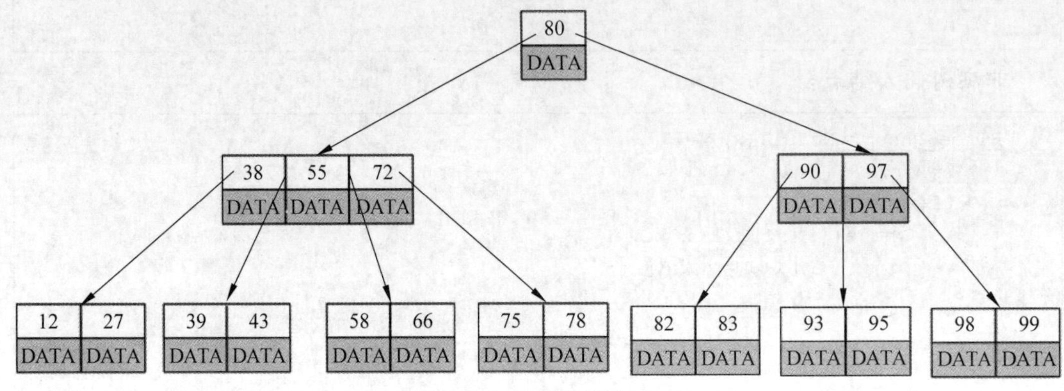

图 2-11　删除关键字 51

(2) 当要删除的关键字所在结点在经过删除操作后，所含关键字个数若小于 $t-1$，则破坏了性质(6)，如果兄弟结点有大于 $t-1$ 个关键字，可以向其兄弟结点“借”关键字。具体操作为：将父结点的关键字移动到当前进行删除操作的结点，再将符合条件的兄弟结点的关键字移动到父结点。

如删除结点 66，删除后如图 2-12 所示，这时不再满足性质(6)。

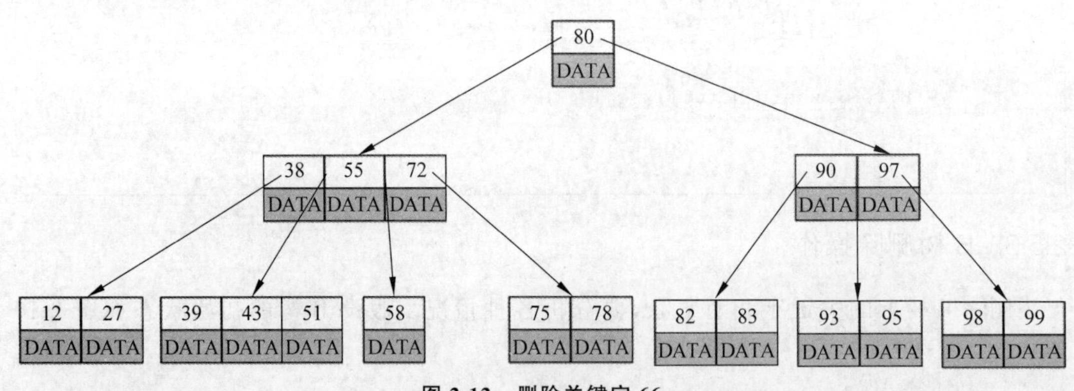

图 2-12　删除关键字 66

需向兄弟结点“借”关键字，首先将父结点关键字 55 下移，再将兄弟结点关键字 51 上移到父结点，如图 2-13 所示。

(3) 当要删除的关键字所在结点在经过删除操作后，所含关键字个数若小于 $t-1$，则破坏了性质(6)，且其兄弟结点也没有大于 $t-1$ 个关键字，需要将其父结点关键字下移，并与其兄弟结点合并。

例如，删除结点 78，删除后如图 2-14 所示，这时不再满足性质(6)。

其兄弟结点也没有多余的关键字可“借”关键字，需将其父结点关键字 72 下移到该结点，然后该结点与其兄弟结点合并成一个结点，如图 2-15 所示。

如果由于父结点关键字下移导致 B 树不再满足性质，后续操作与删除非叶结点操作

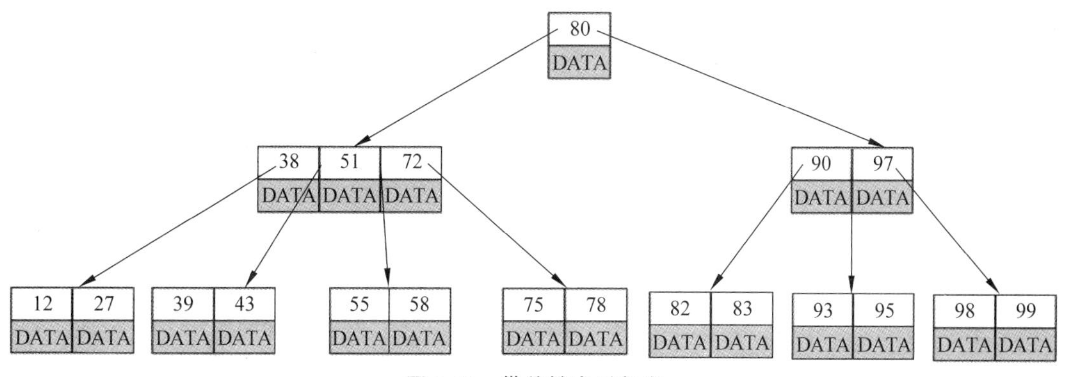

图 2-13　借关键字后状态

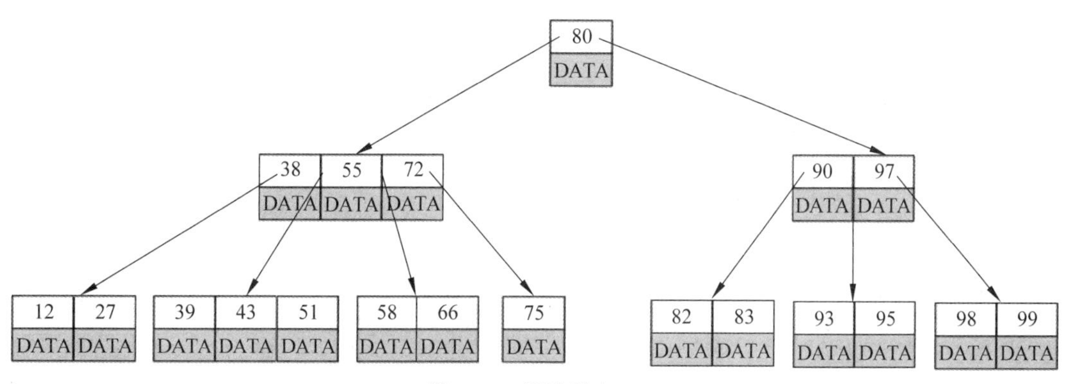

图 2-14　删除结点 78

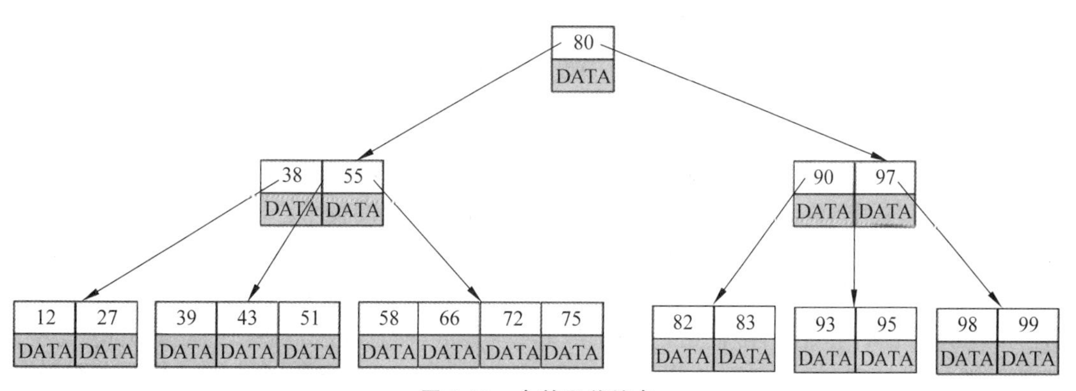

图 2-15　合并兄弟结点

相同。

2. 删除非叶结点关键字

对于非叶结点关键字的删除操作，需要先使用后继关键字代替要删除的关键字，再将该后继关键字从其所在结点中删除。

例如，删除非叶结点 55，首先用其后续关键字 58 代替该关键字，如图 2-16 所示。

这可能导致其后续子结点不再满足 B 树性质，子结点需向子结点的兄弟结点“借”关键字，如图 2-17 所示。借关键字过程参见前文“**删除叶结点关键字**”的第(3)部分。

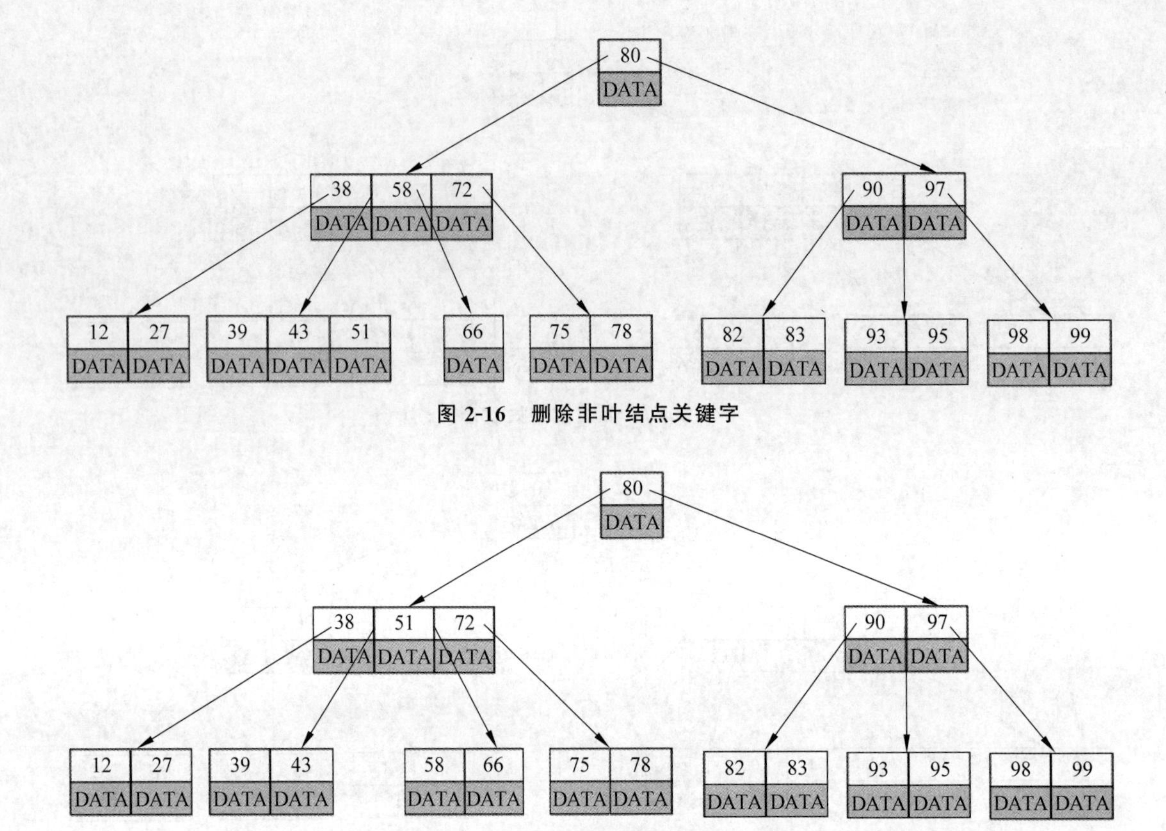

图 2-16 删除非叶结点关键字

图 2-17 借关键字

2.6 散 列 表

2.6.1 定义

散列：一种用于以常数平均时间执行插入、删除和查找的技术。

散列图：一种数据结构，用来存储某种类型的信息，并根据一定的算法进行更新。其数据结构是一个有向无环图，其中每个顶点包含其两个父顶点的散列。

散列表：也叫哈希表，是根据关键码值(Key Value)而直接进行访问的数据结构。通过把关键码值映射到表中一个位置来访问记录，以加快查找的速度。这个映射函数称为散列函数，存放记录的数组称为散列表。

散列函数：用来计算一个元素应该存放在散列表中的哪个位置。

在用关键字索引集合时，可以把关键字放在一张索引表 U 中，通过关键字找到要访问数据的地址。当关键字规模增大时，U 也在不断增大，甚至超过计算机所能承受的范围。散列表用散列函数值集合 K 来代替索引表 U，K 的规模 $|K|$ 比索引表的规模 $|U|$ 小很多。

在散列方式下具有关键字 k 的元素被放在位置为 $h(k)$ 的存储槽中。其中，函数 $h(k)$ 为散列函数(Hash Function)。

由于 $|K|$ 远小于 $|U|$，所以可能会有多个关键字具有相同的散列函数值，这种情形称为冲突(Collision)，我们通过链接法来解决冲突。

在链接法中把散列值相同的元素都放在一个链表中，如图 2-18 所示。

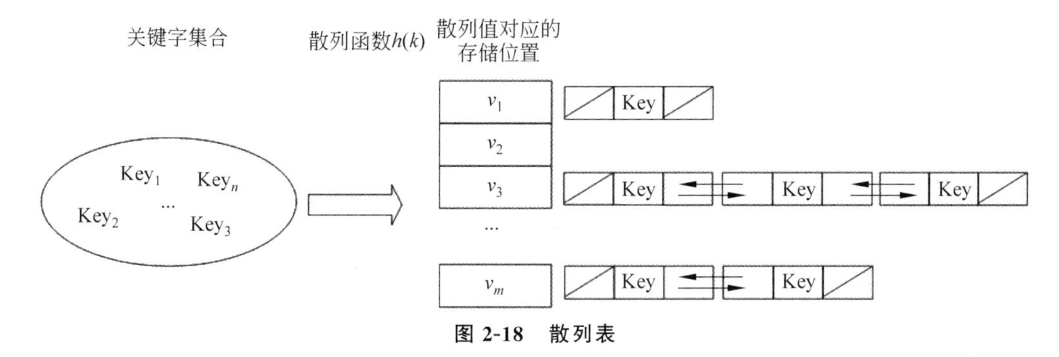

图 2-18　散列表

2.6.2　散列表性能分析

假设关键字集合 $|U|=n$，散列函数值集合 $|h(k)|=m$（m 为散列表大小），装载因子 α 定义为：

$$\alpha=\frac{n}{m} \tag{2-7}$$

α 为散列表项中关键字链的平均长度。一个好的散列函数尽量将关键字均匀分布在各个散列值上。如果关键字均匀分布，且能在 $O(1)$ 的时间内计算出关键字的散列值，则查找关键字的时间取决于装载因子 α。

2.6.3　散列函数

1. 除法散列法

除法散列法是通过关键字值 key 除以散列函数值域数量 m，取余数所得。

$$h(k)=k \bmod m \tag{2-8}$$

2. 乘法散列法

乘法散列法是通过关键字值 key 乘以常数 $A(0<A<1)$，提取乘积的小数部分，再乘以散列函数值域数量 m 后向下取整。

$$h(k)=\lfloor m\times(k\times A \bmod 1)\rfloor \tag{2-9}$$

2.7　最小生成树

2.7.1　定义

在电路设计中经常遇到这样的问题，需要将多个电子元器件管脚连在一起，要寻找一种连接方式，使连接线长度最小。

可以用无向连通图表示上述问题：$G(V,E)$，V 表示要连线管脚的集合，E 是连线的集合。对每条连线 $(u,v)\in E$，赋予权重 $w(u,v)$ 作为长度的代价。我们希望找到一个无环子集 $T\subseteq E$，既能将所有管脚连接起来，又具有最小的权重，即 $w(T)=\sum_{(u,v)\in T} w(u,v)$ 的值最小。由于 T 是无环的，且连接了所有管脚，所以 T 是一棵树，我们称树 T 是图 G 的生成树，由于其权重最小，所以称为最小生成树。

2.7.2 Kruskal 算法

Kruskal 算法是一个贪心算法，其过程如下。

(1) 维护一个子图 $H=(V,E')$，其中，E'初始为空集。

(2) 按照权值从小到大的顺序从原图 G 中遍历边。

(3) 如果这条边的两个端点在 H 中尚未连通，则将这条边加入 E'，反之不进行操作。

(4) 继续遍历，直到 G 中所有的边都被遍历过。

(5) 最终的子图 H 则为原图 G 的最小生成树。

算法正确性分析

设边 $e(u,v)$的权值记为 $w(u,v)$或 $w(e)$，图 G 的权值记为 $w(G)$。假设原图 G 中结点数量为 n。因为 Kruskal 算法遍历了所有边，所以只需要证明：

(1) Kruskal 算法一共会选择 $n-1$ 条边，即结果为生成树。

(2) Kruskal 算法选择的每一条边都被某棵最小生成树包含，即结果为权值最小的。

对于(1)，与权值无关，Kruskal 算法选择边的策略是连通性，连通 n 个顶点一定会选择 $n-1$ 条边。

对于(2)，用数学归纳法证明 Kruskal 算法选择的第 t 条边在原图的某一个最小生成树 H 中，对于任意 $t \leqslant n-1$ 成立：

① 当 $t=1$ 时，即证明原图中权值最小的边 e_m 一定在 H 中，用反证法证明：

- 假设 H 中不含 e_m；将 e_m 加入 H，会产生一个环，并且只有这一个环，从环上选择 e_m 以外的任意一条边 e'_m，并将其删除，会得到一棵新的生成树 H'。
- 由 $w(e'_m)>w(e_m)$得到 $w(H')=w(H)+e'_m-w(e_m)>w(H)$，所以 H 不是最小生成树，这与假设矛盾。
- 所以 H 中一定包含权值最小的边。

② 假设 $t=k$ 时成立，对于第 $t=k+1$ 次选择的边为 e，反证法：

- 假设 e 不在 H 中，将 e 加入 H 中，会产生一个环，环中至少有一条边 e_0 在 H 中而不在 E 中；考虑 e_0 和 e 的权值大小关系：
  - a. 如果 $w(e_0)<w(e)$，因为 Kruskal 算法是按照边权值从小到大考虑的。如果 e_0 在 E 中，算法会在前 $k+1$ 次将 e_0 选择到 H 中，所以 e_0 在 H 中而不在 E 中不成立。
  - b. 如果 $w(e_0)>w(e)$，同样根据连通性条件，可以从 H 中将 e_0 删除并加入 e，即可得到比 H 权值更小的生成树，矛盾。
- 因此，根据反证法，第 $t=k+1$ 次选择的边同样在 H 中。

③ 因此，根据数学归纳法，Kruskal 算法选择的每条边都在 H 中。

2.7.3 Prime 算法

Prime 算法也是一个贪心算法，其过程如下。

(1) 从图 G 的顶点集合 V 中任意选择一个结点，作为序列的初始子树 $H(V',E')$，初始时 V'中只包含选择的结点，E'为空集。

(2) 然后按照贪心选择策略，选择与 V' 中顶点有最近距离的边，且该边的相连另一结点不在 V' 中，将该边放入集合 E'，将该边的另一结点放入 V' 中。

(3) 重复步骤(2)，直至所有结点都放入 V' 中。

算法正确性分析

除了初始时选择一个初始结点放入 H 中之外，Prime 算法都会选择一条边和与该边相连的另一结点加入 H 中，最终 H 中包含 n 个结点、$n-1$ 条边，这 $n-1$ 条边连接了 n 个结点且无环，因此 H 一定是 G 的一棵生成树。下面证明它是最小生成树，用反证法证明。

假设存在一棵最小生成树 H'，则 H' 中一定包含 $n-1$ 条边连接 n 个结点。

将 H 和 H' 的边分别按从小到大排列，得到序列 $<\mathrm{eh}_1,\mathrm{eh}_2,\cdots,\mathrm{eh}_{n-1}>$ 和 $<\mathrm{eh}'_1,\mathrm{eh}'_2,\cdots,\mathrm{eh}'_{n-1}>$。

根据 Prime 算法执行过程，有 $\mathrm{eh}_i\leqslant\mathrm{eh}'_i(0<i<n)$，这与 H 不是最小生成树矛盾，所以 H 是图 G 的最小生成树。

第3章 分治法

3.1 概念

3.1.1 分治法的基本思想

分治法是这样一种方法：对于一个输入规模为 n 的问题，用某种方法把输入分割成 k 个子集($1<k\leqslant n$)，从而产生 k 个子问题，k 个子问题解决后，再用某种方法组合成原来问题的解。

基本思想：将问题分解成若干个子问题，然后求解子问题，由此得到原问题的解，即"分而治之"。

分治法是一个递归地求解问题的过程，在每层的递归中应用如下三个步骤。

分解(Divide)：将问题划分为一些子问题，子问题的形式与原问题一样，只是规模更小。

解决(Conquer)：递归地求解出子问题。如果子问题的规模足够小，则停止递归，直接求解。

合并(Combine)：将子问题的解组合成原问题的解。

其过程如图3-1所示。

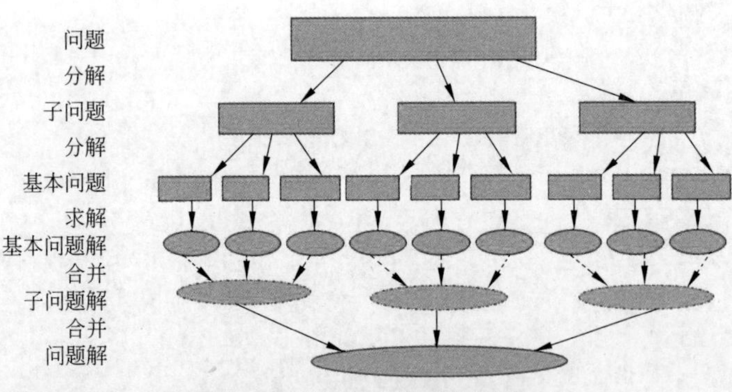

图3-1 分治法问题求解过程

伪代码实现：

```
divide-and-conquer(S){
    if (small(S)) return(adhoc(S));
    divide S into smaller subset S1,S2,…,Si,…Sk;
    for(i=1; i<=k; i++)
        yi ← divide-and-conquer(Si);
    return merge(y1,y2,…,yi,…,yk);
}
```

其中：

small(S)是一个布尔值函数，它判断S的输入规模是否小到无须进一步分治就能算出其答案。

adhoc(S)是分治法的求解子算法。

merge($y_1, y_2, \cdots, y_i, \cdots, y_k$)为解的归并子算法。

3.1.2　分治法所处理问题的基本特征

分治法虽然是一种常用的算法但并不适用于所用的问题场景，它所适用的问题应满足如下几个特征。

(1) 该问题的规模缩小到一定的程度就可以容易地解决。

(2) 该问题可以分解为若干个规模较小的相同问题。

(3) 利用原问题分解的子问题所求出的解，应当可以合并为该问题的解。

(4) 各个子问题之间应当是相互独立的。

在以上几个特征中，最为关键的是特征(3)，这一特征直接决定该问题能否使用分治算法。当问题同时满足特征(1)和特征(2)而不满足特征(3)时，依然可以选择动态规划或者贪心算法来解决这一问题。而特征(4)则与分治算法的效率有关，当子问题之间不相互独立，使用分治法会做一些不必要的工作，此时，动态规划会是一个更好的选择。

3.1.3　分治算法的实现思路

1. 自顶向下的分治思路

此方法是从原问题出发，对原问题进行分解，在每次的分解后，所需要处理的问题相较于原来的问题规模更小。原问题的可解性依次地传递到下一层，通过依次对问题的处理，保证了原问题可以得到解决。下面以快速排序算法为例解释这一过程。

快速排序算法的思想：通过一趟排序将待排记录分隔成独立的两部分，其中一部分记录的关键字均比另一部分记录的关键字小，则可分别对这两部分记录继续进行排序，以达到整个序列有序。

快速排序算法的每一次的划分，都会使一个元素处于一个正确的位置，其伪代码如下。

```
Quick_Sort(A,p,r){
    //输入：数组 A,起始位置 p,终止位置 r
    //输出：已排序数字
    if(p <r then)
        povit =A[p];                //使用子表的第一个值作为枢轴记录
        i <-p;
        j <-r;
        //从表的两端交替地向中间扫描
        while i <j do
            while i <j And A[j] >povit do
                j <-j-1;
                if i <j do
                    i <-i+1;
                    A[i] =A[j];
```

```
            end
        end
        while i <j And A[j] <=povit do
            i <-i+1;
            if i <j do
                j <-j-1;
                A[j] =A[i];
            end
        end
        A[i] <-povit;                   //枢轴记录保存到最终位置
        Quick_Sort(A, p, r-1);
        Quick_Sort(A, p+1, r);
    end
}
```

自顶向下的设计思路还同样适用于汉诺塔、二分搜索、线性时间选择等问题。

2. 自底向上的分治思路

对于使用分治法处理问题,除了在解决问题的过程中一步一步地将问题的规模缩小的同时处理问题,考虑到子问题的解的性质,还可以使用向上递推的方式,在已知解的基础上,解决规模更高的同类问题,最终使得原问题得以解决,这就是自底向上的分治策略。

这一分治策略的使用,较为经典的就是排序算法中的归并排序。在此,以二路归并算法为例进行说明。

二路归并排序的算法思想:假设初始序列包含 n 个记录,则可看成 n 个有序的子序列,每个子序列的长度为 1,然后两两归并,得到 $n/2$ 个长度为 2 或 1 的有序子序列;再两两归并,……,如此重复,直到得到一个长度为 n 的有序序列为止。

归并排序的算法实现如下。

```
MERGE(sourceArr,tempArr,sIndex,midIndex,eIndex){
    i =sIndex
    j =midIndex+1
    k =sIndex
    //取出两个有序子序列中最小的一个元素,放入新的有序数列中
    while (i! =midIndex+1 and j!=eIndex+1){
        if(sourceArr[i] <sourceArr[j]){
            tempArr[k] =sourceArr[i];
            i++;
        }else{
            tempArr[k] =sourceArr[j];
        }
        k++
    }
    while(i !=midIndex+1){              //前面的有序数列中还有元素
        tempArr[k++] =sourceArr[i++];
    }
    while(j !=eIndex+1){                //后面的有序数列中还有元素
        tempArr[k++] =sourceArr[j++];
```

```
        }
        //将有序数列复制给原数列
        for(m =sIndex to eIndex){
            sourceArr[m] =temp[m];
        }
    }
    //归一化
    MERGESORT(sourceArr,tempArr,sIndex,eIndex){
        //类似二分查找,每次取半
        if (sIndex <eIndex){
            mid =sIndex + (eIndex -sIndex)/2;
            MERGESORT(sourceArr,tempArr,sIndex,mid);
            MERGESORT(sourceArr,tempArr,mid+1,eIndex);
            MERGE(sourceArr,tempArr,sIndex,mid,eIndex);
        }
    }
```

3.2　折半查找

3.2.1　问题描述

问题描述：在一个有序序列 S 中，查找其中是否包含元素 x，如果 x 是 S 中的元素，需要获得 x 在 S 中的位序。

3.2.2　问题分析

通过问题描述可知，带查找的序列 S 是一个有序序列，其按照由大到小或由小到大的顺序排列。

折半查找的思路是：在有序表中，取中间记录作为比较对象，若给定值与中间记录的关键码相等，则查找成功；若给定值小于中间记录的关键码，则在中间记录的左半区继续查找；若给定值大于中间记录的关键码，则在中间记录的右半区继续查找。不断重复上述过程，直到查找成功，或所查找的区域无记录，查找失败。

例如，在一张包含 N 个记录的表$(K_1,K_2,\cdots,K_N)$中，要查找 x 是否在表中。折半查找的思路是，首先将 x 与表中间记录的关键词 $K_{N/2}$ 进行比较，所得到的结果必属于下面 3 种情况之一：$K<K_{N/2}$、$K=K_{N/2}$、$K>K_{N/2}$。若本次查找不成功，则根据比较结果确定下一次应该在表的"哪一半"中去找，并对确定的"这一半"重复上述过程。如此进行下去，直到查找成功，或者直到表的长度为 0，查找以失败告终。在进行了至多 $\log_2 N$ 次比较之后，或者找到关键词等于 x 的记录，或者确定它不存在。过程如图 3-2 所示，其中，$\mathrm{mid}=(1+N)/2$。

x

$[r_1 \cdots r_{\mathrm{mid}-1}]\ r_{\mathrm{mid}}\ [r_{\mathrm{mid}+1} \cdots r_n]$

如果$k<r_{\mathrm{mid}}$　　如果$k>r_{\mathrm{mid}}$

图 3-2　问题划分

3.2.3　问题求解

假设有如图 3-3 所示序列，要在其中查找值为 14 的记录。

1	2	3	4	5	6	7	8	9	10	11	12	13
7	14	18	21	23	29	31	35	38	42	46	49	52

图 3-3 待查找序列

首先，$mid=\frac{1+13}{2}=7$，以 14 比较 $K_7=31$，由于 $14<K_7$，查找范围只能在 K_7 的左侧，如图 3-4 所示。

此时 $mid=\frac{1+6}{2}=3$，以 14 比较 $K_3=18$，由于 $14<K_3$，查找范围只能在 K_3 的左侧，如图 3-5 所示。

1	2	3	4	5	6
7	14	18	21	23	29

图 3-4 一次查找后待查序列

1	2
7	14

图 3-5 二次查找后待查序列

此时 $mid=\frac{1+2}{2}=1$，以 14 比较 $K_1=7$，由于 $14<K_1$，查找范围只能在 K_1 的右侧。

比较 14 和 $K_2=14$，K_2 即为要查找的元素。

3.2.4 算法实现

折半查找算法递归实现如下。

```
int BinSearch2(int r[ ], int low, int high, int x){
    //数组 r[1] ~ r[n]存放查找集合
    if (low>high) return 0;
    else {
        mid=(low+high)/2;
        if(x<r[mid])
            return BinSearch2(r, low, mid-1,x);
        else if(x>r[mid])
            return BinSearch2(r, mid+1, high,x);
        else return mid;
    }
}
```

折半查找算法非递归实现如下。

```
int BinSearch2(int r[ ], int low, int high, int x){
    //数组 r[1] ~ r[n]存放查找集合
    if (low>high) return 0;
    while(low<=high){
        if(r[low].key==x)
            return low;
        if(r[high].key==x)
            return high;
        mid=low+(high-low)/2;
        if(r[mid].key==x)
```

```
            return mid;                 //查找成功,返回
        if(r[mid].key<x)
            low=mid+1;                  //继续在 R[mid+1..high]中查找
        else
            high=mid-1;                 //继续在 R[low..mid-1]中查找
    }
    if(low>high)
        return 0;
}
```

3.2.5　折半查找判定树

折半查找的过程可以用二叉树来描述,树中的每个结点对应有序表中的一个记录,结点的值为该记录在表中的位置。通常称这个描述折半查找过程的二叉树为折半查找判定树,简称判定树。

判定树的构造过程如下。

(1) 当 $n=0$ 时,折半查找判定树为空。

(2) 当 $n>0$ 时,折半查找判定树的根结点是有序表中序号为 $\text{mid}=\frac{1+n}{2}$ 的记录,根结点的左子树是与有序表 $r[1]$:$r[\text{mid}-1]$相对应的折半查找判定树,根结点的右子树是与 $r[\text{mid}+1]$:$r[n]$相对应的折半查找判定树。

如图 3-6 所示为一棵折半查找判定树,其中,圆圈为内部结点,为表中位置号;方框为外部结点,表示不在表中的数据。

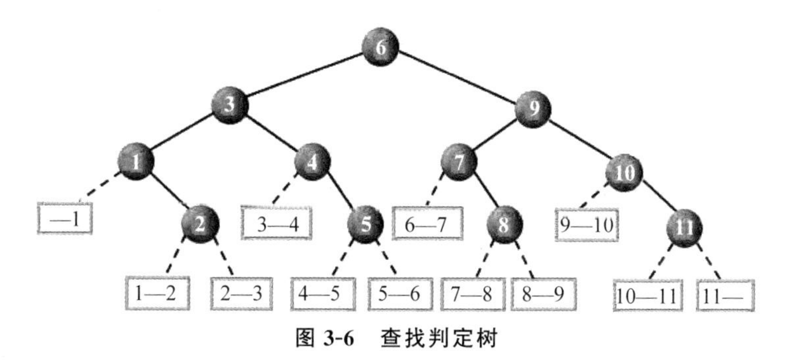

图 3-6　查找判定树

3.2.6　算法复杂度分析

因为折半查找每查找一次排除掉一半的不适合值,所以对于 n 个元素的情况如下。

一次二分后,查找范围剩下:$n_1=\frac{n}{2}$。

两次二分后,查找范围剩下:$n_2=\frac{n}{2^2}$。

…

m 次二分后,查找范围剩下:$n_m=\frac{n}{2^m}$。

在最坏情况下是在排除到只剩下最后一个值之后得到结果，即$\frac{n}{2^m}=1$。算法复杂度为$O(\log_2 n)$。

3.3 顺序统计

3.3.1 问题描述

在一个由 n 个元素组成的集合中，找出第 k 小元素(或第 k 大元素)。

例如，在一个元素集合中，最小值是第一个顺序统计量($i=1$)，最大值是第 n 个顺序统计量($i=n$)。

3.3.2 问题分析

如果集合中的 n 个元素已经排好序，找出第 k 小元素(或第 k 大元素)显然能够在$O(1)$的时间内完成。但要将集合中的 n 个元素已经排好序需要 $O(\log_2 n)$的时间代价。

3.3.3 问题求解

下面采用分治法求解顺序统计问题。

(1) 首先从原始集合中随机选择一个元素 a，以 a 为界将原始集合中的元素放入三个新的集合 S_1，S_2，S_3。S_1 包含所有比 a 小的元素，S_2 中只有一个元素 a，S_3 中包含所有比 a 大的元素，如图 3-7 所示。要完成上述过程需要 $n-1$ 次比较操作。

S_1	S_2	S_3
{小于a}	{等于a}	{大于a}

图 3-7 集合划分

(2) 假设要找出第 k 小的元素，这时判断 $m=|S_1|$值的大小。

① 如果 $m>k-1$，则要寻找的元素在 S_1 中，在 S_1 中继续执行步骤(1)。

② 如果 $m=k-1$，则 a 就是要找的元素。

③ 如果 $m<k-1$，则要寻找的值在 S_3 中，这时令 $k=k-(m+1)$，在 S_3 中继续执行步骤(1)。

3.3.4 算法实现

顺序统计分治法递归实现如下。

```
int OrderStatistic (int r[ ], int number){
    //数组 r[1] ～ r[n]存放查找元素集合
    n=r.length;
    //数组元素个数小于 number,第 number 小的元素不存在
    if (n<number) return 0;
    array s1=new array();
    array s3=new array();
    int k=random() * n+1;
    for(i=1;i<=n;i++){
```

```
        if(i==k) continue;
        if(r[i]<=r[k])
            s1.add(r[i]);
        else
            s3.add(r[i]);
    }
    if(s1.length>number-1)
        return OrderStatistic(s1,number);
    elesif(s1.length==number-1)
        return r[k];
    else
        return OrderStatistic(s3, number-s1.length-1);
}
```

顺序统计分治法递归实现如下。

```
int OrderStatistic (int r[ ], int number){
    //数组 r[1] ~ r[n]存放查找元素集合
    n=r.length;
    //数组元素个数小于 number,第 number 小的元素不存在
    if (n<number) return 0;
    while(true){
        array s1=new array();
        array s3=new array();
        int k=random() * n+1;
        for(i=1;i<=n;i++){
            if(i==k) continue;
            if(r[i]<=r[k])
                s1.add(r[i]);
            else
                s3.add(r[i]);
        }
        if(s1.length>number-1){
            r=s1.copy();
            n=s1.length;
            continue;
        }
        elesif(s1.length==number-1)
            return r[k];
        else{
            r=s3.copy();
            n=s3.length;
            numner=number-s1.length-1;
        }
    }
}
```

3.3.5 算法复杂度分析

1. 平均时间复杂性分析

设集合中无相同的元素，a 是从集合 S 中选出的随机数，其是 S 中第 i 小元素，i 取值范围为 $1 \sim n$。

假设 i 以相等的概率取 $1 \sim n$ 中的一切值，则 i 取 $1 \sim n$ 中任意值的概率都为 $p_i = \dfrac{1}{n}$。

用 a 把 S 划分成 S_1、S_2、S_3 共需 $n-1$ 次比较。

若 $i < k$，则在 S_3 中继续查找，在 $n-i$ 个元素范围内查找。

若 $i > k$，则在 S_1 中继续查找，在 $i-1$ 个元素上查找。

若 $i = k$，则 a 就是要找的元素。

因此算法的平均时间复杂性为：

$$T(n) \leqslant n - 1 + \max_k \left\{ \frac{1}{n} \left[\sum_{i=1}^{k-1} T(n-i) + \sum_{i=k+1}^{n} T(i-1) \right] \right\}$$

$$= n - 1 + \max_k \left\{ \frac{1}{n} \left[\sum_{i=n-k+1}^{n-1} T(i) + \sum_{i=k}^{n} T(i) \right] \right\} \tag{3-1}$$

可归纳证明：

$$T(n) \leqslant 4cn, \quad 其中, c 为常数$$

所以算法平均时间复杂性为 $O(n)$。

2. 最坏情况下时间复杂性分析

在最坏的情况下，每次 a 的选取均为最小值或最大值，这时每一轮操作只能排除一个元素。其时间复杂性等同于选择排序，即：

$$T(n) = O(n^2)$$

3.4 大整数乘法

3.4.1 问题描述

在科学计算特别是大规模科学计算中，浮点格式很可能无法满足计算精度的要求，为此要利用大整数来构造高精度的浮点数据类型，以保证最终输出结果的正确性。

大整数还被用来精确计算，例如，自然对数底数 e 或圆周率 π 等常数。

这时大整数无法在计算机硬件能直接表示的范围内进行处理。若用浮点数来表示它，则只能近似地表示它的大小，计算结果中的有效数字也受到限制。若要精确地表示大整数并在计算结果中要求精确地得到所有位数上的数字，就必须用软件的方法来实现大整数的算术运算。

问题：设有两个 n 位二进制整数 X 和 Y，实现二进制整数 X 和 Y 的乘法。

其中，整数超过计算机硬件能直接表示的范围。

3.4.2 问题分析

可以采用传统方法解决上述问题。

将乘数的每一位(由低位至高位)逐个去乘被乘数,每乘一次将乘积与原来的积相加,然后乘数和乘积移位一步,如此下去直至乘数的最高位运算完即得出结果。这样运算共需 n^2 次一位乘一位运算、$n(n-1)$次一位加一位运算和 n 次移位,总运算复杂性为 $O(n^2)$。

3.4.3　分治法求解问题

将 X 和 Y 各分为两段,每段的长为 $n/2$,X 分为 a 和 b 两段,Y 分为 c 和 d 两段,如图 3-8 所示。

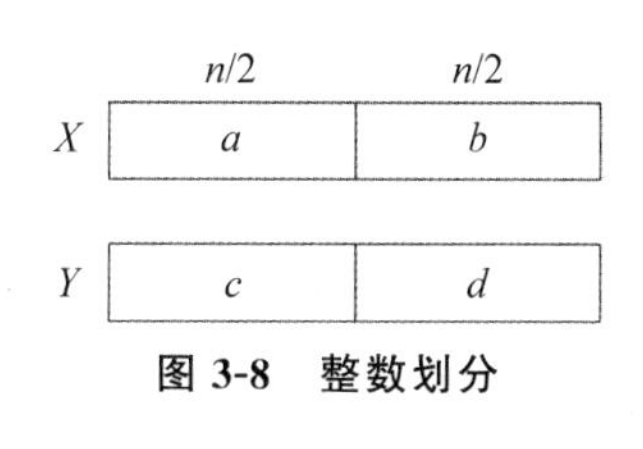

图 3-8　整数划分

由此得出,$X=2^{\frac{n}{2}}a+b$,$Y=2^{\frac{n}{2}}c+d$,X 和 Y 的乘积为:

$$XY=\left(2^{\frac{n}{2}}a+b\right)\left(2^{\frac{n}{2}}c+d\right)=2^n ac+2^{\frac{n}{2}}(ad+cb)+bd \tag{3-2}$$

使用该分治方法需要进行 4 次 $n/2$ 位的乘法,分析时间复杂度有:

$$\begin{cases}T(1)=1\\ T(n)=4T\left(\dfrac{n}{2}\right)+O(n)\end{cases} \tag{3-3}$$

根据时间复杂度主定理可以计算出:$T(n)=O(n^2)$。

3.4.4　改进的分治法

3.4.3 节中分治法的时间效率没有提升,主要问题是经过问题划分,子问题中需要 4 次 $n/2$ 位的乘法进行求解。所以算法的改进从减少 $n/2$ 位的乘法的角度来思考。

由 3.4.3 节可知:

$$XY=2^n ac+2^{\frac{n}{2}}(ad+cb)+bd \tag{3-4}$$

将式(3-4)进行变换:

$$\begin{aligned}XY&=2^n ac+2^{\frac{n}{2}}(ad-ac+cb-bd+ac+bd)+bd\\ &=2^n ac+2^{\frac{n}{2}}((a-b)(d-c)+ac+bd)+bd\end{aligned} \tag{3-5}$$

如此一来,只需要进行 ac,$(a-b)(d-c)$,bd 三次乘法操作。

算法时间复杂度为:

$$\begin{cases}T(1)=1\\ T(n)=3T\left(\dfrac{n}{2}\right)+O(n)\end{cases} \tag{3-6}$$

$$T(n)=O(n^{\log_2 3})\approx O(n^{1.59}) \tag{3-7}$$

3.5　最大子数组问题

3.5.1　问题描述

给定一个数组 $x[1\cdots n]$,对于任意一对数组下标为 p、$q(p\leqslant q)$的非空子数组,其和记为 $S(p,q)=\sum_{i=p}^{q}x[i]$,求出 $S(p,q)$的最大值。

例如,给定数组[−2,1,−3,4,−1,2,1,−5,4],其连续最大子数组和为：S(4,7)=[4,−1,2,1]=6。

3.5.2 算法分析

根据问题描述,数组元素可以为正数、负数和零。如果采用枚举法求解该问题,需要列出数组 x 的所有连续子数组,共有 M 个这样的子数组。

$$M=\sum_{i=1}^{n}(n-i+1)=\sum_{j=1}^{n}j=\frac{n(n+1)}{2}=O(n^2) \tag{3-8}$$

其中,i 为子数组长度。所以枚举法的时间复杂度为 $O(n^2)$。

3.5.3 分治法求解最大子数组问题

下面用分治法求解该问题。首先将数组 $x[1\cdots n]$进行划分,划分为 $x[1\cdots n/2]$和 $x\left[\frac{n}{2}+1\cdots n\right]$两个子数组。

假设已求解得出：$x[1\cdots n/2]$的最大子数组为 S_1,$x\left[\frac{n}{2}+1\cdots n\right]$的最大子数组为 S_2。下面要合并子问题的解为原问题的解,有以下 3 种情况。

(1) 数组[$1\cdots n/2$]的最大子数组即为原问题的最大子数组。

(2) 数组 $x\left[\frac{n}{2}+1\cdots n\right]$的最大子数组即为原问题的最大子数组。

(3) 原问题的最大子数组跨越了子问题,假设这时解为 S_3。

所以原问题的解 S 为：

$$S=\max(S_1,S_2,S_3) \tag{3-9}$$

其中,S_1,S_2 已知,现在的问题是如何求 S_3。

可以采用逐步累加的方法：从中间位置开始,分别向左和向右两个方向进行操作,通过累加找到两个方向的最大和,分别为 l_max 和 r_max,因此存在于中间的最大和为 l_max 和(l_max+r_max)。

如图 3-9 所示,l_max=4,r_max=−1+2+1=2,S_3=l_max+r_max=4+2=6。又因为 $S_1=4$,$S_2=4$,所以：

$$S=\max(S_1,S_2,S_3)=\max(4,4,6)=6$$

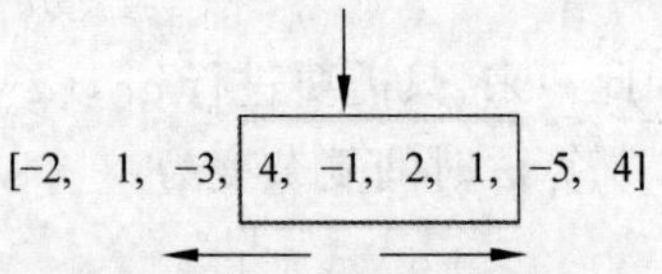

[−2, 1, −3, 4, −1, 2, 1, −5, 4]

图 3-9 逐步累加求解 S_3

3.5.4 算法实现

```
int Divide(int * array,int p,int q) {          //array 为输入数组,p 为数组起始位置,
                                                //q 为数组结束位置
    if(p==q)                                    //只有一个元素时,返回该元素
        return array[p];
    else{
        int m=(p+q)/2;
        int S1=MIN,S2=MIN,S3=MIN;               //MIN 为数组 array 中最小值或足够小的值
        S1=Divide(array,p,m);                   //左边和的最大值
        S2=Divide(array,m+1,q);                 //右边和的最大值
        S3=MiddleMax(array,p,q,m);              //中间和的最大值
```

```
        //返回三个值中最大的一个
        if(S1>=S2 &&S1>=S3)
            S1;
        else if(S2>=S1 && S2>=S3)
            return S2;
        else
            return S3;
    }
}
```

求解 S_3：

```
int MiddleMax(int * array,int p,int q,int m){
    int l_max=MIN,r_max=MIN;        //分别用于记录左、右方向累加的最大和
    int i;
    int sum;                        //用于求和
    sum=0;
    for(i=m;i>=p;i--){              //中线开始向左寻找
        sum+=array[i];
        if(sum>l_max)
        l_max=sum;
    }
    sum=0;
    for(i=m+1;i<q;i++){             //中线开始向右寻找
        sum+=array[i];
        if(sum>r_max)
        r_max=sum;
    }
    return (l_max+r_max);           //返回左右之和
}
```

3.5.5 算法复杂性分析

求解原问题的时间复杂度等于求解 S_1、S_2、S_3 的时间之和。设求解原问题的时间复杂度为 $T(n)$，则求解 S_1、S_2 的时间复杂度均为 $T(n/2)$。

求解 S_3 的时间等于从中间元素向左右扩展元素的个数，在最坏的情况下，向左右扩展到全部数组元素，所以求解 S_3 的最坏情况下的时间复杂度为 n，所以：

$$T(n)=2T\left(\frac{n}{2}\right)+n,\quad 当\ n=1\ 时, T(n)=1 \tag{3-10}$$

因此，

$$T(n)=O(n\log_2 n) \tag{3-11}$$

3.6 矩阵乘法

3.6.1 问题描述

矩阵乘法作为一种基本的数学运算，在计算机科学领域有着非常广泛的应用。同样地，在数据处理中，矩阵计算有着无比的优势，矩阵的计算广泛应用于大数据、机器学习等场景。

在数学中，矩阵(Matrix)是一个按照长方形阵列排列的复数或实数集合。而在计算机中，矩阵的存储可以由一个二维数组来进行存储。

矩阵相乘最重要的方法是一般矩阵乘积，只有在第一个矩阵 $\boldsymbol{A}$ 的列数和第二个矩阵 $\boldsymbol{B}$ 的行数相同时才有意义。矩阵乘法定义为：

设存在矩阵 $\boldsymbol{A}$ 和 $\boldsymbol{B}$ 分别为 $m\times p$ 和 $p\times n$ 的矩阵，存在尺度为 $m\times n$ 的矩阵 $\boldsymbol{C}$，$\boldsymbol{C}$ 中第 i 行、第 j 列的元素满足：

$$\boldsymbol{C}_{ij}=(\boldsymbol{AB})_{ij}=\sum_{k=1}^{p}a_{ik}b_{kj}=a_{i1}b_{1j}+a_{i2}b_{2j}+\cdots+a_{ip}b_{pj} \tag{3-12}$$

如果 $m=p=n$，这时有：

$$\boldsymbol{C}_{ij}=(\boldsymbol{AB})_{ij}=\sum_{k=1}^{n}a_{ik}b_{kj}=a_{i1}b_{1j}+a_{i2}b_{2j}+\cdots+a_{in}b_{nj} \tag{3-13}$$

本问题是：设 $\boldsymbol{A}$、$\boldsymbol{B}$ 是两个 $n\times n$ 的矩阵，求解 $\boldsymbol{C}=\boldsymbol{A}\times\boldsymbol{B}$。

3.6.2 问题分析

通过式(3-13)可知，求解矩阵 $\boldsymbol{C}$ 的每个元素需要 n 次乘法和 $n-1$ 次加法，又由于矩阵 $\boldsymbol{C}$ 共有 $n\times n$ 个元素，因此两个 $n\times n$ 矩阵相乘需要 $O(n^3)$ 次乘法和 $O(n^3)$ 次加法。其时间复杂度是 $O(n^3)$ 的。

3.6.3 分治法求解矩阵相乘

假定 n 为 2 的幂，计算两个 $n\times n$ 矩阵相乘 $\boldsymbol{C}=\boldsymbol{A}\times\boldsymbol{B}$ 时，采用分治法，先将每个 $n\times n$ 矩阵划分为四个 $\frac{n}{2}\times\frac{n}{2}$ 矩阵，再求矩阵的积。

$$\boldsymbol{A}=\begin{bmatrix}\boldsymbol{A}_{11} & \boldsymbol{A}_{12}\\ \boldsymbol{A}_{21} & \boldsymbol{A}_{22}\end{bmatrix},\quad \boldsymbol{B}=\begin{bmatrix}\boldsymbol{B}_{11} & \boldsymbol{B}_{12}\\ \boldsymbol{B}_{21} & \boldsymbol{B}_{22}\end{bmatrix} \tag{3-14}$$

则：

$$\boldsymbol{C}=\begin{bmatrix}\boldsymbol{C}_{11} & \boldsymbol{C}_{12}\\ \boldsymbol{C}_{21} & \boldsymbol{C}_{22}\end{bmatrix}=\begin{bmatrix}\boldsymbol{A}_{11} & \boldsymbol{A}_{12}\\ \boldsymbol{A}_{21} & \boldsymbol{A}_{22}\end{bmatrix}\times\begin{bmatrix}\boldsymbol{B}_{11} & \boldsymbol{B}_{12}\\ \boldsymbol{B}_{21} & \boldsymbol{B}_{22}\end{bmatrix} \tag{3-15}$$

有：

$$\boldsymbol{C}_{11}=\boldsymbol{A}_{11}\times\boldsymbol{B}_{11}+\boldsymbol{A}_{12}\times\boldsymbol{B}_{21} \tag{3-16}$$

$$\boldsymbol{C}_{12}=\boldsymbol{A}_{11}\times\boldsymbol{B}_{12}+\boldsymbol{A}_{12}\times\boldsymbol{B}_{22} \tag{3-17}$$

$$\boldsymbol{C}_{21}=\boldsymbol{A}_{21}\times\boldsymbol{B}_{11}+\boldsymbol{A}_{22}\times\boldsymbol{B}_{21} \tag{3-18}$$

$$\boldsymbol{C}_{22}=\boldsymbol{A}_{21}\times\boldsymbol{B}_{12}+\boldsymbol{A}_{22}\times\boldsymbol{B}_{22} \tag{3-19}$$

每个公式对应两对 $\frac{n}{2}\times\frac{n}{2}$ 矩阵的乘法及一个 $\frac{n}{2}\times\frac{n}{2}$ 积的加法。其中，加法操作次数为 $4\times\frac{n^2}{4}$。

算法的时间复杂度为：

$$T(n)=\begin{cases}b & n\leqslant 2\\ 8T\left(\frac{n}{2}\right)+cn^2 & n>2\end{cases} \tag{3-20}$$

其中，b 为常数，$8T\left(\frac{n}{2}\right)$是 8 个$\frac{n}{2}\times\frac{n}{2}$相乘，$cn^2$ 是加法的运算时间。因此

$$T(n)=O(n^3) \tag{3-21}$$

我们可以利用这些公式设计的原理设计一个简单的递归分治算法。

3.6.4 Strassen 算法实现矩阵乘法

Strassen 算法也是基于分治思想的一种实现矩阵乘法的算法，其基本目标是减少子问题的矩阵相乘个数，该方法在大规模数值计算中有着广泛的应用。Strassen 算法是由 Volker Strassen 提出的，在矩阵较大时运行速度快于传统算法的矩阵相乘算法。

Strassen 算法包含以下 4 个步骤。

(1) 按式(3-15)将输入矩阵 $\boldsymbol{A}$、$\boldsymbol{B}$ 和输出矩阵 $\boldsymbol{C}$ 分解为$\frac{n}{2}\times\frac{n}{2}$的子矩阵。

(2) 构造和计算中间变量。

$$\boldsymbol{P}=(\boldsymbol{A}_{11}+\boldsymbol{A}_{22})(\boldsymbol{B}_{11}+\boldsymbol{B}_{22}) \tag{3-22}$$

$$\boldsymbol{Q}=(\boldsymbol{A}_{21}+\boldsymbol{A}_{22})\boldsymbol{B}_{11} \tag{3-23}$$

$$\boldsymbol{R}=\boldsymbol{A}_{11}(\boldsymbol{B}_{12}-\boldsymbol{B}_{22}) \tag{3-24}$$

$$\boldsymbol{S}=\boldsymbol{A}_{22}(\boldsymbol{B}_{21}-\boldsymbol{B}_{11}) \tag{3-25}$$

$$\boldsymbol{T}=(\boldsymbol{A}_{11}+\boldsymbol{A}_{12})\boldsymbol{B}_{22} \tag{3-26}$$

$$\boldsymbol{U}=(\boldsymbol{A}_{21}-\boldsymbol{A}_{11})(\boldsymbol{B}_{11}+\boldsymbol{B}_{12}) \tag{3-27}$$

$$\boldsymbol{V}=(\boldsymbol{A}_{12}-\boldsymbol{A}_{22})(\boldsymbol{B}_{21}+\boldsymbol{B}_{22}) \tag{3-28}$$

(3) 由中间变量构造问题的解。

$$\boldsymbol{C}_{11}=\boldsymbol{P}+\boldsymbol{S}+\boldsymbol{T}+\boldsymbol{V} \tag{3-29}$$

$$\boldsymbol{C}_{12}=\boldsymbol{R}+\boldsymbol{T} \tag{3-30}$$

$$\boldsymbol{C}_{21}=\boldsymbol{Q}+\boldsymbol{S} \tag{3-31}$$

$$\boldsymbol{C}_{22}=\boldsymbol{P}+\boldsymbol{R}+\boldsymbol{Q}+\boldsymbol{U} \tag{3-32}$$

(4) 时间复杂度分析。Strassen 算法子问题求解共计需要 7 次$\frac{n}{2}\times\frac{n}{2}$相乘、$O(n^2)$次加法，其时间复杂度为：

$$T(n)=\begin{cases}O(1), & n=1\\ 7T\left(\frac{n}{2}\right)+O(n^2), & n>1\end{cases} \tag{3-33}$$

计算可得：

$$T(n)=O\left(n^{\log_2^7}\right)$$

3.7 递归式求解

3.7.1 问题描述

用分治法求解问题，分析其算法时间复杂度时，经常用递归式进行表示。例如，对 n 个元素进行归并排序，归并排序采取分治策略，将待排序的 n 个元素分为两组，当组内元素无

序时则继续分组，若组内元素有序，将两组合并，直到所有待排序元素有序。讨论归并排序的时间复杂度，每次分组都将问题的规模缩小为原来的$\frac{1}{2}$，且一次合并的时间复杂度为$O(n)$，则可以得到下面的递归式。

$$T(n)=2T\left(\left\lfloor\frac{n}{2}\right\rfloor\right)+cn \tag{3-34}$$

可以用更广义的方式来定义递归式：

$$T(n)=aT\left(\frac{n}{b}\right)+f(n) \tag{3-35}$$

其中，$a\geqslant 1,b>1$，表示将规模为n的问题分解为a个规模为$\frac{n}{b}$的子问题，求解每个子问题花费时间$T\left(\frac{n}{b}\right)$，$f(n)$是渐近正函数，包含问题分解和子问题合并所需的代价。

递归式描述了一种算法的运行时间，递归式的求解问题不是给定n的值来求解$T(n)$的值的过程，而是计算求解$T(n)$所要花费的时间代价的问题(解是关于n的函数)。

3.7.2 代入法求解递归式

代入法是一种假设演绎方法，即先根据经验猜测解的形式，再使用数学归纳法证明解的正确性。

由于我们知道归并排序的时间复杂度是$O(n\lg n)$，所以假设递归式(3-34)的解有上界$T(n)=O(n\lg n)$，即选择常数$c>0$，有$T(n)\leqslant cn\lg n$，根据数学归纳法，假设此上界对所有正数$m<n$都成立，对于$m=\left\lfloor\frac{n}{2}\right\rfloor$也成立，有

$$T\left(\left\lfloor\frac{n}{2}\right\rfloor\right)\leqslant c\left\lfloor\frac{n}{2}\right\rfloor\lg\left(\left\lfloor\frac{n}{2}\right\rfloor\right) \tag{3-36}$$

将公式(3-36)代入递归式(3-34)中，有

$$\begin{aligned}T(n)&\leqslant 2c\left\lfloor\frac{n}{2}\right\rfloor\lg\left(\left\lfloor\frac{n}{2}\right\rfloor\right)+n\leqslant cn\lg\left(\frac{n}{2}\right)+n\\&=cn\lg n-cn\lg 2+n\\&=cn\lg n-cn+n\leqslant cn\lg n\quad \text{s.t.}(c\geqslant 1)\end{aligned} \tag{3-37}$$

在上述证明中，仅需保证当n足够大时假设成立即可，渐进函数仅要求我们对$n\geqslant n_0$时证明$T(n)\leqslant cn\lg n$，其中，n_0是可以选择的常数。事实上，对于边界条件$T(1)$我们的假设不成立。

代入法需要我们对解的形式给出正确的猜测，但是并不存在通用的方法来猜测递归式的正确解，经常需要依靠经验。例如，对于递归式

$$T(n)=2T\left(\left\lfloor\frac{n}{2}\right\rfloor+1\right)+n \tag{3-38}$$

形式上与递归式(3-34)非常相似，只是在等式右边T的参数中多加了1。当n足够大时$\left\lfloor\frac{n}{2}\right\rfloor$与$\left\lfloor\frac{n}{2}\right\rfloor+1$基本没有区别，所以我们猜测$T(n)=O(n\lg n)$，通过数学归纳法仍然可以证明解是正确的。

在实际中,可以首先证明递归式较为宽松的上界和下界,然后不断缩小解的范围,直到收敛到渐近紧确界 $T(n)=O(n\lg n)$。

3.7.3　递归树法求解递归式

递归树可以通过建立递归调用与结点之间的联系来很好地展现递归过程,是描述递归算法的良好工具。

使用代入法可以简洁地证明一个解是递归式的正确解,但有些时候递归式的正确解往往难以猜测,这时可以通过绘制递归树来生成一个好的猜测,然后使用代入法来验证猜测的正确性。

递归树是迭代过程的一种图像表述。递归树往往被用于求解递归方程,它的求解表示比一般的迭代会更加简洁与清晰。递归树上所有项恰好是迭代之后产生和式中的项,递归树的生成过程与迭代过程一致,对递归树上的项求和就是迭代后方程的解。

在递归树中,每一个结点表示一个单一子问题的代价,子问题对应某次递归函数调用,我们将递归树中每层的代价求和,得到每一层的代价,将所有层的代价求和,得到递归调用的总代价。其生成过程如下。

(1) 初始:递归树只有根结点,其值为 $W(n)$。

(2) 不断继续下述过程。

① 将函数项叶结点的迭代式 $W(m)$ 表示成二层子树。

② 用该子树替换该叶结点。

(3) 继续递归树的生成,直至树中无函数项(只有初值)为止。

下面绘制递归式(3-34)对应的递归树。

图 3-10 绘制了一次递归调用对应的递归树,顶层结点 cn 代表递归调用顶层的代价,并将规模为 n 的问题分解为两个规模为 $\frac{n}{2}$ 的问题。图 3-11 中绘制了继续进行递归调用得到的递归树。

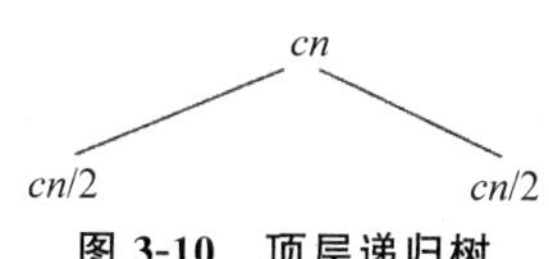

图 3-10　顶层递归树

图 3-11 将图 3-10 中代价为 $T\left(\frac{n}{2}\right)$ 的结点进一步扩展,问题被进一步分解,递归树前两层的代价之和均为 cn,将递归树的所有结点不断扩展,可以得到一棵完整的递归树,如图 3-12 所示。

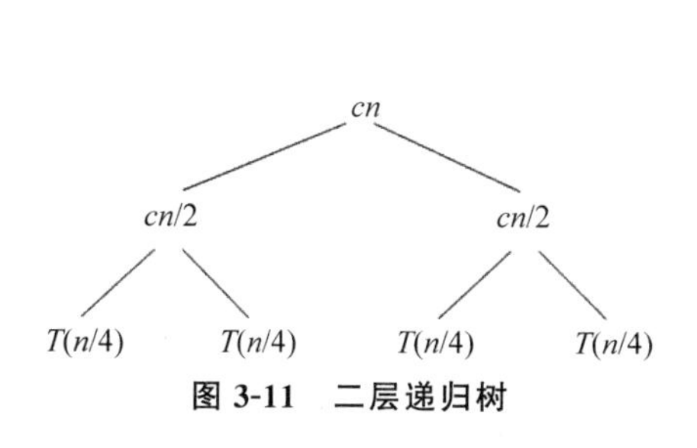

图 3-11　二层递归树

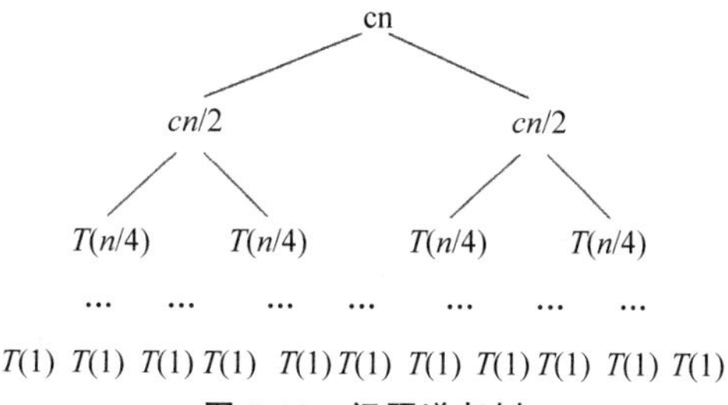

图 3-12　问题递归树

随着递归调用的进行,问题的规模不断缩小,最终子问题的规模变为 1,即原问题被分

解为 n 个规模为 1 的子问题。每一层的代价之和均为 cn，深度为 i 的结点对应问题规模为 $\frac{n}{2^i}(i=0,1,2,\cdots,\lg n)$。当 $\frac{n}{2^i}=1$ 时，有 $i=\lg n$，因此递归树有 $\lg n+1$ 层，整棵树的代价为 $cn\lg n$。

3.7.4 主方法求解递归式

主方法可以直接求出绝大多数递归式的解而无须进行复杂的运算，主方法依赖于下面的主定理。

令 $a\geqslant 1$ 和 $b>1$ 是常数，$f(n)$是一个函数，$T(n)$是定义在非负整数上的递归式：

$$T(n)=aT\left(\frac{n}{b}\right)+f(n) \tag{3-39}$$

其中，我们将 $\frac{n}{b}$ 解释为 $\left\lfloor\frac{n}{b}\right\rfloor$ 和 $\left\lceil\frac{n}{b}\right\rceil$，那么 $T(n)$有如下的渐近界。

(1) 若存在常数 $\varepsilon>0$ 满足 $f(n)=O\left(n^{\log_b^a-\varepsilon}\right)$，则 $T(n)=\Theta\left(n^{\log_b^a}\right)$。

(2) 若 $f(n)=\Theta\left(n^{\log_b^a}\right)$，则 $T(n)=\Theta\left(n^{\log_b^a}\lg n\right)$。

(3) 若存在常数 $\varepsilon>0$ 满足 $f(n)=\Omega\left(n^{\log_b^a+\varepsilon}\right)$，且对某个常数 $c<1$ 和足够大的 n 有 $af\left(\frac{n}{b}\right)\leqslant cf(n)$，则 $T(n)=\Theta(f(n))$。

主方法将 $T(n)$的解分为三种情况，直观上理解，我们将函数 $f(n)$和函数 $n^{\log_b^a}$ 进行比较，两个函数较大者决定了递归式的解。若 $n^{\log_b^a}$ 更大，则属于情况(1)，解为 $T(n)=\Theta\left(n^{\log_b^a}\right)$，若函数 $f(n)$更大，则属于情况(3)，解为 $T(n)=\Theta(f(n))$。若两个函数大小相当，则属于情况(2)，解需要乘以一个对数因子，解为 $T(n)=\Theta\left(n^{\log_b^a}\lg n\right)$。

除此之外，在第一种情况中，$f(n)$小于 $n^{\log_b^a}$ 是多项式意义上的小于，即 $f(n)$渐近小于 $n^{\log_b^a}$，还需要相差一个因子 n^{ε}。在第三种情况中，还需要满足条件 $af\left(\frac{n}{b}\right)\leqslant cf(n)$。

主方法并不适用于全部的递归式，$f(n)$可能小于 $n^{\log_b^a}$，但不是多项式意义上的小于，$f(n)$可能大于 $n^{\log_b^a}$，但同样不是多项式意义上的大于。所以情况(1)和情况(2)之间存在间隙，情况(2)和情况(3)之间同样存在间隙，如果函数 $f(n)$落在两个间隙中，或者 $f(n)$不满足 $af\left(\frac{n}{b}\right)\leqslant cf(n)$，就不能使用主方法求解。

下面通过具体例子来分析主方法的实际应用。

(1) $T(n)=9T\left(\frac{n}{3}\right)+n$，其中，$a=9,b=3,f(n)=n$，因此求得 $n^{\log_b^a}=n^2$，有 $\varepsilon=1$ 使得 $f(n)=O\left(n^{\log_b^a-\varepsilon}\right)$，满足主定理情况(1)，从而得到解 $T(n)=\Theta(n^2)$。

(2) $T(n)=T\left(\frac{2n}{3}\right)+1$，其中，$a=1,b=\frac{2}{3},f(n)=1$，因此求得 $n^{\log_b^a}=n^0=1,f(n)=\Theta(n^{\log_b^a})=\Theta(1)$，满足主定理情况(2)，从而得到解 $T(n)=\Theta(\lg n)$。

(3) $T(n)=3T\left(\frac{n}{4}\right)+n\lg n$，其中，$a=3,b=4,f(n)=n\lg n$，因此求得 $n^{\log_b^a}=n^{\log_4^3}$，由于 $f(n)=\Omega\left(n^{\log_4^3+\varepsilon}\right)$，其中，$\varepsilon=1-\log_4^3$。且当 n 足够大时 $af\left(\frac{n}{b}\right)=\frac{3n}{4}\lg\left(\frac{n}{4}\right)\leqslant\frac{3}{4}n\lg n=\frac{3}{4}f(n)$，则当 $c=\frac{3}{4}$ 时，满足主定理情况(3)，可以得到递归式的解为 $T(n)=\Theta(n\lg n)$。

(4) $T(n)=2T\left(\frac{n}{2}\right)+n\lg n$，其中，$a=2,b=2,f(n)=n\lg n$，因此求得 $n^{\log_b^a}=n^{\log_2^2}=n$，但对于任意的 $\varepsilon>0$ 有 $\frac{f(n)}{n^{\log_b^a}}=\lg n<n^{\varepsilon}$，因此不存在常数 $\varepsilon>0$ 满足 $f(n)=\Omega\left(n^{\log_b^a+\varepsilon}\right)$，故此递归式不能使用主方法解决。

3.8 证明主定理

3.7 节中采用三种方法求解递归式，其中包括主方法。主方法求解递归式依赖于主定理，本节将证明主定理。

3.8.1 主定理

在此，重复描述 3.7.4 节中的主定理内容。

令 $a\geqslant 1$ 和 $b>1$ 是常数，$f(n)$是一个函数，$T(n)$是定义在非负整数上的递归式：

$$T(n)=aT\left(\frac{n}{b}\right)+f(n) \tag{3-40}$$

其中，n 是问题规模大小；a 是原问题的子问题个数；$\frac{n}{b}$是每个子问题的大小，这里假设每个子问题有相同的规模大小；$f(n)$是将原问题分解成子问题和将子问题的解合并成原问题的解的时间。

我们将$\frac{n}{b}$解释为$\left\lfloor\frac{n}{b}\right\rfloor$和$\left\lceil\frac{n}{b}\right\rceil$，那么 $T(n)$有如下的渐进界。

(1) 若存在常数 $\varepsilon>0$ 满足 $f(n)=O\left(n^{\log_b^a-\varepsilon}\right)$，则 $T(n)=\Theta\left(n^{\log_b^a}\right)$。

(2) 若 $f(n)=\Theta\left(n^{\log_b^a}\right)$，则 $T(n)=\Theta\left(n^{\log_b^a}\lg n\right)$。

(3) 若存在常数 $\varepsilon>0$ 满足 $f(n)=\Omega\left(n^{\log_b^a+\varepsilon}\right)$，且对某个常数 $c<1$ 和足够大的 n 有 $af\left(\frac{n}{b}\right)\leqslant cf(n)$，则 $T(n)=\Theta(f(n))$。

3.8.2 主定理递归树表示

主定理可以用 3.7.3 节中的递归树进行表示，如图 3-13 所示。

树的深度为 $\log_b n$，加上根结点共计 $\log_b n+1$ 层，叶子结点数为 $a^{\log_b n}$。第 i 层共有 a^i 个子问题，每个问题规模为$\frac{n}{b^i}$。

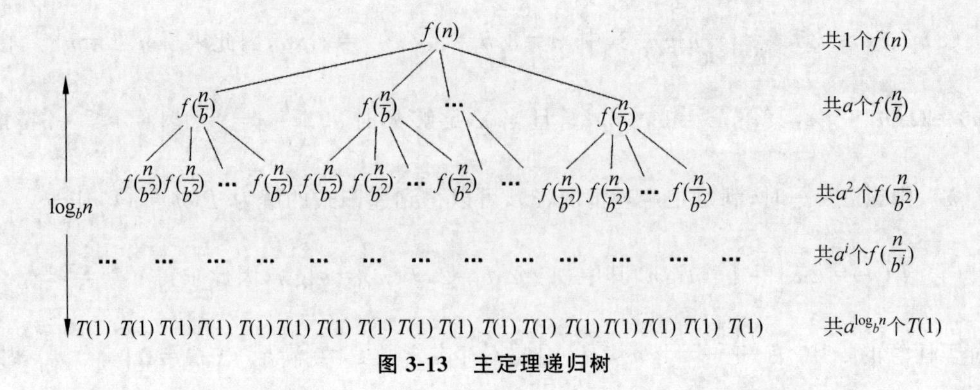

图 3-13 主定理递归树

3.8.3 主定理证明

为了便于分析假定 n 是 b 的幂次，即 $n=b^m$，m 为正整数，$m=\log_b n$。

1. 对 n 为 b 的幂主定理证明

假设 n 是 b 的幂次，即 $n=b^m$，m 为正整数，$m=\log_b n$。

引理 3.1：令 $a\geqslant 1$，$b>1$ 是常数，$f(n)$是一个定义在 b 的幂上的非负函数。$T(n)$是定义在 b 的幂上的递归式：

$$T(n)=\begin{cases}\Theta(1), & n=1\\ aT\left(\dfrac{n}{b}\right)+f(n), & n=b^i\end{cases} \tag{3-41}$$

其中，i 是正整数，那么

$$T(n)=\Theta(n^{\log_b a})+\sum_{j=0}^{\log_b n-1}a^j f\left(\frac{a}{b^j}\right) \tag{3-42}$$

证明：

由图 3-13 可知，在层次 i 的运算量为 $f\left(\dfrac{n}{b^i}\right)\times a^i$，则 $T(n)$为：

$$T(n)=\Theta(a^{\log_b n})=\Theta(n^{\log_b a})+\sum_{j=0}^{\log_b n-1}a^j\times f\left(\frac{n}{b^j}\right)$$

等式成立。

注：$a^{\log_b n}=n^{\log_b a}$ 的证明可根据对数运算公式，也可直接在等式两端求以 b 为底的对数进行证明。

由公式(3-42)可知，$T(n)$由两部分组成，$\Theta(n^{\log_b a})$为求解叶结点的代价，$\sum_{j=0}^{\log_b n-1}a^j f\left(\dfrac{a}{b^j}\right)$为分解子问题和合并子问题解的代价。

引理 3.2：令 $a\geqslant 1$，$b>1$ 是常数，$f(n)$是一个定义在 b 的幂上的非负函数。$g(n)$是定义在 b 的幂上的递归式：

$$g(n)=\sum_{j=0}^{\log_b n-1}a^j\times f\left(\frac{n}{b^j}\right) \tag{3-43}$$

对 b 的幂，$g(n)$有如下渐进界。

(1) 若对某个常数 $\varepsilon>0$ 有 $f(n)=O\left(n^{\log_b^a-\varepsilon}\right)$，则 $g(n)=O\left(n^{\log_b^a}\right)$。

(2) 若 $f(n)=\Theta\left(n^{\log_b^a}\right)$，则 $g(n)=\Theta\left(n^{\log_b^a}\lg n\right)$。

(3) 若对某个常数 $c<1$ 和所有足够大的 n 有 $af\left(\frac{n}{b}\right)\leqslant cf(n)$，则 $g(n)=\Theta(f(n))$。

证明：

(1) 对于情况1，有 $f(n)=O\left(n^{\log_b^a-\varepsilon}\right)$，则：

$$f\left(\frac{n}{b^j}\right)=O\left(\left(\frac{n}{b^j}\right)^{\log_b^a-\varepsilon}\right)$$

因此，

$$\begin{aligned}g(n)&=\sum_{j=0}^{\log_b n-1}a^j\times f\left(\frac{n}{b^j}\right)=\sum_{j=0}^{\log_b n-1}a^j\times O\left(\left(\frac{n}{b^j}\right)^{\log_b^a-\varepsilon}\right)\\&=O\left(n^{\log_b^a-\varepsilon}\times\sum_{j=0}^{\log_b n-1}\left(\frac{ab^\varepsilon}{b^{\log_b^a}}\right)^j\right)=O\left(n^{\log_b^a-\varepsilon}\times\sum_{j=0}^{\log_b n-1}(b^\varepsilon)^j\right)\\&=O\left(n^{\log_b^a-\varepsilon}\times\left(\frac{b^{\varepsilon\log_b n}-1}{b^\varepsilon-1}\right)\right)=O\left(n^{\log_b^a-\varepsilon}\times\left(\frac{n^\varepsilon-1}{b^\varepsilon-1}\right)\right)\end{aligned}\tag{3-44}$$

由于 b 和 ε 是常数，因此

$$g(n)=O\left(n^{\log_b^a-\varepsilon}\times\left(\frac{n^\varepsilon-1}{b^\varepsilon-1}\right)\right)=O\left(n^{\log_b^a}\right)\tag{3-45}$$

因此对情况1成立。

(2) 对于情况2，假定 $f(n)=\Theta\left(n^{\log_b^a}\right)$，有：

$$f\left(\frac{n}{b^j}\right)=\Theta\left(\left(\frac{n}{b^j}\right)^{\log_b^a}\right)\tag{3-46}$$

代入公式(3-43)，得到：

$$\begin{aligned}g(n)&=\sum_{j=0}^{\log_b n-1}a^j\times f\left(\frac{n}{b^j}\right)=\sum_{j=0}^{\log_b n-1}a^j\times\Theta\left(\left(\frac{n}{b^j}\right)^{\log_b^a}\right)\\&=\Theta\left(\sum_{j=0}^{\log_b n-1}a^j\times\left(\frac{n}{b^j}\right)^{\log_b^a}\right)=\Theta\left(n^{\log_b^a}\times\sum_{j=0}^{\log_b n-1}a^j\times\left(\frac{1}{b^{\log_b^a}}\right)^j\right)\\&=\Theta\left(n^{\log_b^a}\times\sum_{j=0}^{\log_b n-1}1\right)=\Theta\left(n^{\log_b^a}\times\log_b n\right)=\Theta\left(n^{\log_b^a}\times\lg n\right)\end{aligned}\tag{3-47}$$

因此对情况2成立。

(3) 对于情况3，由于 $af\left(\frac{n}{b}\right)\leqslant cf(n)$，所以 $f\left(\frac{n}{b}\right)\leqslant\frac{c}{a}f(n)$，进而 $f\left(\frac{n}{b^j}\right)\leqslant\left(\frac{c}{a}\right)^j f(n)$，代入公式(3-43)，得到：

$$\begin{aligned}g(n)&=\sum_{j=0}^{\log_b n-1}a^j\times f\left(\frac{n}{b^j}\right)\leqslant\sum_{j=0}^{\log_b n-1}a^j\times\left(\frac{c}{a}\right)^j f(n)+O(1)\\&=f(n)\sum_{j=0}^{\log_b n-1}c^j+O(1)=f(n)\frac{1}{1-c}+O(1)=O(f(n))\end{aligned}\tag{3-48}$$

因此对情况3成立。

证明主定理：

利用引理 3.2 中的界对引理 3.1 中的合式(3-42)求值，对于情况 1，有：

$$T(n)=\Theta(n^{\log_b a})+\sum_{j=0}^{\log_b n-1}a^j f\left(\frac{a}{b^j}\right)$$

$$=\Theta(n^{\log_b a})+O(n^{\log_b^a})=\Theta(n^{\log_b a}) \tag{3-49}$$

对于情况 2，有：

$$T(n)=\Theta(n^{\log_b a})+\sum_{j=0}^{\log_b n-1}a^j f\left(\frac{a}{b^j}\right)$$

$$=\Theta(n^{\log_b a})+\Theta\left(n^{\log_b^a}\lg n\right)=\Theta\left(n^{\log_b^a}\lg n\right) \tag{3-50}$$

对于情况 3，有：

$$T(n)=\Theta(n^{\log_b a})+\sum_{j=0}^{\log_b n-1}a^j f\left(\frac{a}{b^j}\right)$$

$$=\Theta(n^{\log_b a})+\Theta(f(n)) \tag{3-51}$$

因为 $f(n)=\Omega\left(n^{\log_b^a+\varepsilon}\right)$，所以

$$T(n)=\Theta(n^{\log_b a})+\Theta(f(n))=\Theta(f(n)) \tag{3-52}$$

2. 对 n 不限定为 b 的幂主定理证明

递归式的下界为：

$$T(n)=aT\left(\left\lceil\frac{n}{b}\right\rceil\right)+f(n) \tag{3-53}$$

上界为：

$$T(n)=aT\left(\left\lfloor\frac{n}{b}\right\rfloor\right)+f(n) \tag{3-54}$$

重画图 3-13 的递归树，如图 3-14 所示。

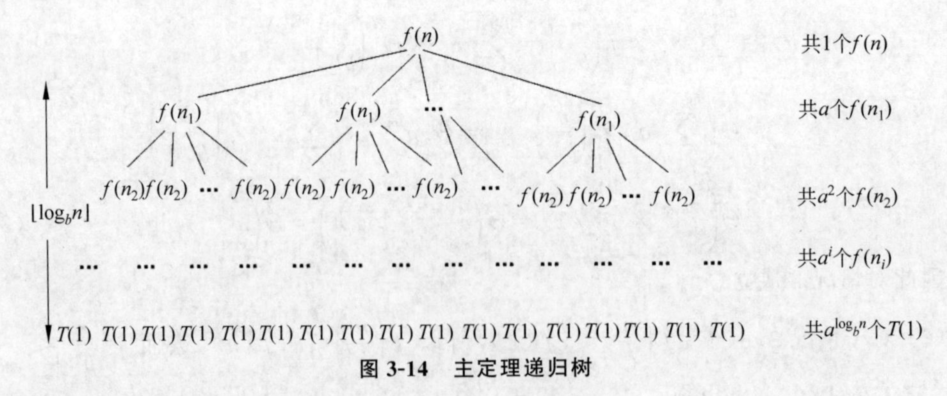

图 3-14 主定理递归树

其中：

$$n_i=\begin{cases}n, & i=0\\ \left\lceil\dfrac{n_{i-1}}{b}\right\rceil, & i>0\end{cases} \tag{3-55}$$

利用不等式$\lceil x\rceil\leqslant x+1$，得：

$$n_0 \leqslant n$$

$$n_1 \leqslant \frac{n}{b}+1$$

$$n_2 \leqslant \frac{n}{b^2}+\frac{1}{b}+1$$

$$n_3 \leqslant \frac{n}{b^3}+\frac{1}{b^2}+\frac{1}{b}+1$$

…

$$n_i \leqslant \frac{n}{b^i}+\sum_{j=0}^{i-1}\frac{1}{b^j}<\frac{n}{b^i}+\sum_{j=0}^{\infty}\frac{1}{b^j}=\frac{n}{b^i}+\frac{b}{b-1} \tag{3-56}$$

令 $j=\lfloor \log_b n \rfloor$，有：

$$n_{\lfloor \log_b n \rfloor}<\frac{n}{b^{\lfloor \log_b n \rfloor}}+\frac{b}{b-1}<\frac{n}{b^{\log_b n-1}}+\frac{b}{b-1}=\frac{n}{n/b}+\frac{b}{b-1}$$
$$=b+\frac{b}{b-1}=O(1) \tag{3-57}$$

由递归图 3-14 可知：

$$T(n)=\Theta(n^{\log_b a})+\sum_{j=0}^{\lfloor \log_b n \rfloor-1} a^j f(n_j) \tag{3-58}$$

情况 1，若存在常数 $\varepsilon>0$ 满足 $f(n)=O(n^{\log_b^a-\varepsilon})$，则 $T(n)=\Theta\left(n^{\log_b^a}\right)$。

证明：由 $f(n)=O(n^{\log_b^a-\varepsilon})$，得 $f\left(\frac{n}{b^j}\right)=O\left(\left(\frac{n}{b^j}\right)^{\log_b^a-\varepsilon}\right)$

由 n_i 定义可知：

$$n_1=\left\lceil\frac{n_{i-1}}{b}\right\rceil \leqslant \frac{n}{b}$$

$$n_2=\left\lceil\frac{n_1}{b}\right\rceil \leqslant \left\lceil\frac{n}{b^2}\right\rceil \leqslant \frac{n}{b^2}$$

…

$$n_j=\left\lceil\frac{n_{i-1}}{b}\right\rceil \leqslant \left\lceil\frac{n}{b^j}\right\rceil \leqslant \frac{n}{b^j} \tag{3-59}$$

代入公式(3-58)得：

$$\begin{aligned}
T(n)&=\Theta(n^{\log_b a})+\sum_{j=0}^{\lfloor \log_b n \rfloor-1} a^j f(n_j)\\
&\leqslant \Theta(n^{\log_b a})+\sum_{j=0}^{\lfloor \log_b n \rfloor-1} a^j f\left(\frac{n}{b^j}\right)\\
&=\Theta(n^{\log_b a})+O\left(\sum_{j=0}^{\lfloor \log_b n \rfloor-1} a^j \left(\frac{n}{b^j}\right)^{\log_b^a-\varepsilon}\right)\\
&=\Theta(n^{\log_b a})+O\left(n^{\log_b^a-\varepsilon}\sum_{j=0}^{\lfloor \log_b n \rfloor-1}\left(\frac{ab^\varepsilon}{b^{\log_b^a}}\right)^j\right)\\
&=\Theta(n^{\log_b a})+O\left(n^{\log_b^a-\varepsilon}\sum_{j=0}^{\lfloor \log_b n \rfloor-1}(b^\varepsilon)^j\right)
\end{aligned}$$

$$\leqslant \Theta(n^{\log_b a}) + O\left(n^{\log_b^a - \varepsilon} \frac{n^{\varepsilon}-1}{b^{\varepsilon}-1}\right)$$

$$= \Theta\left(n^{\log_b^a}\right) \tag{3-60}$$

情况 2,若 $f(n)=\Theta\left(n^{\log_b^a}\right)$,则 $T(n)=\Theta\left(n^{\log_b^a}\lg n\right)$。

证明：由于 $f(n)=\Theta\left(n^{\log_b^a}\right)$,所以

$$f\left(\frac{n}{b^j}\right)=\Theta\left(\left(\frac{n}{b^j}\right)^{\log_b^a}\right) \tag{3-61}$$

将公式(3-59)和公式(3-61)代入公式(3-58)得:

$$T(n)=\Theta(n^{\log_b a})+\sum_{j=0}^{\lfloor \log_b n\rfloor-1} a^j f(n_j)$$

$$\leqslant \Theta(n^{\log_b a})+\sum_{j=0}^{\lfloor \log_b n\rfloor-1} a^j f\left(\frac{n}{b^j}\right)$$

$$\leqslant \Theta(n^{\log_b a})+\sum_{j=0}^{\lfloor \log_b n\rfloor-1} a^j \Theta(\left(\frac{n}{b^j}\right)^{\log_b^a})$$

$$=\Theta(n^{\log_b a})+\Theta\left(n^{\log_b a}\sum_{j=0}^{\lfloor \log_b n\rfloor-1}\left(\frac{a}{b^{\log_b^a}}\right)^j\right)$$

$$=\Theta(n^{\log_b a})+\Theta(n^{\log_b a}\log_b n)$$

$$=\Theta(n^{\log_b a}\lg n) \tag{3-62}$$

情况 3,若存在常数 $\varepsilon>0$ 满足 $f(n)=\Omega\left(n^{\log_b^a+\varepsilon}\right)$,且对某个常数 $c<1$ 和足够大的 n 有 $af\left(\frac{n}{b}\right)\leqslant cf(n)$,则 $T(n)=\Theta(f(n))$。

证明：如果对 $n>b+b/(b-1)$,有 $af\left(\frac{n}{b}\right)\leqslant cf(n)$ 成立,则:

$$f\left(\frac{n}{b}\right)\leqslant \frac{c}{a}f(n) \tag{3-63}$$

$$f\left(\frac{n}{b^j}\right)\leqslant \frac{c^j}{a^j}f(n) \tag{3-64}$$

所以:

$$f(n_j)\leqslant f\left(\frac{n}{b^j}\right)\leqslant \frac{c^j}{a^j}f(n) \tag{3-65}$$

将公式(3-59)和公式(3-65)代入公式(3-58)得:

$$T(n)=\Theta(n^{\log_b a})+\sum_{j=0}^{\lfloor \log_b n\rfloor-1} a^j f(n_j)$$

$$\leqslant \Theta(n^{\log_b a})+\sum_{j=0}^{\lfloor \log_b n\rfloor-1} a^j \frac{c^j}{a^j}f(n)$$

$$\leqslant \Theta(n^{\log_b a})+f(n)\sum_{j=0}^{\lfloor \log_b n\rfloor-1} c^j$$

$$\leqslant \Theta(n^{\log_b a})+f(n)\sum_{j=0}^{\infty}c^j=\Theta(n^{\log_b a})+f(n)\frac{1}{1-c} \tag{3-66}$$

由于 $f(n)=\Omega\left(n^{\log_b^a+\varepsilon}\right)$，所以

$$T(n)=O(f(n)) \tag{3-67}$$

3.9 马的周游路线问题

3.9.1 问题描述

在国际象棋的棋盘某个位置上的一只马，是否可能只走 63 步，正好走过除起点外的其他 63 个位置？若存在一种这样的走法，则所走的路线为马的周游路线。若第 64 步正好回到起点，则存在一条马的周游闭路。

3.9.2 问题分析

国际象棋的棋盘上共有 8×8=64 个格子，如图 3-15 所示，棋中的马走“日”字步，即横二竖一或者横一竖二。

不妨在棋盘上画一个直角坐标系，原点设在左上角的外面，纵坐标 r 轴代表行，横坐标 c 轴代表列。显然，马每走一步，其位置的纵、横坐标差均改变(加或减)1。

我们按照马在棋盘中每个格可能的走法，为每个格填充权重，得到图 3-16。例如，马位于左上角的白格，其有两种走法选择。

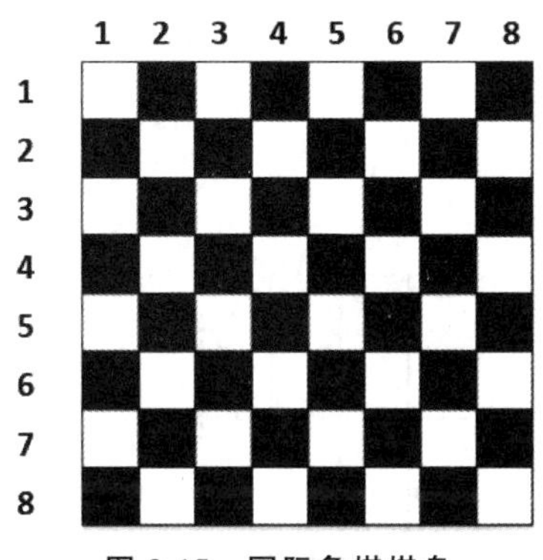

图 3-15 国际象棋棋盘

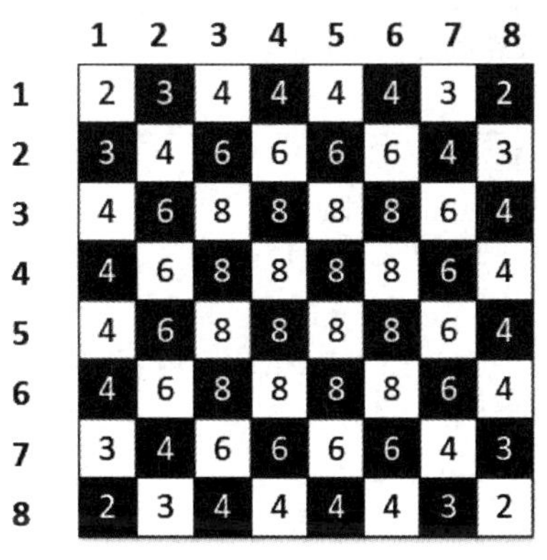

	1	2	3	4	5	6	7	8
1	2	3	4	4	4	4	3	2
2	3	4	6	6	6	6	4	3
3	4	6	8	8	8	8	6	4
4	4	6	8	8	8	8	6	4
5	4	6	8	8	8	8	6	4
6	4	6	8	8	8	8	6	4
7	3	4	6	6	6	6	4	3
8	2	3	4	4	4	4	3	2

图 3-16 每格走法数

用蛮力搜索法求解马的周游路线问题需要搜索 9.16×10^{43} 步，其计算代价非常大，本章采用分治法求解马的周游路线问题。

3.9.3 问题求解

把国际象棋中 64 个格子看成 64 个顶点，当马从一个顶点走到另外一个顶点时，两个顶点用一条无向边相连，这样国际象棋的棋盘变成了一个无向图，求解的问题是找出无向图中的一条哈密顿回路。

定义：设 $G=(V,E)$ 是一个无向连通图，图 G 的子圈是指经过 G 中的部分顶点集合 V_c，$V_c\subset V$，并形成环路的边的集合 $E_c\subset E$。如果这些边没形成环路，形成了从 V_c 中的一个顶点出发，并经过 V_c 中的所有顶点，到达 V_c 中另外一个顶点的通路，我们称之为子道路。

用分治法求解马的周游路线问题的思想如下。

(1) 一个连通图 $G=(V,E)$ 中,若存在 k 个互不相交的子圈或子道路的集合:$C=\{C_1, C_2,\cdots,C_k\};k\geqslant 2$。其中,$C_k$ 或者是一个圈,或者是一条道路,令 $C_i=(V_i,E_i)$,则 $V_i\subseteq V$, $E_i\subseteq E$,当 $1\leqslant i,j\leqslant k$,且 $i\neq j$ 时,满足:

$$V_i \cap V_j=\varnothing,\quad E_i \cap E_j=\varnothing,\quad V_1 \cup V_2 \cup \cdots \cup V_k=V$$

则称 C 为图的顶点覆盖子圈-道路集。

(2) 设有两条边 $e_r=(u_r,v_r)$ 和 $e_s=(u_s,v_s)$,其中,$e_r\in E_r$,$e_s\in E_s$,$1\leqslant r,s\leqslant k$,$r\neq s$,$C_r$ 与 C_s 都是圈,若有 $(u_r,u_s)\in E$ 和 $(v_r,v_s)\in E$ 成立,或者 $(u_r,v_s)\in E$ 和 $(u_s,v_r)\in E$ 成立,则称圈 C_r 和 C_s 是可合并的子圈对。

(3) 若 C_s 是一条道路,u_s 与 v_s 是它的两个端点,C_r 是一个圈,$e_r=(u_r,v_r)\in E$,也满足:$(u_r,u_s)\in E$ 和 $(v_r,v_s)\in E$ 成立,或者 $(u_r,v_s)\in E$ 和 $(u_s,v_r)\in E$ 成立,则称圈 C_r 和 C_s 是可合并的子圈—道路对。

(4) 如果集合 C 中的子圈或子圈-道路对的合并一直可以进行到生成一个圈,则这个圈就是哈密顿圈。

算法执行过程如图 3-17 所示。

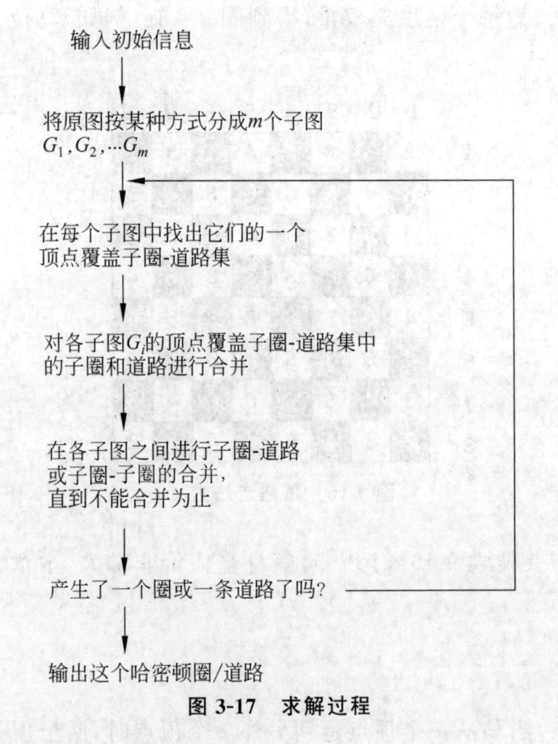

图 3-17 求解过程

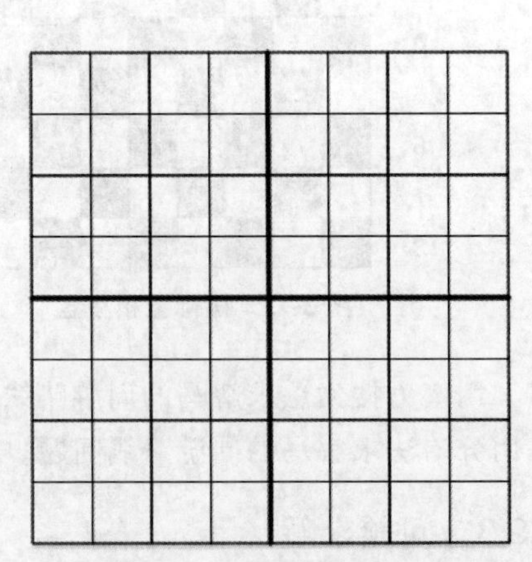

图 3-18 棋盘区域划分

3.9.4 求解过程

按照上述思想,首先对棋盘区域进行划分,划分为 4 个 4×4 的子区域,如图 3-18 所示。然后找出每个子区域的覆盖子圈-道路集,如图 3-19 所示。每个子区域由 4 个子圈覆盖,整个区域由 16 个子圈覆盖。按照分治思想合并子圈,首先对同种线型子圈进行左右合并,如

图 3-20 所示。

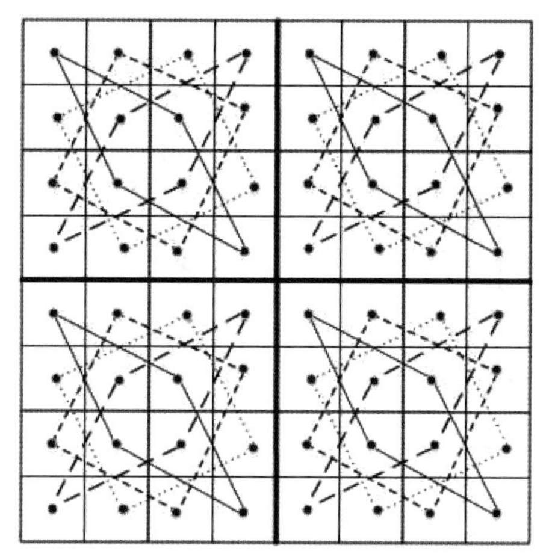

图 3-19 子圈覆盖图

接着将同种线型子圈进行上下合并,如图 3-21 所示。

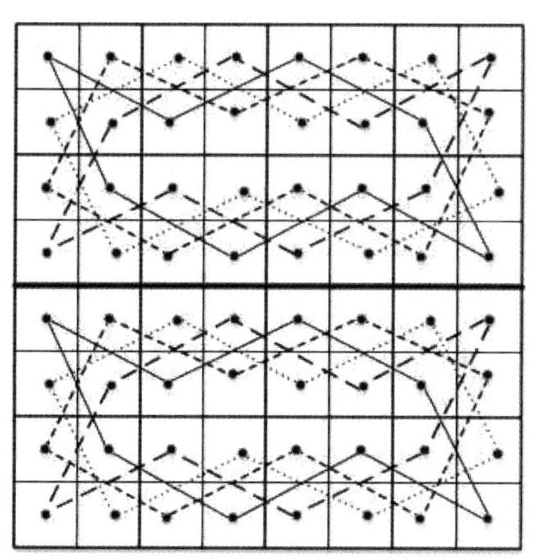

图 3-20 一次合并后子圈覆盖图

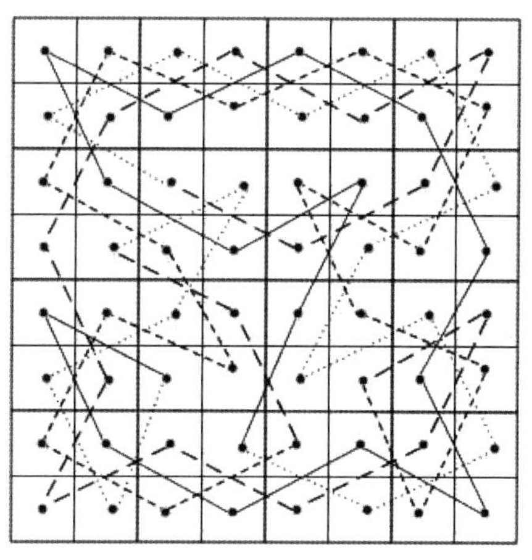

图 3-21 二次合并后子圈覆盖图

合并后,整个区域由四个子圈覆盖,然后对四个子圈两两合并,如图 3-22 所示。

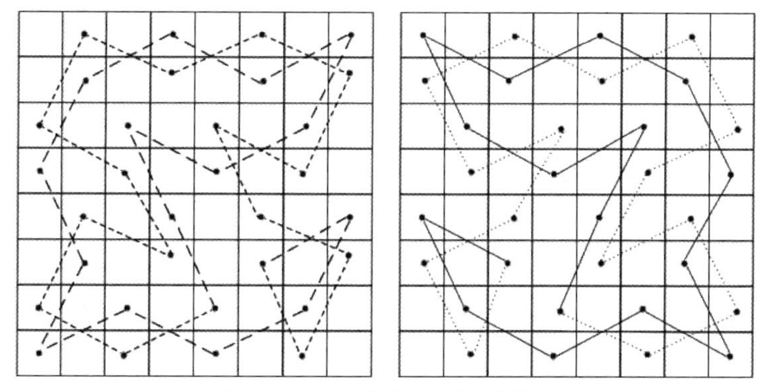

图 3-22 三次合并后子圈覆盖图

最后对两个子圈进行合并形成一条哈密顿回路，如图 3-23 所示。

行走步骤如图 3-24 所示。

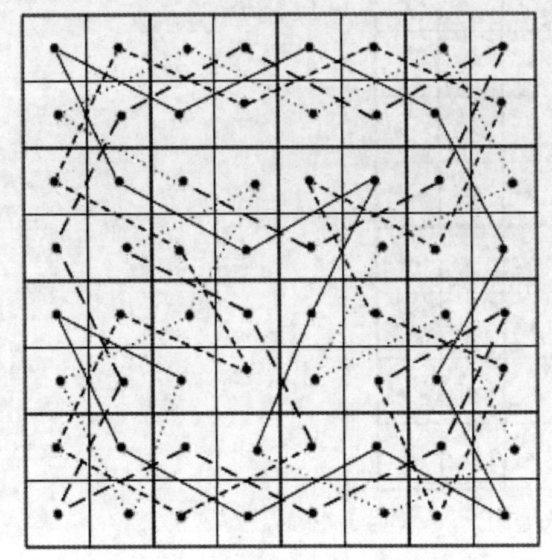

图 3-23　合并后的哈密顿回路

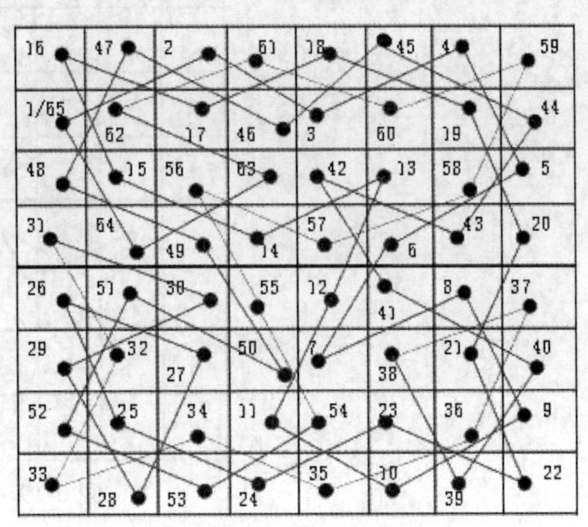

图 3-24　行走步骤

3.10　循环赛日程安排

3.10.1　问题描述

设有 $n=2^k$ 个选手参加循环赛，要求设计一个满足以下要求的比赛日程表。

(1) 每个选手必须与其他的 $n-1$ 个选手比赛一次。

(2) 每个选手一天只能比赛一次。

(3) 循环赛一共进行 $n-1$ 天。

3.10.2　问题分析

按照问题描述，可以将比赛日程表设计成一个 n 行和 $n-1$ 列的表，n 行代表 n 个参赛选手，$n-1$ 列代表比赛日期。表中第 i 行第 j 列填入第 i 个选手，第 j 天遇到的参赛选手，如图 3-25 所示。

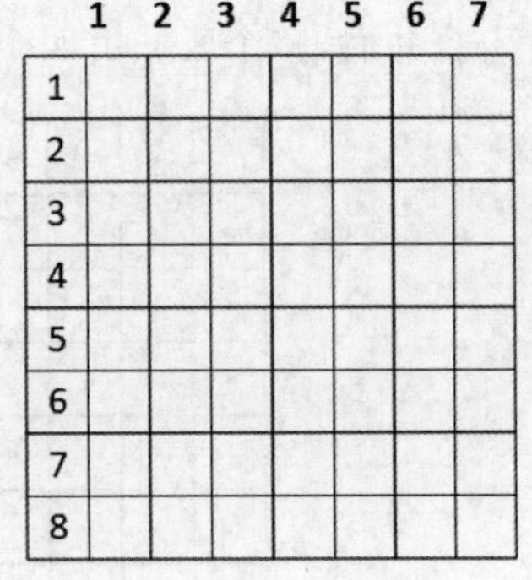

图 3-25　日程表

3.10.3　问题求解

按照分治思想，首先将问题分解，将 n 个选手分成两组，每组 $\frac{n}{2}$ 个选手，每组内选手循环比赛需要 $\frac{n}{2}-1$ 天；递归地重复上述操作直至每组只有两位选手，这时每组比赛只需要一天完成。

例如，有 8 位选手参赛的循环比赛，分解过程如图 3-26 和图 3-27 所示。

当问题分解每组只有两位选手参加时，这时只需要两位选手在 1 天内进行比赛就可以了，如图 3-28 所示。

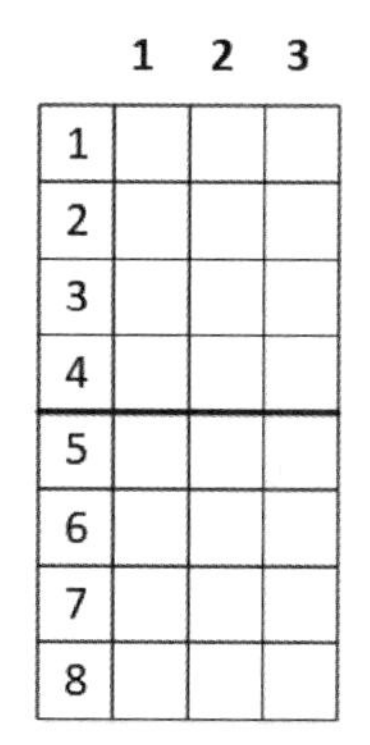

图 3-26　问题一次分解后日程表

	1
1	
2	
3	
4	
5	
6	
7	
8	

图 3-27　问题二次分解后日程表

	1
1	2
2	1
3	4
4	3
5	6
6	5
7	8
8	7

图 3-28　原子问题求解

求解原子问题后，对原子问题的解进行两两合并，合并后每组有 4 位选手，需要 3 天完成比赛。合并过程非常简单，只需要将每组选手连带第一天对手搬到对角即可，如图 3-29 所示。

按照上述方法继续合并子问题的解，得到完整循环比赛日程表，如图 3-30 所示。

	1	2	3
1	2	3	4
2	1	4	3
3	4	1	2
4	3	2	1
5	6	7	8
6	5	8	7
7	8	5	6
8	7	6	5

	1	2	3
1	2	3	4
2	1	4	3
3	4	1	2
4	3	2	1
5	6	7	8
6	5	8	7
7	8	5	6
8	7	6	5

图 3-29　解的合并及一次合并后比赛日程

	1	2	3	4	5	6	7
1	2	3	4	5	6	7	8
2	1	4	3	6	5	8	7
3	4	1	2	7	8	5	6
4	3	2	1	8	7	6	5
5	6	7	8	1	2	3	4
6	5	8	7	2	1	4	3
7	8	5	6	3	4	1	2
8	7	6	5	4	3	2	1

图 3-30　循环比赛日程

3.10.4　算法实现

```
# include<stdio.h>
# define N 100                        //最大参赛选手人数
int main(){
    int k,a[N][N];                    //k为参赛选手人数,为2的幂,二维数组a记录比赛日程
    printf("Please input the value of k\n");
    scanf("%d",&k);
    GameTable(k,a);
    return 0;
}
//求解参赛人数为k的日程
void GameTable (int k,int a[][N]){
    //直接将问题原子化,并求解第一天比赛日程
    for(int i=0;i<k;i++){
```

```
        a[i][0]=i+1;
        if(i%2==0)                                  //i为偶数
            a[i][1]=a[i+1][0];
        else                                        //i为奇数
            a[i][1]=a[i-1][0];
    }
    int n=2;
    while(n<k){
        for(i=0;i<k;i++){
            area =i/n;                              //i所在的合并区域
            for(j=0;j<n;j++){                       //第n天至第n-1天比赛日程
                if(area%2==0)                       //偶数区域,用其下一区域左下角赋值
                    a[i][n+j]=a[i+n][j];
                else                                //奇数区域,用其上一区域左上角赋值
                    a[i][n+j]=a[i-n][j];
            }
        }
        n=2*n;
    }
    printf("编号\t");
    for(i=1;i<n;i++){
        printf("第%d天\t",i);
    }
    printf("\n");
    for(i=0;i<n;i++){
        for(j=0;j<n;j++){
            printf("%d\t",a[i][j]);
        }
        printf("\n");
    }
}
```

3.10.5 算法复杂度分析

算法要用 $n\times n$ 的二维表存储比赛日程,因此其空间复杂度为 $O(n^2)$。

时间复杂度:虽然算法使用了三层嵌套循环,但循环的操作是对 $n\times n$ 二维表项进行赋值,因此其时间复杂度为 $O(n^2)$。

第4章 动态规划法

4.1 概　　述

4.1.1 概念

动态规划是运筹学的一个分支，20 世纪 50 年代初美国数学家 R.E.Bellman 等人在研究多阶段决策过程的优化问题时，提出了著名的最优化原理，把多阶段过程转换为一系列单阶段问题，逐个求解，创立了解决这类过程优化问题的新方法——动态规划。

动态规划问世以来，在经济管理、生产调度、工程技术和最优控制等方面得到了广泛的应用。例如，最短路线、资源分配、设备更新等问题，用动态规划比用其他方法求解更为方便。

虽然动态规划主要用于求解以时间划分阶段的动态过程的优化问题，但是一些与时间无关的静态规划(如线性规划、非线性规划)，可以人为地引进时间因素，把它视为多阶段决策过程，也可以用动态规划方法方便地求解。

动态规划的思想实质是分治思想和解决冗余。与分治法类似的是，将原问题分解成若干个子问题，先求解子问题，然后从这些子问题的解得到原问题的解。与分治法不同的是，适合于用动态规划求解的问题，经分解得到的子问题往往不是互相独立的。若用分治法来解这类问题，则分解得到的子问题数目太多，有些子问题被重复计算了很多次。如果能够保存已解决的子问题的答案，而在需要时再找出已求得的答案，这样就可以避免大量的重复计算，来提高问题的解决效率。我们可以用一个表来记录所有已解的子问题的答案。不管该子问题以后是否被用到，只要它被计算过，就将其结果填入表中。这就是动态规划法的基本思路。具体的动态规划算法多种多样，但它们具有相同的格式。

设计一个动态规划算法，通常可以按以下几个步骤来进行：①将实际问题恰当地分为若干个相互联系的阶段；②正确地找出上一阶段和下一阶段的递推关系式；③以自底向上的方式记忆方法计算出最优值，其中每个阶段最优值的决定方案称为本阶段的决策。

4.1.2 算法实现

动态规划所处理的问题是一个多阶段决策问题，一般由初始状态开始，通过对中间阶段决策的选择，达到结束状态。这些决策形成了一个决策序列，同时确定了完成整个过程的一条活动路线，并且所求活动路线一般是最优的。

动态规划具有三要素，分别如下。

(1) 阶段：阶段是整个过程的自然划分，通常按时间顺序或空间特征划分阶段。

(2) 状态：在整个过程中，每个阶段开始所处的自然状态或客观条件称为状态，是不可控因素。动态规划中定义的状态应具有后无效性。

(3) 决策：一个阶段的状态确定后，可以做出不同的选择，从而演变到下一阶段的某个状态。

后无效性是指，将各阶段按照次序排列好后，对某个给定的状态，它以前各阶段的状态无法直接影响它未来的决策，而只能通过当前状态影响。例如，现有A,B,C三种状态，且它们转换的先后因果关系是A→B→C，状态A确定后，可以转换为状态B；状态B确定后，状态C由且仅由状态B转换而来，而与状态A无关。

使用动态规划进行最优化决策的基本步骤如下。

(1) 将问题的求解过程分为恰当的若干个阶段，其中的每一阶段可按问题的空间或时间特征划分，并且要确定阶段变量，将问题看作 n 阶段问题($k=1,2,\cdots,n$)。在分阶段时需要注意，划分后的阶段一定是有序的或是可排序的，否则问题将无法求解。

(2) 正确地选择状态变量 s_k，它是用来描述过程中第 k 个阶段状态的变量。通常，状态变量的取值有一定的允许集合或范围，此集合就是同样需要确定的状态集合 s_k。状态的选择需要满足后无效性。

(3) 确定用来描述决策的决策变量 x_k，以及第 k 阶段从状态 s_k 出发的允许决策集合 $D_k(s_k)$。

(4) 写出状态转移函数 $s_{k+1}=T_k(s_k,x_k)$。因为决策和状态转移有着天然的联系，状态转移就是根据上一阶段的状态和决策来导出本阶段的状态，但实际上常常反过来做，根据相邻两个阶段的状态之间的关系来确定决策方法和状态转移方程。

(5) 由已知条件，得到指标函数 $F_{k,n}, f_k(s_k), F_{1,n}, f_1(s_1)$。由最优化原理，列出：

$$f_k(s_k)=\{F_{k,n}(s_k)\}=\min\{d(s_k,x_k)+f_{k+1,n}(s_{k+1})\} \tag{4-1}$$

于是得到基本方程：

$$\begin{cases} f_k(s_k)=\min\{d(s_k,x_k)+f_{k+1,n}(s_{k+1})\}, & (k=n,n-1,\cdots,1) \\ f_{n+1}(s_{n+1})=0 \end{cases} \tag{4-2}$$

也称为逆序法递推公式。

以上方法可简化为：

(1) 分析最优解的性质，并刻画其结构特征。

(2) 递归地定义最优解。

(3) 以自底向上或自顶向下的记忆化方式计算出最优值。

(4) 根据计算最优值时得到的信息，构造问题的最优解。

在求解动态规划问题时具有以下方法。

(1) 逆序解法：由于查找最优解的方向与多阶段决策过程的实际进行方向相反，从最后一段开始计算逐段前推，最终求得全过程的最优策略。

(2) 顺序解法：寻优方向与过程的进行方向相同，计算时从第一段开始逐段向后递推，在计算后一阶段时要用到其前一段的求优结果，最后一段计算的结果是全过程的最优结果。

4.1.3 使用条件及特点

动态规划算法要求待解决问题具有以下两个重要性质。

（1）最优子结构性质。

（2）问题重叠性质。

最优子结构性质是指，问题的最优解由其相关子问题的最优解组合而成，并且对于其中的子问题还可以单独进行求解。

动态规划将原来具有指数复杂度的搜索算法改进成了具有多项式时间的算法，在这个过程中的关键是在于解决冗余，这是动态规划算法的根本目的。子问题重叠性质是指，在分解后的子问题中包含很多重复的子问题，即子问题之间不是独立的（与分治法不同，分治法的各子问题之间是独立的）。由于一个子问题在下一阶段决策中可能会被多次使用到，因此通过记录不同的子问题的解，可以大大减少求解子问题的次数。拥有了这一条性质，可使动态规划法相比其他算法更具备优势。

另外，适用动态规划的问题必须满足最优化原理和后无效性。

利用动态规划解决某些多阶段决策问题时，它的思路清晰、简单，且容易实现。通常，若想要解决一个大问题，可将该问题拆分成若干小问题，利用数学算法找到解决这些小问题的最优方法，从而解决这个大问题。

若在规划或管理中能够善于运用动态规划算法，不仅可以提升效益，同时还可以带来极大的方便。

4.2　钢条切割问题

4.2.1　问题描述

给定一段长度为 n 英尺的钢条和一个价格表为 $p_i(i=1,2,\cdots,n)$，求切割钢条的方案（钢条的长度均为整数），使得销售收益 r_n 最大。不同长度的钢条价格如表 4-1 所示。

表 4-1　钢条价格表

长度 i	1	2	3	4	5	6	7	8	9	10
价格 p_i	1	5	8	9	10	17	17	20	24	30

注意：最优解可以是不需要切割，且不考虑切割过程的成本。

4.2.2　问题分析

假设钢条切割从钢条左侧开始。在一次切割后，一根钢条变为两段，左侧一段长度为 i 米，不再切割；右侧一段长度为 $n-i$ 米，可能继续切割。重复上述过程直至右侧一段不再切割为止。上述过程可以通过遍历搜索解决，通过遍历，找出最优解，过程可以用以下递归函数完成。

```
Cut_Rod(p,n){
    if(n==0)
        return 0;
    q=-1
    for i=1 to n
```

```
        q =max(q,p[i]+Cut_Rod(p,n-i));
    return q
}
```

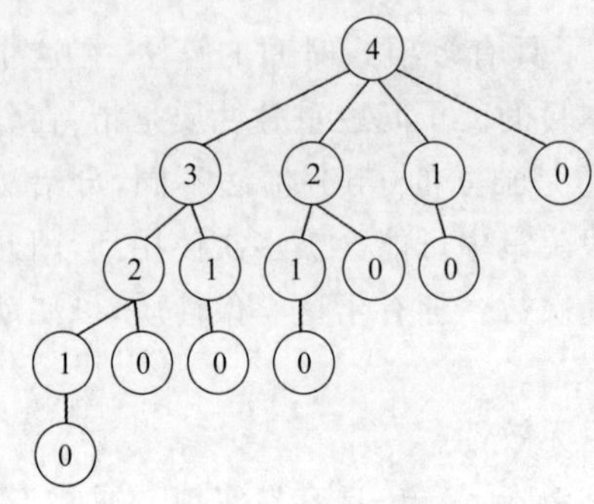

图 4-1 遍历搜索树

遍历搜索算法的时间性能较差。以 $n=4$ 为例，其搜索树如图 4-1 所示。

可以看出，当 $n=4$ 时，$n=2$、$n=1$、$n=0$ 被计算了多次，$n=0$ 的情况重复计算了 8 次。算法反复求解相同的子问题，其时间复杂度为 $O(2^n)$。算法之所以效率很低，是它反复求解相同的子问题。因此，动态规划方法仔细安排求解顺序，对每个子问题只求解一次，并将结果保存下来。如果随后再次需要此子问题的解，只需查找保存的结果，而不必重新计算。因此，动态规划方法是付出额外的内存空间来节省计算时间。

4.2.3 问题求解

通过分析可知，如果整个切割方案是最优的，在不断切分的过程中，每个子过程也是最优的，因此该问题可以通过动态规划法来解决。用一个备忘录记录每次计算的数值，当遇到重复的时候，用查表代替再次运算，从而提高效率。

引入中间变量 Income(n)，表示锯条长度为 n 时，最优切割方案的最大收益。这样我们得到如下动态规划方程：

$$\text{Income}(n)=\max_{i=1,n}\{p_i+\text{Income}(n-i)\} \tag{4-3}$$

其中：

$$\text{Income}(0)=0$$
$$\text{Income}(1)=p_1$$

之后，自底向上求解：

$$\begin{aligned}\text{Income}(2)&=\max\{p_1+\text{Income}(1),p_2+\text{Income}(0)\}\\&=\max\{p_1+p_1,p_2\}\\&=\max\{1+1,5\}\\&=5\end{aligned}$$

$$\begin{aligned}\text{Income}(3)&=\max\{p_1+\text{Income}(2),p_2+\text{Income}(1),p_3+\text{Income}(0)\}\\&=\max\{1+5,+1,8+0\}\\&=8\end{aligned}$$

…

重复上述过程，直至求解出 Income(n)。

4.2.4 算法实现

```
steelCutting(n){
    income(0)=0;
```

```
    income(1)=p[1];
    for(j=2;j<n+1,j++)
        income(j)=max_{i=1,j}{p_i+Income(j-i)}
    return(income(n));
}
```

4.2.5 小结

钢条分割问题具有最优子结构和重叠子问题这两个性质，属于动态规划的范畴。最优子结构是指问题的最优解包含其子问题的最优解，它隐含问题最优解和子问题最优解之间的一种递推关系。它是动态规划的基础，保障了问题的最优解可以由子问题的最优解得到。对于重复出现的子问题，在第一次遇到时执行求解过程，然后把结果保存起来，从而避免重复计算，达到提高效率的目标。

4.3 矩阵连乘问题

4.3.1 问题描述

矩阵乘法是线性代数中一个比较重要的运算，在计算机中可以将多维数组抽象成矩阵模型，以矩阵模型来进行多维数组的运算。给定 n 个矩阵 $\boldsymbol{D}_1,\boldsymbol{D}_2,\cdots,\boldsymbol{D}_n$，其中，矩阵 $\boldsymbol{D}_i(i=1,2,\cdots,n)$的维数为 $p_i\times p_{i+1}$，即矩阵 $\boldsymbol{D}_1$ 的维数为 $p_1\times p_2$，矩阵 $\boldsymbol{D}_2$ 的维数为 $p_2\times p_3$，以此类推，矩阵 $\boldsymbol{D}_n$ 的维数为 $p_n\times p_{n+1}$。考虑这 n 个矩阵的连乘积 $\boldsymbol{D}_1\boldsymbol{D}_2\cdots\boldsymbol{D}_n$，假设 n 个矩阵连乘积的计算顺序确定，则可以按照顺序调用两个矩阵相乘的方法计算出 n 个矩阵的连乘积。矩阵连乘问题就是要确定一个矩阵连乘积的一种最优计算次序，使得按照这种最优计算次序来计算一个矩阵连乘积时，所需要的乘法次数最少。

4.3.2 问题分析

假如有三个矩阵 $\boldsymbol{D}_1,\boldsymbol{D}_2,\boldsymbol{D}_3$，这三个矩阵的维数分别为 $a\times b,b\times c,c\times d$。当计算次序为$(\boldsymbol{D}_1\boldsymbol{D}_2)\boldsymbol{D}_3$ 时，则需要的计算代价为 $abc+acd$；当计算次序为 $\boldsymbol{D}_1(\boldsymbol{D}_2\boldsymbol{D}_3)$时，则需要的计算代价为 $bcd+abd$。

可见，不同计算次序所需要的计算代价是不同的，接下来要优化的问题，就是如何调整计算次序使得整体计算代价最小。

4.3.3 问题求解

假设存在一个 k 使得 $\boldsymbol{D}[i:j]$在$(\boldsymbol{D}_i\cdots\boldsymbol{D}_k)(\boldsymbol{D}_{k+1}\cdots\boldsymbol{D}_j)$处截断时为最佳次序，使用一个二维数组 $m(i,j)$来保存矩阵连乘时所需要的最少乘法次数。

当 $i<j$ 时，由递推关系可得：

$$m(i,j)=\min_{i\leqslant k<j}\{m(i,k)+m(k+1,j)+p_i p_{k+1} p_{j+1}\} \tag{4-4}$$

当 $i=j$ 时，$m(i,j)=0$，则 $m(1,n)$是原问题的最少乘法次数。

如果直接用 $m(i,j)$的计算公式，进行递归计算需要耗费指数计算时间。用动态规划方法求解，可按照其递归式以自底向上的方式来计算。

首先计算 $j=i+1,i$ 属于 $i[1,\cdots,n-1]$：

$$m(i,i+1)=p_i p_{i+1} p_{i+2} \tag{4-5}$$

其次计算 $j=i+2,i$ 属于 $i[1,\cdots,n-2]$：

$$\begin{aligned} m(i,i+2) &= \min_{i\leqslant k<i+2}\{m(i,k)+m(k+1,i+2)+p_i p_{k+1} p_{i+3}\} \\ &= \min\{m(i,i)+m(i+1,i+2)+p_i p_{i+1} p_{i+3}, \\ &\quad m(i,i+1)+m(i+2,i+2)+p_i p_{i+2} p_{i+3}\} \\ &= \min\{p_{i+1} p_{i+2} p_{i+3}+p_i p_{i+1} p_{i+3}, p_i p_{i+1} p_{i+2}+p_i p_{i+2} p_{i+3}\} \end{aligned}$$

再次计算 $j=i+3,i$ 属于 $i[1,\cdots,n-3]$：

$$m(i,i+2)=\min_{i\leqslant k<i+3}\{m(i,k)+m(k+1,i+3)+p_i p_{k+1} p_{i+4}\}$$

…

最后计算 $m(i,i+n-1),i$ 等于 1：

$$m(1,n)=\min_{1\leqslant k<n}\{m(1,k)+m(k+1,n)+p_1 p_{k+1} p_{n+1}\} \tag{4-6}$$

4.3.4 算法实现

```
VoidMatrixMultipli(intn,int * p,int * * m,int * * D){
//动态规划算法求解 D1D2…Dn 所需的最少乘法次数
    for(int i=1;i<=n;i++)
        m[i][i]=0;
    for(int i=1;i<n;i++)
        m[i][i+1]=p[i] * p[i+1] * p[i+2];
    for(int r=3;r<=n;r++){                    //r 为矩阵连乘积中矩阵的个数
        for(int i=1;i<=n-r+1;i++){            //i 为长度为 r 的矩阵链中首矩阵编号
            int j=i+r-1;                      //j 为长度为 r 的矩阵链中尾矩阵编号
            a[i][j]=i;                        //使用 a 数组记录断开位置
            int min=-1;
            for(int k=i;k<j;k++){             //枚举断开位置 k
                int val=m[i][k]+m[k+1][j]+p[i] * p[k+1] * p[j+1];
                if((min==-1)&&(min>val)){
                min=val;
                a[i][j]=k;
            }
            m[i][j]=min;
        }
    }
}
```

4.3.5 复杂性分析

1. 时间复杂度

动态规划算法的计算量主要是由程序中的 for 循环得出。初始化 $m[i][i]$，时间复杂度为 n。

两个相邻矩阵相乘的时间复杂度为 $(n-1)p_i p_{i+1} p_{i+2}$。

求解程序中的循环有三重。

(1) 第一重,矩阵链长度 r 从 3 到 n,共 $n-2$ 次。

(2) 第二重,矩阵链首位置 i 从 1 到 $n-r+1$。

(3) 第三重,断开位置从 i 到 $i+r-2$。

因此,算法时间复杂度上界为 $O(n^3)$,基本运算为三个数连乘。

2. 空间复杂度

空间复杂度包括 $p[1,n+1]$存储矩阵维度;$m[1,n][1,n]$存储最优值;$a[1,n][1,n]$存储最佳断开位置,因此算法空间复杂度上界为 $O(n^2)$。

4.4　最长公共子序列问题

4.4.1　问题描述

定义:在一个给定序列中删去若干元素后得到的序列称为该序列的一个子序列。

换句话说,若给定序列 $X=(x_1,x_2,\cdots,x_m)$,则另一序列 $Z=(z_1,z_2,\cdots,z_k)$是 X 子序列的条件是存在严格递增下标序列$\{i_1,i_2,\cdots,i_k\}$使得对于所有 $j=1$ 到 k 有 $x_{i_j=z_j}$。例如:$X=(a,b,c,f,b,c)$,$Z=(a,b,f,c)$是序列 X 的一个子序列,Z 的元素在 X 中的下标序列为<1,2,4,6>。

定义:给定两个序列 $X=(x_1,x_2,\cdots,x_m)$,$Y=(y_1,y_2,\cdots,y_n)$,序列 Z 既是 X 的子序列又是 Y 的子序列,称序列 Z 是序列 X 和 Y 的公共子序列。

最长公共子序列问题是指,给定两个序列 $X=(x_1,x_2,\cdots,x_m)$,$Y=(y_1,y_2,\cdots,y_n)$,找出 X 和 Y 的最长公共子序列。

如图 4-2 所示,现给定字符串 1 为 ZYQXMJQ,字符串 2 为 TZYXYMD,求其最长公共子序列。

从图中看到了这两个字符串的最长公共子序列长度为 4,最长公共子序列是 ZYXM。

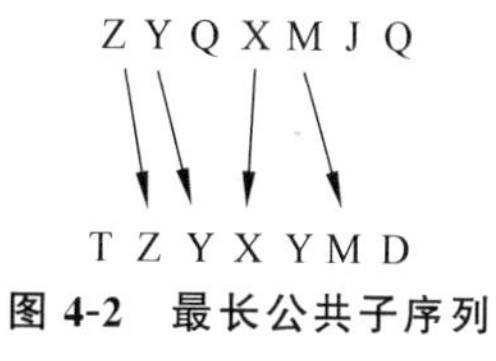

图 4-2　最长公共子序列

4.4.2　问题分析

最长公共子序列问题可以用穷举法进行求解。首先,穷举序列 X 的所有子序列,再按子序列长度由长到短的顺序,逐个检查是否为 Y 的子序列,直至找到一个子序列或者检查完所有子序列。序列 X 共有 2^m 个子序列,因此穷举法的时间复杂度是指数时间。

下面尝试用动态规划法求解该问题。

最优子结构性质

设 $X=(x_1,x_2,\cdots,x_m)$和 $Y=(y_1,y_2,\cdots,y_n)$是两个序列,我们将 X 和 Y 的最长公共子序列记为 LCS(X,Y)$=Z(z_1,z_2,\cdots,z_k)$,则我们的目标是找出 X 和 Y 中的最长公共子序列,即找出 LCS(X,Y)。从 X 的最后一个元素和 Y 的最后一个元素开始找。

(1) 若 $x_m=y_n$,则 $z_k=x_m=y_n$,说明这个元素一定在 LCS(X,Y)中。从序列 X 和序列 Y 中去掉元素 x_m 和 y_n 得到新的序列 $X_{m-1}=(x_1,x_2,\cdots,x_{m-1})$和 $Y_{n-1}=(y_1,y_2,\cdots,y_{n-1})$,则 LCS($X_{m-1}$,$Y_{n-1}$)$=\{z_1,z_2,\cdots,z_{k-1}\}$是序列 X_{m-1} 和序列 Y_{n-1} 的最长公共子

序列。

(2) $x_m \neq y_n$，且 $x_m \neq z_k$，则 $\text{LCS}(X_{m-1}, Y) = \{z_1, z_2, \cdots, z_k\}$ 是序列 X_{m-1} 和序列 Y 的最长公共子序列。

(3) $x_m \neq y_n$，且 $y_n \neq z_k$，则 $\text{LCS}(X, \text{LCS}(X, Y_{n-1}) = \{z_1, z_2, \cdots, z_k\}$ 是序列 X 和序列 Y_{n-1} 的最长公共子序列。

可用反证法证明(略)。

4.4.3 问题求解

引入中间变量 $C[i,j]$ 记录 X_i 和 Y_j 的最长公共子序列长度，其中，$X_i = (x_1, x_2, \cdots, x_i)$ 和 $Y_j = (y_1, y_2, \cdots, y_j)$，则：

$$c[i,j] = \begin{cases} 0 & i = 0, j = 0 \\ c[i-1, j-1] + 1 & i,j > 0; x_i = y_j \\ \max\{c[i][j-1], c[i-1], j\} & i,j > 0; x_i \neq y_j \end{cases} \tag{4-7}$$

求解过程如下。

首先求解 $c[1,1], c[1,2], \cdots, c[1,n]$。

其次求解 $c[2,1], c[2,2], \cdots, c[2,n]$。

求解 $c[3,1], c[3,2], \cdots, c[3,n]$。

……

求解 $c[m,n]$。

4.4.4 算法实现

```
LCS_LENGTH(X,Y){
    m =X.length;
    n =Y.length;
    let b[1..m,1..n] and c[0..m,0..n]be new tables
    for(i=1;i<=m;i++)
        c[i,0] =0;
    for(j=1;j<=n;j++)
        c[0,j] =0;
    for(i=1;i<=m;i++)
        for(j=1;j<=n;j++){
        if(x[i] ==y[i]){
            c[i,j] =c[i-1,j-1] +1
            b[i,j] ="\"
            }elseif(c[i-1,j] >=c[i,j-1]){
                c[i,j] =c[i-1,j];
                b[i,j] ="|";
            }else{
                c[i,j] =c[i,j-1]
                b[i,j] ="—"
            }
```

```
        }
    return c and b
}
```

其中，X、Y 为输入序列；c 存储中间计算结果，c[m,n]为最长公共子序列长度；b 用于构造最长公共子序列。

4.4.5　复杂性分析

1. 时间复杂度

算法共经过两重循环，次数分别为 m 和 n，因此时间复杂度为 $O(mn)$，可以看作 $O(n^2)$。

2. 空间复杂度

算法需要存储中间计算结果 c 和 b，空间复杂度也为 $O(n^2)$。

4.5　最优二叉树搜索问题

4.5.1　问题描述

在计算机科学中，二叉搜索树是重要的一种数据结构。对于一个给定的概率集合 M，希望能够构造一棵期望搜索代价最小的二叉搜索树 L，我们称 L 为集合 M 的最优二叉搜索树。

基于统计先验知识，可以统计出一个数表或集合中各元素的查找概率，即集合内各元素的出现频率。如中文输入法字库中各词条的先验概率，可以针对用户习惯自动调整词频，即动态调频、高频先现的原则，以减少用户翻查次数。

最优二叉搜索树的问题即为：给定一个集合 M，已知集合中每个元素的查找概率，构造一棵搜索树，使得平均键值比较次数最少。

4.5.2　问题分析

最优二叉搜索树问题可以描述为，对于有序集 M 及 M 的存取概率分布，在所有表示有序集 M 的二叉搜索树中找出一棵开销最小的二叉搜索树。

例如，分别以概率 0.1，0.2，0.4，0.3 来查找 4 个键 A、B、C、D。可构造如图 4-3 所示的搜索二叉树。

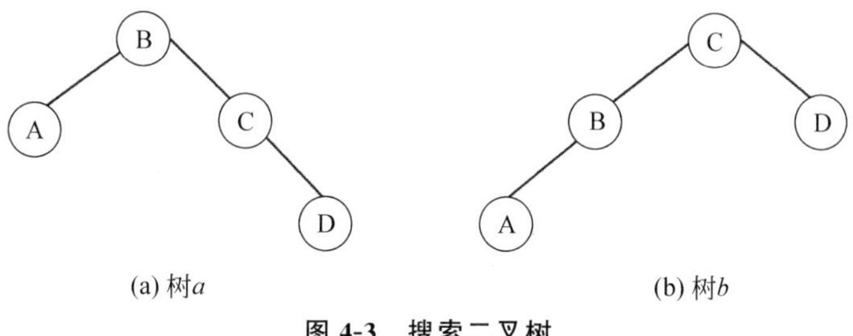

(a) 树a　　(b) 树b

图 4-3　搜索二叉树

对于树 a,平均键值比较次数为 $0.1\times2+0.2\times1+0.4\times2+0.3\times3=2.1$。

对于树 b,平均键值比较次数为 $0.1\times3+0.2\times2+0.4\times1+0.3\times2=1.4$。

对于包括 n 个键的二叉搜索树,其平均键值比较次数等于第 n 个卡塔兰数:

$$c(n)=\begin{cases}1 & n=0\\ \dfrac{1}{n+1}\dbinom{2n}{n} & n>0\end{cases} \tag{4-8}$$

$c(n)$以 $4^n/n^{1.5}$ 的速度逼近无穷大,所以通过穷举法查找最优二叉搜索树是不现实的。

4.5.3 问题求解

给定 n 个互异的键组成的序列 $A=\langle a,a_2,\cdots,a_n\rangle$,且关键字有序($a_1<a_2<\cdots<a_n$),需要根据这些关键字构造一棵二叉搜索树。对每个关键字 a_i,搜索的概率为 p_i。

设 T_i^j 是由键序列$\langle a_i,a_{i+1},\cdots,a_j\rangle$组成的最优二叉搜索树,$c(i,j)$是其最小平均搜索次数,则 T_i^j 存在树根结点 a_k,其中,$i\leqslant k\leqslant j$。a_k 的左子树为 T_i^{k-1},左子树为 T_{k+1}^j,当 $k=i$ 时只有右子树,当 $k=j$ 时只有左子树。容易证明,如果 T_i^j 是最优的,其左子树 T_i^{k-1} 和右子树 T_{k+1}^j 也是最优的,满足最优化原理。

动态规划方程为:

$$\begin{aligned}c(i,j)&=\min_{i\leqslant k\leqslant j}\left\{p_k\times1+\sum_{s=i}^{k-1}p_s\times(a_s\text{ 在 }T_i^{k-1}\text{ 中的层数}+1)+\right.\\&\qquad\left.\sum_{s=k+1}^{j}p_s\times(a_s\text{ 在 }T_{k+1}^{j}\text{ 中的层数}+1)\right\}\\&=\min_{i\leqslant k\leqslant j}\left\{p_k+\sum_{s=i}^{k-1}p_s\times a_s\text{ 在 }T_i^{k-1}\text{ 中的层数}+\sum_{s=i}^{k-1}p_s+\right.\\&\qquad\left.\sum_{s=k+1}^{j}p_s\times a_s\text{ 在 }T_{k+1}^{j}\text{ 中的层数}+\sum_{s=k+1}^{j}p_s\right\}\\&=\min_{i\leqslant k\leqslant j}\left\{\sum_{s=i}^{j}p_s+\sum_{s=i}^{k-1}p_s\times a_s\text{ 在 }T_i^{k-1}\text{ 中的层数}+\sum_{s=k+1}^{j}p_s\times a_s\text{ 在 }T_{k+1}^{j}\text{ 中的层数}\right\}\\&=\sum_{s=i}^{j}p_s+\min_{i\leqslant k\leqslant j}\{c(j,k-1)+c(k+1,j)\}\end{aligned} \tag{4-9}$$

当 $1\leqslant i\leqslant n+1$ 时,$c(i,i-1)=0$。

当 $1\leqslant i\leqslant n$ 时,$c(i,j)=p_i$,即此时二叉搜索树只有根结点 a_k。

4.5.4 算法实现

```
optimalBST(p[1..n]){
    for(i=1;i<=n;i++){
        c[i,i-1]=0;
        c[i,i]=p[i];
        r[i,i]=i;
    }
    C[n+1,n]=0;
    for(d=1;d<n;d++){
        for(i=1;i<=n-d;i++){
```

```
            j=i+d;
            min=-1;
            for(k=i;i<=j;k++){
                val=c[i,k-1]+c[k+1,j];
                if(min==-1) min=val;
                elseif(val<min){
                    min=val;
                    r[I,j]=k;
                }
            }
            sum=p[i];
            for(s=i+1;s<=j;s++) sum=sum+p[s];
        c[i,j]=sum+min;
        }
    }
    return c[1,n],r;
}
```

其中,$c[i,j]$存储中间计算结果,r 存储最优二叉搜索树结点信息,$c[1,n]$为最小平均搜索代价。

4.6 单源最短路径问题

4.6.1 问题描述

设 $G=(V,E)$是一个有向连通图,其中,$|V|=n$,$|E|=m$,V 有划分$\{V_1,V_2,\cdots,V_k\}$,这里 $V_1=\{s\}$,s 称为源点,$V_k=\{t\}$,t 称为终点,其中,$k\geqslant 2$。对于每条有向边$<u,v>\in E$ 都存在 $V_i\in V$,使得 $u\in V_i$ 和 $v\in V_{i+1}$,其中,$1\leqslant i\leqslant k$ 且每条边$<u,v>$均附有代价 $C(u,v)$,则称 G 是一个 k 级图,如图 4-4 所示。

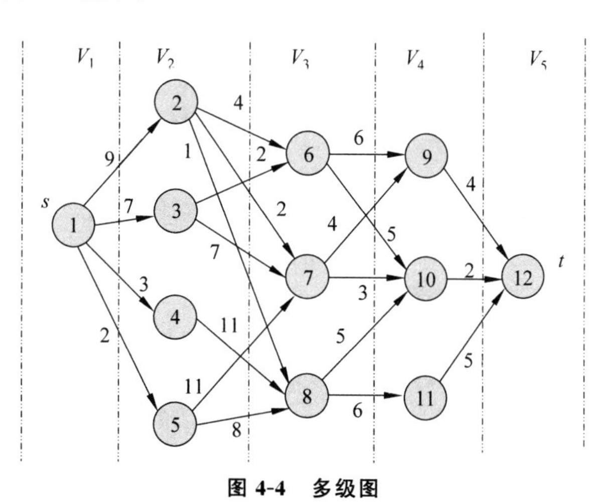

图 4-4 多级图

单源最短路径问题是在多级图 G 上找出一条从源点 s 到终点 t 的路径,使得该路径上的代价之和最小。

4.6.2 问题分析

在多级图 G 中，每个顶点子集 V_i 构成图中的一段。由于 E 的约束，每条从 s 到 t 的路径都是从第一段开始，然后顺次经过第 2 段，第 3 段，…，最后在第 k 段终止。对于每条从 s 到 t 的路径，可以把它看成在 $k-2$ 个阶段中做出的某个决策序列的相应结果。

假设 $\langle s,v_2,v_3,\cdots,v_{k-1},t\rangle$ 是一条从 s 到 t 的最短路径，还假定从源点 s（初始状态）开始，已做出了到结点 v_2 的决策（初始决策），因此 v_2 就是初始决策所产生的状态。如果把 v_2 看成是原问题的一个子问题的初始状态，解这个子问题就是找出一条由 v_2 到 t 的最短路径。这条路径显然是 $\langle v_2,v_3,\cdots,v_{k-1},t\rangle$，否则设 $\langle v_2,q_3,\cdots,q_{k-1},t\rangle$ 是一条由 v_2 到 t 的更短路径，则 $\langle s,v_2,q_3,\cdots,q_{k-1},t\rangle$ 是一条比路径 $\langle s,v_2,v_3,\cdots,v_{k-1},t\rangle$ 更短的由 s 到 t 的路径，与假设矛盾。因此单源最短路径问题满足最优化原理。

4.6.3 问题求解

现假设 $P(i,j)$ 是从顶点子集 V_i 中的点 v_j 到 t 的一条最短路径，如图 4-5 所示，设 cost(i,j) 是这条路线的耗费，则式(4-10)成立：

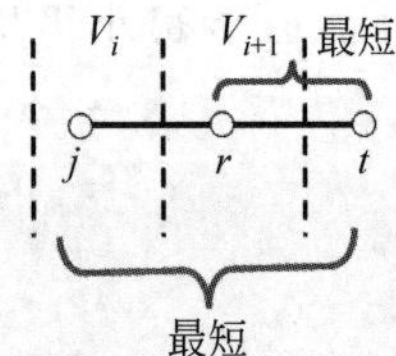

图 4-5 耗费计算

$$\text{cost}(i,j)=\min_{\substack{r\in V_{i+1}\\ \langle j,r\rangle\in E}}\{C(j,r)+\text{cost}(i+1,r)\} \tag{4-10}$$

该式即为本问题的动态规划方程，cost(1,1) 即为单源最短路径问题的解。

对于图 4-4 中的单源最短路径问题，首先求解 V_4 中结点到 t 的最短路径。

cost$(4,9)=C(9,12)=4$；路径是 9-t。

cost$(4,10)=C(10,12)=2$；路径是 10-t。

cost$(4,11)=C(11,12)=5$；路径是 11-t。

其次，求解 V_3 中结点到 t 的最短路径。

cost$(3,6)=\min\{C(6,9)+\text{cost}(4,9),C(6,10)+\text{cost}(4,10)\}=\min\{6+4,5+2\}=7$；

路径是 6-10-t。

cost$(3,7)=\min\{C(7,9)+\text{cost}(4,9),C(7,10)+\text{cost}(4,10)\}=\min\{4+4,3+2\}=5$；

路径是 7-10-t。

cost$(3,8)=\min\{C(8,10)+\text{cost}(4,10),C(8,11)+\text{cost}(4,11)\}=\min\{5+2,6+5\}=7$；

路径是 8-10-t。

接着求解 V_2 中结点到 t 的最短路径。

$$\begin{aligned}\text{cost}(2,2)&=\min\{C(2,6)+\text{cost}(3,6),C(2,7)+\text{cost}(3,7),C(2,8)+\text{cost}(3,8)\}\\&=\min\{4+7,2+5,1+7\}=7;\end{aligned}$$

路径是 2-7-10-t。

cost$(2,3)=\min\{C(3,6)+\text{cost}(3,6),C(3,7)+\text{cost}(3,7)\}=\min\{2+7,5+5\}=9$；

路径是 3-6-10-t。

cost$(2,4)=\min\{C(4,8)+\text{cost}(3,8)\}=11+7=18$；

路径是 4-8-10-t。

$\mathrm{cost}(2,5)=\min\{C(5,7)+\mathrm{cost}(3,7), C(3,8)+\mathrm{cost}(3,8)\}=\min\{11+5,8+7\}=15$；

路径是 5-8-10-t。

最后求解 cost(1,1)。

$$\mathrm{cost}(1,1)=\min\{C(1,2)+\mathrm{cost}(2,2), C(1,3)+\mathrm{cost}(2,3), C(1,4)+\mathrm{cost}(2,4), C(1,5)+\mathrm{cost}(2,5)\}$$
$$=\min\{9+7,7+9,3+18,2+15\}=16;$$

路径是 1-2-7-10-t 和 1-3-6-10-t。

4.6.4　算法实现

```
Procedure Fgraph{
    for i ←1 to n cost[i] ←0;
    for j =n-1 step - 1 to 1 do{
        找顶点 r,使<j,r>∈E,且 C(j,r)+cost[r]最小;
        cost[j]←C(j,r)+cost[r];
        D[j] ←r;
    }
    P[1] ←1 ; P[k] ←n;
    for j=2 to k-1 do P[j] ←D[P[j-1]]
}
```

4.7　资源分配问题

4.7.1　问题描述

资源分配问题是对一定数目的资源进行合理分配后能够得到最大价值的问题。

例如，假设资源总数为 a，有 n 项工程，已知每项获资源后获利情况，求最佳的资源分配方案，使这些工程获得的总利润最大。

已知各项工程获得资源后的利润表。例如，第 i 个工程获得资源 x 后的利润为 $G_i(x)$，$G_i(x)$一般不是 x 的线性函数。

4.7.2　问题分析

通过问题描述可知，第 i 个工程获得资源 x 后的利润为 $G_i(x)$，$(1\leqslant x\leqslant n)$。假设 $G_i(x)$ 非负，即各项工程在获得资源后利润非负，且递增，则问题是给出 a 的一个划分 $x_1,x_2,\cdots,x_n$，使 $x_1+x_2+\cdots+x_n=a$，且 $G_1(x_1),G_2(x_2),\cdots,G_n(x_n)$最大。

4.7.3　问题求解

定义 $f_i(x)$是对前 i 个工程投资 x 时获得的最大利润，则存在：

$$f_i(x)=\max_{0\leqslant x_i\leqslant x\leqslant a}\{G_i(x_i)+f_{i-1}(x-x_i)\} \tag{4-11}$$

则 $f_n(a)$是问题的解。

例如，投资 6 万元，拟投产某工厂的 A、B、C 三种产品，其利润如表 4-2 所示，求最佳投资方案。

表 4-2 投资收益表

x	0	1	2	3	4	5	6
$G_A(x)$	0	1.2	1.5	1.85	2.4	2.8	3.3
$G_B(x)$	0	1.8	2.0	2.25	2.4	2.5	2.6
$G_C(x)$	0	1.3	1.9	2.2	2.45	2.7	3.0

首先,只投 A 产品,最大利润为:

$$f_i(x)=G_A(x) \tag{4-12}$$

$f_1(x)$最大利润如表 4-3 所示。

表 4-3 $f_1(x)$最大利润表

x	0	1	2	3	4	5	6
$f_1(x)$	0	1.2	1.5	1.85	2.4	2.8	3.3

其次,投资 A,B 两种产品情况下的最大利润 $f_2(x)$:

$$f_2(x)=\max_{0\leqslant x_2\leqslant x\leqslant a}\{G_B(x_2)+f_1(x-x_2)\} \tag{4-13}$$

当 $x=0$ 时,x_2 取值只能为 0:

$$f_2(0)=0$$

当 $x=1$ 时,x_2 可能的取值为 0 和 1:

$$f_2(1)=\max\{G_B(0)+f_1(1),G_B(1)+f_1(0)\}=\max\{1.8,1.2\}=1.8$$

当 $x=2$ 时,x_2 可能的取值为 0,1,2:

$$\begin{aligned}f_2(1)&=\max\{G_B(0)+f_1(2),G_B(1)+f_1(1),G_B(2)+f_1(0)\}\\&=\max\{1.5,3,2\}=3\end{aligned}$$

同理,可求出 $x=3,4,5$ 时,$f_2(x)$的利润,得到如表 4-4 所示利润表。

表 4-4 $f_2(x)$最大利润表

x	0	1	2	3	4	5	6
$f_2(x)$	0	1.8	3	3.3	3.65	4.2	4.6

最后,投资 A,B,C 三种产品情况下的最大利润 $f_3(a)$:

$$\begin{aligned}f_3(a)&=\max_{0\leqslant x_3\leqslant a}\{G_c(x_3)+f_2(a-x_3)\}\\&=\max\{G_3(0)+f_2(6),G_3(1)+f_2(5),G_3(2)+f_2(4),G_3(3)+f_2(3),\\&\quad G_3(4)+f_2(2),G_3(5)+f_2(1),G_3(6)+f_2(0)\}\\&=\max\{0+4.6,1.3+4.2,1.9+3.65,2.2+3.3,2.45+3,2.7+1.8,3.0+0\}\\&=\max\{4.6,5.5,5.55,5.5,5.45,5.5,3\}\\&=5.55\end{aligned}$$

对应的投资策略是:A 产品投资 3,B 产品投资 1,C 产品投资 2。

4.7.4　算法实现

```
Allocation (p[1..n][0..a],award[1..n][0..a]){
    for(j=0;j<=a;j++)
        award[1][j]=p[1][j];
    for(i=2;i<n;i++){
        for(j=0;j<=a;j++){
            max=0;
            for(k=0;k<=j;k++){
                val=p[i][k]+award[i-1][j-k];
                if(val>max) max=val;
            }
            Award[i][j]=max;
        }
    }
    Award[n][a]=0;
    for(k=0;k<=a;k++){
        val=p[n][k]+award[n-1][a-k];
        if(val>Award[n][a]) Award[n][a]=val;
    }
    return Award[n][a];
}
```

4.8　多重配置系统可靠性问题

4.8.1　问题描述

假定设计一个系统，该系统由若干个以串联方式连接在一起的不同设备组成，如图4-6所示。设 r_i 是设备 D_i 正常运转的概率，即可靠性，则整个系统的可靠性是 $\prod r_i$。

例如，若 $n=10, r_i=0.99, i=1,2,\cdots,10$，则系统可靠性 $\prod r_i=0.99^{10}=0.904$。

为了提高系统可靠性，可在一些环节增减冗余部件，当一个部件发生故障时，该部件的冗余部件继续工作，以支撑整个系统的运转，如图4-7所示。

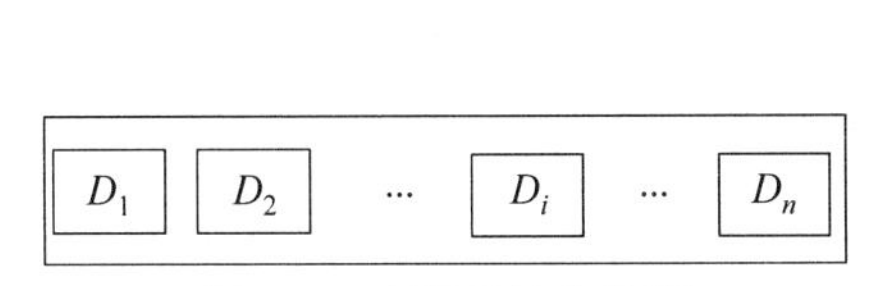

图4-6　串联系统构造图

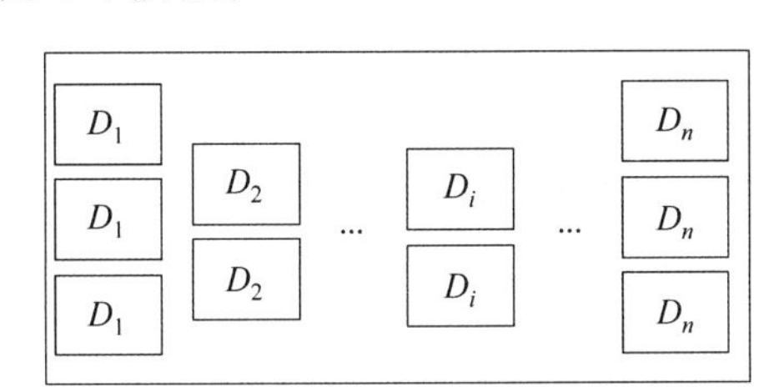

图4-7　多部件冗余系统构造图

当一个系统中的部件拥有多个冗余部件时，其各环节的可靠性为：

$$r'_i=1-(1-r_i)^{m_i} \tag{4-14}$$

其中，m_i 是部件 i 的个数，$m_i \geqslant 1$。

例如，如果 $r_i=0.9, m_i=2$，则该级系统的可靠性就是 $1-(1-0.9)^2=0.99$。

多重配置系统的可靠性问题是指：设一个大型系统由 n 个部件组成($D_1,D_2,\cdots,D_n$)，每个部件 D_i 的可靠性为 r_i，造价为 c_i。整个系统的造价为 $\sum_{i=1}^{n} c_i$，可靠性为 $\prod_{i=1}^{n} r_i$。在不超过总造价 C 的情况下，如何配置系统，整个系统的可靠性最高？

4.8.2 问题分析

若部件 i 只有一个，则该部件的可靠性为 r_i，若部件 i 有 m_i 个，则该部件的可靠性为 $1-(1-r_i)^{m_i}$，令：

$$\Phi_i(m_i)=1-(1-r_i)^{m_i} \tag{4-15}$$

则多重配置系统的可靠性为：$\prod_{1\leqslant i\leqslant n} \Phi_i(m_i)$，其中，$m_i$ 为第 i 级部件配置数量，其值大于或等于 1。

假设系统的总造价不超过 C，系统的可靠性问题就是找出一个适当的 $m_1,m_2,\cdots,m_n$，在系统总造价 $\sum_{i=1}^{n} c_i m_i$ 不超过 C 的情况下，使得 $\prod_{1\leqslant i\leqslant n} \Phi(m_i)$ 最高。

由于系统中每个部件至少有一个，用 u_i 表示第 i 级部件数量的上限。

$$u_i=\left[\left(C-\left(\sum_{j=1}^{n} c_j-c_i\right)\right)/c_i\right],\quad 其中,1\leqslant m_i\leqslant u_i,1\leqslant i\leqslant n \tag{4-16}$$

4.8.3 问题求解

设 $f_i(x)$ 表示前 i 级部件造价不超过 x 的最高可靠性，假设第 i 级部件 D_i 使用了 m_i 个，则对前 $i-1$ 级部件，在总造价不超过 $x-m_i c_i$ 的情况下一定能获得最高可靠性，符合最优化原理，即：

$$\begin{cases} f_i(x)=\max\limits_{1\leqslant m_i\leqslant u_i}\{\Phi_i(m_i)\times f_{i-1}(x-c_i m_i)\} \\ f_0(x)=1 \end{cases} \tag{4-17}$$

用一个二元组(f,x)来表示 $f=f_i(x)$，用集合 $S_{i,j}$ 表示由(f,x)组成的集合，其中，i 表示前 i 级部件，j 表示第 i 级部件 D_i 的个数，即第 i 级配置了 j 个部件时前 i 级子系统的可靠性。

(1) $S_0=\{(1,0)\}$。

(2) 计算 $S_{i,1},S_{i,2},\cdots,S_{i,u_i}$。

方法：对于 S_{i-1} 中的每一个(f,x)，有$(f\times\Phi_i(j),x+j\times c_i)\in S_{i,j}$。

(3) 淘汰 $S_{i,j}$ 中不可能达到最优的局部解，若同时存在(f_1,x_1)和(f_2,x_2)，且 $f_1\leqslant f_2$，$x_1\geqslant x_2$ 则淘汰(f_1,x_1)，把剩余的 $S_{i,j}$ 中的所有二元组送到 S_i 中。

(4) 重复(2)和(3)。

(5) 从中找到最佳方案。

例如，一个由三个部件组成的三级系统，部件的价值分别是 3000 元、1500 元、2000 元，可靠性分别为 0.9、0.8、0.5，系统总造价不能超过 10 500 元。

根据问题描述，定义：

$$c_1=3000 \quad c_2=1500 \quad c_3=2000$$
$$r_1=0.9 \quad r_2=0.8 \quad r_3=0.5$$

计算得出每个部件数量的上限是：

$$u_1=2 \quad u_2=3 \quad u_3=3$$

首先，设：

$S_0=\{(1,0)\}$，表示系统没有部件，可靠性为 1，造价为 0。

其次，求只有第 1 级部件时系统的可靠性：

$S_{1,1}=\{(0.9,3000)\}$，表示第 1 级部件配置 1 个，可靠性为 0.9，造价为 3000。

$S_{1,2}=\{(0.99,6000)\}$，表示第 1 级部件配置 2 个，可靠性为 0.99，造价为 6000。

$$S_1=\{S_{1,1},S_{1,2}\}=\{(0.9,3000),(0.99,6000)\}$$

再次，求只有前两级部件时系统的可靠性：

$S_{2,1}=\{(0.9\times0.8,3000+1500),(0.99\times0.8,6000+1500)\}$

$=\{(0.72,4500),(0.792,7500)\}$，第 2 级部件数为 1，第 1 级部件数可为 1 或 2。

$S_{2,2}=\{(0.9\times0.96,3000+3000)\}=\{(0.864,6000)\}$，第 2 级部件数为 2，受总造价 C 的约束，第 1 级部件数只能为 1。

$S_{2,3}=\{(0.9\times0.992,3000+4500)\}=\{(0.8928,7500)\}$，第 2 级部件数为 3，受总造价 C 的约束，第 1 级部件数只能为 1。

淘汰造价高、可靠性低的方案(0.792,7500)(其造价高于 $S_{2,2}$，可靠性低于 $S_{2,2}$)。

$$S_2=\{(0.72,4500),(0.864,6000),(0.8928,7500)\}$$

最后计算有前三级部件时系统的可靠性：

$S_{3,1}=\{(0.72\times0.5,4500+2000),(0.864\times0.5,6000+2000),(0.8928\times0.5,7500+2000)\}$

$=\{(0.36,6500),(0.432,8000),(0.4464,9500)\}$

$S_{3,2}=\{(0.72\times0.75,4500+4000),(0.864\times0.75,6000+4000)\}$

$=\{(0.54,8500),(0.648,10\,000)\}$

$S_{3,3}=\{(0.72\times0.875,4500+6000)\}=\{(0.63,10\,500)\}$

最优可靠性为 0.648，对应的总造价为 10 000，配置方案为：$m_1=1,m_2=2,m_3=2$。

4.8.4　算法实现

```
reliability(r[1..n],c[1..n],total){
    sum=0;
    for(i=1;i<=n;i++)
        sum=sum+c[i];
    for(i=1;i<=n;i++)
        u[i]=(total-sum)/c[i]+1;
    在 s[0]中插入元素(1,0);
    restCost=sum;
    for(i=1;i<n;i++){
        restCost=restCost-c[i];        //记录后续级别部件数量为 1 时的造价
        for(j=1;j<=u[i];j++){
            for(pair in s[i-1]){
                relia=(1-(1-r[i]^j) * pair.relia;
                cost=c[i] * j+pair.cost;
                if(cost+restCost>total)
```

```
            //剩余费用不够后续部件至少为1的造价
            break;
          在 s[i]中插入元素(relia,cost);
        }
      }
      删除 s[i]中可靠性低,造价高的结点;
    }
    返回 s[n]中可靠性最高的结点;
}
```

4.9 货郎担问题

4.9.1 问题描述

设有 n 个城市,已知任意两城市间距离,现有一推销员想从某一城市出发巡回经过每一城市(且每个城市只经过一次),最后又回到出发点,问如何找到一条最短路径?

4.9.2 问题分析

形式化表示:图 $G=(V,E)$是一个有向图,图中有 n 个顶点代表 n 个城市,图中的有向边代表从一个城市到另外一个城市的距离,示例如图 4-8 所示。

用邻接矩阵 $\boldsymbol{C}$ 表示图中各条边的代价,如果图 G 中没有边(i,j),则 $c_{ij}=\infty$,且定义 $c_{ii}=\infty$。图 4-8 的邻接矩阵如图 4-9 所示。

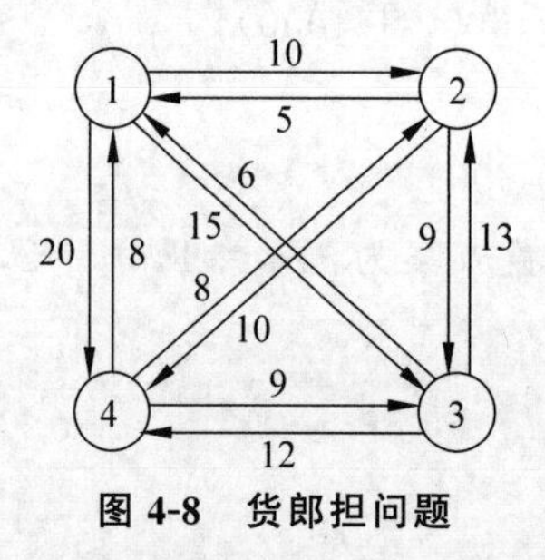

图 4-8 货郎担问题

$$
\begin{array}{c}
 \\ V_1 \\ V_2 \\ V_3 \\ V_4
\end{array}
\begin{array}{c}
\begin{array}{cccc} V_1 & V_2 & V_3 & V_4 \end{array} \\
\left[\begin{array}{cccc}
\infty & 10 & 15 & 20 \\
5 & \infty & 9 & 10 \\
6 & 13 & \infty & 12 \\
8 & 8 & 9 & \infty
\end{array}\right]
\end{array}
$$

图 4-9 邻接矩阵

不失一般性,考虑以结点 1 为起点和终点的一条哈密顿回路。每一条这样的路线都由一条边＜1,k＞和一条由结点 k 到结点 1 的路径组成,其中,$k\in V-\{1\}$,而这条由结点 k 到结点 1 的路径通过 $V-\{1,k\}$的每个结点各一次。如果这条周游路线是最优的,则这条由结点 k 到结点 1 的路径必定是通过 $V-\{1,k\}$的每个结点各一次的由 k 到 1 的最短路径。因此问题满足最优化原理。

4.9.3 问题求解

设 $T(i,S)$是由结点 i 出发,经过结点集 S 中每个结点各一次并回到初始结点 1 的一条最短路径长度。则:

$$T(i,S)=\min_{j\in S,i\notin s}\{d_{i,j}+T(j,S-\{j\})\},\quad \text{当}\ S\ \text{中有多于一个元素时。}$$

$$T(i,S)=d_{i,1},\quad \text{当} S \text{为空时。}$$

因此，$T(1,V-\{1\})$就是一条最优的周游路线长度。

$$T(1,V-\{1\})=\min_{2\leqslant j\leqslant n}\{d_{1,j}+T(j,V-\{1,j\})\} \tag{4-18}$$

例如，求解如图 4-10 所示的由 4 个结点组成的货郎担问题。

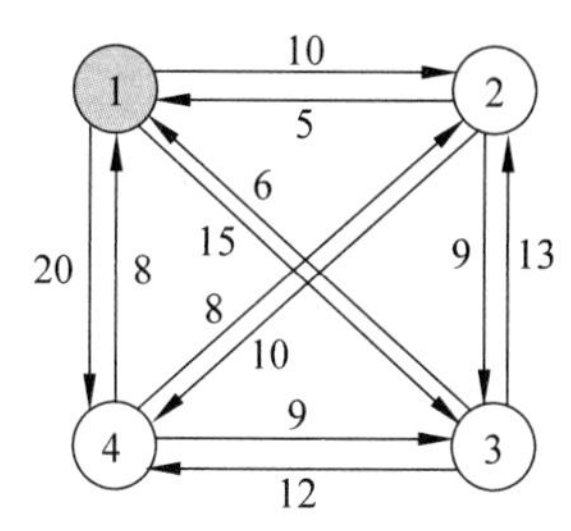

图 4-10　货郎担问题案例

求解过程如下。

阶段 1：

$S=\varnothing,\quad |S|=0$ 时：

$T(2,\varnothing)=d_{2,1}=5$

$T(3,\varnothing)=d_{3,1}=6$

$T(4,\varnothing)=d_{4,1}=8$

阶段 2：

$|S|=1$ 时：

$S=\{2\}$ 时，　$T(3,\{2\})=d_{3,2}+T(2,\phi)=13+5=18$

$T(4,\{2\})=d_{4,2}+T(2,\phi)=8+5=13$

$S=\{3\}$ 时，　$T(2,\{3\})=d_{2,3}+T(3,\phi)=9+6=15$

$T(4,\{3\})=d_{4,3}+T(3,\phi)=9+6=15$

$S=\{4\}$ 时，　$T(2,\{4\})=d_{2,4}+T(4,\phi)=10+8=18$

$T(3,\{4\})=d_{3,4}+T(4,\phi)=12+8=20$

阶段 3：$|S|=2$ 时：

$S=\{2,3\}$ 时，　$T(4,\{2,3\})=\min\{d_{4,2}+T(2,\{3\}),d_{4,3}+T(3,\{2\})\}=\min\{23,27\}=23$

$S=\{2,4\}$ 时，　$T(3,\{2,4\})=\min\{d_{3,2}+T(3,\{4\}),d_{3,4}+T(4,\{2\})\}=\min\{33,25\}=25$

$S=\{3,4\}$ 时，　$T(2,\{3,4\})=\min\{d_{2,3}+T(3,\{4\}),d_{2,4}+T(4,\{3\})\}=\min\{29,25\}=25$

阶段 4：$|S|=3$ 时：

$S=\{2,3,4\}$ 时，　$T(1,\{2,3,4\})=\min\{d_{1,2}+T(2,\{3,4\}),d_{1,3}+T(3,\{2,4\}),d_{1,4}+T(4,\{2,3\})\}=\min\{35,40,43\}=35$

对应的路径是$<1,2,4,3,1>$。

4.9.4　算法实现

```
tsp (d[1..n][1..n]){
    for(i=1;i<=n;i++){
        key=pair(i,ϕ)
        value=d[i][1];
        array.add(key,value);
    }
    for(i=1;i<n;i++){                //集合 s 中元素个数
        for(j=2;j<=n;j++){           //起始结点号
            foreach(s 含有 i 个结点,且不含 1 和 j){
                key=pair(j,s);
```

```
                value=min(d[j][s[1]]+array.get(pair(s[1],s-{s[1]}),…,
                    d[j][s[i]]+array.get(pair(s[i],s-{s[i]}));
                array.add(key,value);
            }
        }
    }
    s=除去结点1之外所有结点的集合;
    return min(d[1][s[1]]+array.get(pair(s[1],s-{s[1]}),…,
            d[1][s[n-]]+array.get(pair(s[i],s-{s[n-1]}));
}
```

4.9.5 复杂性分析

利用动态规划的方法解决货郎担问题，其时间复杂度计算如下。

第一阶段 S 为空，可从除去结点1之外的任一结点出发，直达目标结点1，共有 $n-1$ 个值需要计算。

$$n-1=(n-1)\times 1=(n-1)C_{n-2}^{0}$$

第二阶段 $|S|=1$，可从除去结点1之外的任一结点出发，经过中间一个城市，经过的城市不能为出发城市和目标城市1，则需要计算的值有：

$$(n-1)C_{n-2}^{1}$$

$$\cdots$$

第 k 阶段 $|S|=4$，可从除去结点1之外的任一结点出发，经过中间 k 个城市，经过的城市不能为出发城市和目标城市1，则需要计算的值有：

$$(n-1)C_{n-2}^{k}$$

所以，用动态规划法求解货郎担问题需要计算：

$$\sum_{k=1}^{n-1}(n-1)C_{n-2}^{n-k-1}=\sum_{k=0}^{n-2}(n-1)C_{n-2}^{k}=(n-1)\times 2^{n-2} \tag{4-19}$$

而计算每个 $T(i,S)$ 最多需要 $O(n)$ 次比较，因此，动态规划法求解货郎担问题的计算复杂度为 $O(n^2 2^n)$。

如果将每个 $T(i,S)$ 都保存起来，需要的存储空间是 $O(n\cdot 2^n)$。

4.10 流水作业车间调度问题

4.10.1 问题描述

1945年，Johnson提出了流水作业车间调度问题：有 n 个作业，每个作业 i 均被分解为 m 项任务 $(T_{i1},T_{i2},\cdots,T_{im})(1\leqslant i\leqslant n)$，要把这些任务安排到 m 台机器上进行加工，每个作业 i 的第 j 项任务 $T_{ij}(1\leqslant j\leqslant m)$ 只能安排在机器 P_j 上，并且作业 i 的第 j 项任务 T_{ij} 的开始加工时间均安排在第 $j-1$ 项任务加工完毕之后。若任务 T_{ij} 在机器 P_j 上进行加工需要的时间为 t_{ij}，最优流水作业调度就要求确定一种安排任务的方法，使得完成这 n 个作业的加工时间为最少。

当机器数 $m\geqslant 3$ 时，流水作业车间调度问题是一个NP难问题，即求解时间形成指数型困难，该问题至少在目前没有可能找到多项式时间的算法，只有当 $m=2$ 时，该问题有多项式时间的算法。

4.10.2　问题分析

使用动态规划算法，第一步就是要刻画其最优子结构，然后使用子问题的最优解来构造原问题的最优解。

设 $N=\{1,2,\cdots,n\}$ 表示 n 个任务的集合，P 表示给定的 n 个任务的最优加工顺序，$P(i)$ 表示该方案中第 i 个要加工的任务（$1\leqslant i\leqslant n$），$T(S,t)$ 表示集合 S 中的第一个任务开始在机器 M1 上加工，到最后一个任务在机器 M2 上加工结束时所耗的时间。

初始状态：第一台机器 M1 开始加工 P 中的第一个任务 $P(1)$，此时第二台机器 M2 空闲。

经过 $t_{1P(1)}$ 时间后，即 $P(1)$ 任务在 M1 上加工完毕后，进入一个新的状态：M1 在加工集合 $N-\{P(1)\}$ 中的任务 $P(2)$、M2 在加工 $P(1)$。此时，M2 需要经过 $t_{2P(2)}$ 时间后才能空闲下来。

以上两种状态可以表示为更一般的状态：当 M1 在加工集合 S 中的任务 i 时，M2 需要经过时间 $t(t\geqslant 0)$ 后才能空闲下来。在这种状态下，M2 加工完成集合 $S-\{i\}$ 中的任务所用时间为 $T(S-\{i\},t')$，其中，$t'=t_{2i}+\max(0,t-t_{1i})$。

有 $T(S,t)=t_{1i}+T(S-\{i\},t_{2i}+\max\{t-t_{1i},0\})$，若 $T(S,t)$ 取最小值，则 $T(S-\{i\},t_{2i}+\max\{t-t_{1i},0\})$ 也一定取最小值。

4.10.3　问题求解

根据上述分析可得如下动态规划方程。

$$T(S,t)=\min_{i\in S}\{t_{1i}+T(S-\{i\},t_{2i}+\max\{t-t_{1i},0\})\} \tag{4-20}$$

$$T(N,0)=\min_{i\in N}\{t_{1i}+T(N-\{i\},t_{2i})\}$$

$T(N,0)$ 即为问题的解。

Johnson 法则：

假设在集合 S 的 $n!$ 种加工顺序中，最优方案 P 必为以下两种方案之一。

方案一：先加工任务 i，再加工任务 j，其他任务的加工顺序已为最优顺序。

方案二：先加工任务 j，再加工任务 i，其他任务的加工顺序已为最优顺序。

以上两种方案的区别仅仅是任务 i 和 j 的加工顺序不同，其他均相同。最优方案为两个方案中加工时间较短的一个。

方案一的加工时间：

$$\begin{aligned}T(S,t)&=t_{1i}+T(S-\{i\},t_{2i}+\max\{t-t_{1i},0\})\\&=t_{1i}+t_{1j}+T(S-\{i,j\},t_{2j}+\max\{t_{2i}+\max\{t-t_{1i},0\}-t_{1j},0\})\end{aligned}$$

令
$$\begin{aligned}t_{ij}&=t_{2j}+\max\{t_{2i}+\max\{t-t_{1i},0\}-t_{1j},0\}\\&=t_{2j}+t_{2i}-t_{1j}+\max\{\max\{t-t_{1i},0\},t_{1j}-t_{2i}\}\\&=t_{2j}+t_{2i}-t_{1j}+\max\{t-t_{1i},0,t_{1j}-t_{2i}\}\\&=t_{2j}+t_{2i}-t_{1j}+t_{1j}+\max\{t-t_{1i}-t_{1j},-t_{1j},-t_{2i}\}\end{aligned}$$

$$=t_{2j}+t_{2i}+\max\{t-t_{1i}-t_{1j},-t_{1j},-t_{2i}\}$$

方案二的加工时间：

$$T'(S,t)=t_{1j}+T'(S-\{j\},t_{2j}+\max\{t-t_{1j},0\})$$
$$=t_{1i}+t_{1j}+T'(S-\{i,j\},t_{2i}+\max\{t_{2j}+\max\{t-t_{1j},0\}-t_{1i},0\})$$

同理可得：

$$t_{ji}=t_{2i}+\max\{t_{2j}+\max\{t-t_{1j},0\}-t_{1i},0\}$$
$$=t_{2j}+t_{2i}+\max\{t-t_{1i}-t_{1j},-t_{1i},-t_{2j}\}$$

对比两个方案的加工时间可知，若 $\max\{t-t_{1i}-t_{1j},-t_{1j},-t_{2i}\}>\max\{t-t_{1i}-t_{1j},-t_{1i},-t_{2j}\}$，则 $t_{ij}>t_{ji}$，$T(S,t)>T'(S,t)$；反之，$t_{ij}\leqslant t_{ji}$，$T(S,t)\leqslant T'(S,t)$。因此，如果方案一比方案二优，则：

$$\max\{t-t_{1i}-t_{1j},-t_{1j},-t_{2i}\}\leqslant\max\{t-t_{1i}-t_{1j},-t_{1i},-t_{2j}\}$$

两边同乘以-1，得：

$$\min\{t_{1i}+t_{1j}-t,t_{1j},t_{2i}\}\geqslant\min\{t_{1i}+t_{1j}-t,t_{1i},t_{2j}\}$$

由此式可得，方案一不比方案二坏的充分必要条件是：

$$\min\{t_{1j},t_{2i}\}\geqslant\min\{t_{1i},t_{2j}\}$$

由此可以得出结论：对加工顺序中的两个加工任务 i 和 j，如果它们在两台机器上的处理时间满足 $\min\{t_{1j},t_{2i}\}\geqslant\min\{t_{1i},t_{2j}\}$，则任务 i 先加工，任务 j 后加工的加工顺序更优；反之，任务 j 先加工，任务 i 后加工的加工顺序更优。

如果加工任务 i 和 j 满足 $\min\{t_{1j},t_{2i}\}\geqslant\min\{t_{1i},t_{2j}\}$不等式，则称加工任务 i 和 j 满足 Johnson 法则。设最优加工顺序为 P，则 P 的任意相邻的两个加工任务 $P(i)$和 $P(i+1)$满足 $\min\{t_{1P(i+1)},t_{2P(j)}\}\geqslant\min\{t_{1P(j)},t_{2P(i+1)}\}$，$1\leqslant i\leqslant n-1$。进一步可以证明，最优加工顺序为对第 i 个和第 j 个要加工的任务，如果 $i<j$，则 $\min\{t_{1P(j)},t_{2P(i)}\}\geqslant\min\{t_{1P(i)},t_{2P(j)}\}$。即：满足 Johnson 法则的加工顺序方案为最优方案。

4.10.4 算法实现

由 Johnson 法则可得：

(1) 在第一台机器 M1 上的加工时间越短的工件越先加工。

(2) 满足在 M1 上的加工时间小于在第二台机器 M2 上的加工时间的工件先加工。

(3) 在 M2 上的加工时间越短的工件越后加工。

最终算法如下。

(1) 令 $N1=\{i\mid t_{1i}<t_{2i}\}$，$N2=\{i\mid t_{1i}\geqslant t_{2i}\}$。

(2) 将 N1 中工件按 t_{1i} 非减序排序，将 N2 中工件按 t_{2i} 非增序排序。

(3) N1 中工件接 N2 中工件，即 N1N2 就是所求的最优加工顺序。

第5章 贪心算法

5.1 概　　念

贪心算法与一般算法的不同之处在于它可以快速解决特定问题。贪心算法总是基于当前情况，不考虑整体最优解，只考虑下一步的最优解。所以贪心算法在解决问题时，总是自上而下、逐步迭代，每做一次贪心选择后，问题规模就会变小，直到问题的规模达到显而易见的程度。

虽然每一次贪心选择都能使局部达到最优，但由此产生的全局解决方案并不一定是全局的最优解。但是有时候可以通过各种方法来证明该贪心策略可以达到全局最优，或者达到近似的全局最优。贪心算法的核心问题是选择可以为问题生成最佳解决方案的最佳度量或特定的贪心策略。

5.1.1 贪心算法的基本要素

1. 贪心选择

贪心选择性质，是指通过一系列局部最优选择或贪心选择，可以得到一个问题的整体最优解。这是贪心算法可行的第一个基本要素。在贪心算法中，仅在当前状态下做出最好选择，即局部最优选择。然后再解出这个选择后产生的相应的子问题。贪心算法通常以自顶而下的方式进行，以迭代的方式做出相应的贪心选择，每做一次贪心选择就将所求问题简化为规模更小的子问题。

2. 最优子结构

当一个问题的最优解包含其子问题的最优解时，称此问题具有最优子结构性质。运用贪心策略在每一次转换时都取得了最优解。

5.1.2 贪心算法的基本思想

用局部解构造全局解，即从问题的某一个局部开始求解并向着总目标进行，以尽可能快地求得更好的解。当某个算法中的某一步不能再继续前进时，算法停止。贪心算法思想的本质就是分治，或者说，分治是贪心的基础。每次都形成局部最优解，即每次都处理出一个最好的方案。

5.1.3 贪心算法的实现过程

从问题的某一初始解出发，循环找到能朝给定总目标前进一步的可行解的一个最优解元素，直到达到总目标。由所有解元素构成的集合就是贪心算法的一个可行解。

5.1.4 适用条件

贪心算法的最终目的不是得到总问题的最优解，但对于某些问题，也可以总能求得整体的最优解，这需要解决特定条件的问题，因此贪心算法不一定能找到解决总问题的最优解。

只要能满足贪心算法的两个性质：贪心选择性质和最优子结构性质，贪心算法就可以求出问题的整体最优解。即使对于某些问题，贪心算法不能求得整体的最优解，也能求出近似整体最优解，如果对结果要求并不高时，贪心算法是一个很好的选择。

5.2 背包问题

5.2.1 问题描述

假设有一个最多能装 M kg 的背包，现在有 n 种物品，每件的重量分别是 $W_1,W_2,\cdots,W_n$，每件物品的价值分别为 $C_1,C_2,\cdots,C_n$，需要将物品放入背包中，要怎样放才能保证背包中物品的总价值最大。即背包问题如何选择装入背包的物品，使得装入背包的物品的总价值最大？但要注意在该背包问题中可以将物品的一部分装入背包。

问题分析如下。

首先对问题进行形式化表示。这里背包容量 $M>0$，每个物品重量 $W_i>0$，物品价值 $C_i>0$。要找出一个 n 元向量$(x_1,x_2,\cdots,x_n)$，其中，x_i 是物品 i 装入背包中的百分比，$0\leqslant x_i\leqslant 1,1\leqslant i\leqslant n$，要求：

$$\sum_{i=1}^{n} W_i x_i \leqslant M \tag{5-1}$$

求解目标是：

$$C=\sum_{i=1}^{n} C_i x_i \text{ 最大}$$

如果背包容量大于或等于要装入物品的总量，即 $\sum_{i=1}^{n} W_i \leqslant M$，则将所有物品全部装入背包中为最优解，这时：

$$x_i=1,\quad 1\leqslant i\leqslant n$$

最优值为：

$$C=\sum_{i=1}^{n} C_i \tag{5-2}$$

5.2.2 问题求解

用贪心算法解决背包问题的核心是如何选择贪心策略。下面以一个例子分析贪心策略的选择，考虑以下背包问题。

$$M=20,n=3$$
$$(C_1,C_2,C_3)=(25,24,15)$$
$$(W_1,W_2,W_3)=(18,15,10)$$

贪心策略 1：

考虑使背包中物品价值增长最快，每次选择价值最大的物品优先装入背包。

该策略首先按照物品价值从大到小的顺序进行排序：

$$(C_1, C_2, C_3) = (25, 24, 15)$$

优先把价值最大的物品放入背包。由于背包容量大于物品 1 重量，物品 1 全部放入背包；背包剩余容量为 2；然后查看排序序列中的下一个物品——物品 2，由于背包剩余容量小于物品 2 的重量，物品 2 只能部分放入背包，放入背包中的比例为 2/15，此时有：

$$x_1 = 1, \quad x_2 = 2/15, \quad x_3 = 0$$

$$C = \sum_{i=1}^{n} C_i x_i = 25 \times 1 + 24 \times 2/15 + 15 \times 0 = 28.2$$

贪心策略 2：

考虑使背包剩余容量减少最慢，每次选择重量最轻的物品优先装入背包。

该策略首先按照物品重量从小到大的顺序进行排序：

$$(W_3, W_2, W_1) = (10, 15, 18)$$

优先把重量最轻的物品放入背包。由于背包容量大于物品 3 重量，物品 3 全部放入背包；背包剩余容量为 10；然后查看排序序列中的下一个物品——物品 2，由于背包剩余容量小于物品 2 的重量，物品 2 只能部分放入背包，放入背包中的比例为 10/15=2/3，此时有：

$$x_1 = 0, \quad x_2 = 2/3, \quad x_3 = 1$$

$$C = \sum_{i=1}^{n} C_i x_i = 25 \times 0 + 24 \times 2/3 + 15 \times 1 = 31$$

贪心策略 3：

考虑将单位价值最大的物品优先装入背包。

该策略首先按照物品单位价值从大到小的顺序进行排序：

$$(C_2/W_2, C_3/W_3, C_1/W_1) = (24/15, 14/10, 25/18) = (1.6, 1.4, 1.39)$$

优先把单位价值最大的物品装入背包。由于背包容量大于物品 2 的重量，物品 2 全部放入背包；背包剩余容量为 5；然后查看排序序列中的下一个物品——物品 3，由于背包剩余容量小于物品 3 的重量，物品 3 只能部分放入背包，放入背包中的比例为 5/10－0.5，此时有：

$$x_1 = 0, \quad x_2 = 1, \quad x_3 = 0.5$$

$$C = \sum_{i=1}^{n} C_i x_i = 25 \times 0 + 24 \times 1 + 15 \times 0.5 = 31.5$$

通过以上求解可知，不同贪心策略得到不同的解，贪心策略的选择决定了算法是否能够得到最优解。

5.2.3　算法实现

```
viodKnapsack(double c[ ],double w[ ],double M,int n){
    //C[1…n]存放 n 种物品的价值,W[1…n]存放 n 种物品的重量,
    //M 表示背包所能承受的重量,x[1…n]表示每种物品放进背包的比例
    double x[];                        //x[1…n]表示每种物品放进背包的比例
    按 C[i]/W[i]将序列 c 和 w 从大到小排列
    for(i=1; i<=n; i++) x[i]=0;        //初始化
```

```
    double cu=M; i=1;
    while(W[i]<=cu){
        x[i]=1; cu=cu-w[i]; i++;
    }
    x[i]=cu/w[i];
    printf(w);
    printf(x);
}
```

5.2.4 算法分析

算法的时间复杂度包括两部分：排序时间和求解时间。排序时间为$O(n\log_2 n)$,问题求解时间为$O(n)$,因此算法总的时间复杂度为：

$$O(n\log_2 n) \tag{5-3}$$

对于背包问题选择贪心策略1和贪心策略2不一定能找到最优解,选择贪心策略3一定能找到最优解,下面给予证明。

证明：

设$\frac{C_1}{W_1}>\frac{C_2}{W_2}>\cdots>\frac{C_n}{W_n}$,$x=(x_1,x_2,\cdots,x_n)$是贪心策略3产生的解。

如果$M\geqslant\sum_{i=1}^{n}W_i$,即背包容量大于或等于物品重量总和,此时$x=(1,1,\cdots,1)$,物品全部装入背包,$x$一定是最优解。

如果$M<\sum_{i=1}^{n}W_i$,则按照贪心策略3优先选择单位价值高的物品装入背包,这时一定存在某个正整数$j(1\leqslant j\leqslant n)$,使得：

$$\begin{cases}x_1=x_2=\cdots=x_{j-1}=1\\0\leqslant x_j\leqslant 1\\x_{j+1}=x_{j+2}=\cdots=x_n=0\\\sum_{i=1}^{n}W_ix_i=M\end{cases} \tag{5-4}$$

现假设$x'=(x'_1,x'_2,\cdots,x'_n)$是背包问题的最优解。

设存在一个$k(1\leqslant k\leqslant n)$,对于$(1\leqslant i\leqslant k-1)$,有$x_i=x'_i$,$x_k\neq x'_k$

(1) 如果$x_k>x'_k$:

由于$\sum_{i=1}^{k-1}W_ix_i=\sum_{i=1}^{k-1}W_ix'_i$,所以

$$\sum_{i=1}^{k}W_ix_i>\sum_{i=1}^{k}W_ix'_i \tag{5-5}$$

而$\sum_{i=1}^{n}W_ix_i=M$,所以$\sum_{i=1}^{k}W_ix_i\leqslant M$,$\sum_{i=1}^{k}W_ix'_i<M$,因此$x'_{k+1},x'_{k+2},\cdots,x'_n$必不全为0。

因此可以增大x'_k的值,减少$x'_{k+1},x'_{k+2},\cdots,x'_n$中某些项的值,同时保证$\sum_{i=1}^{n}W_ix'_i=M$,

得到一个新解 x''。由于新解将 $x'_{k+1}, x'_{k+2}, \cdots, x'_n$ 中的容量调整到了 x'_k，$\frac{C_k}{W_k} > \frac{C_{k+1}}{W_{k+1}} > \frac{C_{k+2}}{W_{k+2}} > \cdots > \frac{C_n}{W_n}$，因此新解 x'' 优于最优解 x'，这与假设矛盾，因此满足 $x_i = x'_i(1 \leqslant i \leqslant k-1)$，$x_k > x'_k$ 的最优解 x' 不存在。

(2) 如果 $x_k < x'_k$：

如果 $x_k = 0$，按 x_i 定义，一定有 $\sum_{i=1}^{k-1} W_i x_i = M$，又由于当 $1 \leqslant i \leqslant k-1$ 时有 $x_i = x'_i$，所以 $\sum_{i=1}^{k-1} W_i x'_i = \sum_{i=1}^{k-1} W_i x_i = M$，则 $x'_k = 0$，与假设 $x_k < x'_k$ 矛盾，所以 x_k 必大于 0。

如果 $x_k = 1$，由于 x'_i 的取值范围为 0～1，所以这时 $x_k < x'_k$ 也不成立，因此 x_k 必小于 1。

如果 $0 < x_k < 1$，则必有 $x_1 = x_2 = \cdots = x_{k-1} = 1$，$x_{k+1} = x_{k+2} = \cdots = x_n = 0$。所以 $\sum_{i=1}^{k} W_i x_i = M$，如果 $x_k < x'_k$，则有 $\sum_{i=1}^{k} W_i x'_i > M$，背包内物品重量超过背包容量，因此命题也不成立。

因此，$x_k < x'_k$ 不成立。

因此，最优解 x' 不存在，x 即为问题最优解。

5.3　带时限的作业调度问题

5.3.1　问题描述

给定作业 $J_1, J_2, \cdots, J_m$，各作业的处理时间为 $t_1, t_2, \cdots, t_m$，各作业的完工时限为 $d_1, d_2, \cdots, d_m$，作业 J_i 若能在时限 d_i 之前完成，能获得利润 p_i。假设只有一台处理机为这批作业服务，处理机一次只能运行一个作业。

问题是：怎样选择作业子集 J，使 J 中的作业都能在各自的时限内完工，且获得的利润最大？

5.3.2　问题分析

问题是从作业集合中，选择一个子集合 $J = J_{i1}, J_{i2}, J_{i3}, \cdots$，使得集合 J 中的作业都能在各自时限 d_i 内完成，使得收益 $\sum_{J_i \in J} p_i$ 最大，如图 5-1 所示。

设 f_i 是作业 J_i 的完工时刻，作业子集中 J 的作业 J_i 需满足 $f_i \leqslant d_i$。假设所有作业从时刻 0 开始运行，则必有 $d_i \geqslant t_i$。

为了简化问题，只讨论 $t_i = 1$ 的情况，这时所有作业的执行时间都只占用一个单位时间，且 d_i 为正整数。

任务集合	J_1	J_2	…	J_m
执行时间	t_1	t_2	…	t_m
完工时限	d_1	d_2	…	d_m
任务收益	p_1	p_2	…	p_m

图 5-1　带时限的作业调度问题

例：$m=4$，$p=(115,70,85,100)$，$d=(2,1,2,1)$。

从时限 d 可知，一台处理机在时限内最多可处理两个作业，其利润表如表 5-1 所示。

表 5-1 作业调度表

序 号	作业子集	作业处理顺序	利 润
1	$\{J_1, J_2\}$	J_2, J_1	185
2	$\{J_1, J_3\}$	J_1, J_3 或 J_3, J_1	200
3	$\{J_1, J_4\}$	J_4, J_1	215
4	$\{J_2, J_3\}$	J_2, J_3	155
5	$\{J_2, J_4\}$	不可调度	
6	$\{J_3, J_4\}$	J_4, J_3	185

不同的作业选择有不同的收益。

5.3.3 以利润最大作为贪心策略

以利润最大作为贪心策略,可以保障利润大的作业优先进入加工队列中。

1. 算法过程

以利润为最优化量,按利润从大到小选择作业,其过程如下。

(1) 初始化集合:$J=\varnothing$, $\sum p_i=0$。

(2) 设子集 J 中已有 $k-1$ 个作业 $J_{i1}, J_{i2}, \cdots, J_{ik-1}$,它们是一个可完工的作业子序列,在剩余的作业中选择利润最大的作业 J_{ik} 加入 J 中。

(3) 判断作业 J_{ik} 加入后,判断 $J_{i1}, J_{i2}, \cdots, J_{ik-1}, J_{ik}$ 是否是一个在时限内可完工的子序列,如果不是,从集合 J 中删除作业 J_{ik}。

(4) 重复步骤(2)和(3),直至完成所有作业的判断。

在上述步骤中,判断一个作业 J_{ik} 加入后,序列 $J_{i1}, J_{i2}, \cdots, J_{ik-1}, J_{ik}$ 是否是一个在时限内可完工的子序列,是一个难点。

如果用穷举法进行判断,其算法时间复杂度为 $1!+2!+\cdots+n!$,代价较高,可以采用如下方法判断。

将 J 中作业按时限非递减顺序排列,使得:

$$d_{i1} \leqslant d_{i2} \leqslant \cdots \leqslant d_{ik}$$

又因为每个作业需要执行一个单位时间,所以如果 $d_{ij} \geqslant j\ (1 \leqslant j \leqslant k)$ 成立,则 J 是可完工的作业子序列。

2. 算法实现

```
void Js1( ){
    scanf(p,d,n);              //假设 p[1]>=p[2]>=….>=p[n]
    J[0]=0; D[0]=0;
    J[1]=1; k=1;               //J[i]表示第 i 个加入 J 的作业号,k 为 J 中已有的作业数
    for(i=2; i<=n; i++){
        r=k;
        while(D[J[r]]>D[i] && D[J[r]]!=r) r--;          //测试能否加入作业 i
```

```
        if(D[i]>r){
            for (h=k; h>=r+1; h--) J[r+1]=J[r];          //加入
            J[r+1]=i;
            k++;
        }
    }
}
```

5.3.4 以最大时限作为贪心策略

以作业最大时限作为贪心策略，可以保障时限大的作业优先进入加工队列中，其过程如下。

(1) 令 $d=\max\limits_{1\leqslant i\leqslant n} d_i$，称 d 为该作业集的最大时限。由于每个作业执行时间为1，因此最优调度集合 J 中最多包含 d 个作业。

(2) 初始化作业集合 J，此时作业集合 J 为空，如图5-2所示。

(3) 获取时限为 d 的作业集合，取集合中利润最大的作业放入时限为 d 的位置，如图5-3所示。

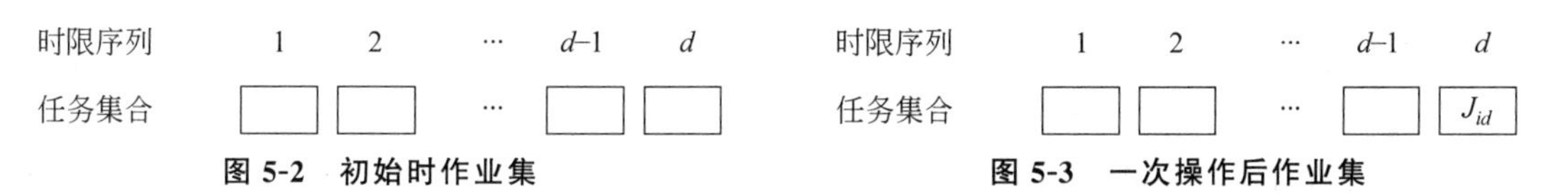

图5-2 初始时作业集　　图5-3 一次操作后作业集

(4) 获取时限大于或等于 $d-1$ 且未放入 J 中的作业集合。如果集合不为空，取集合中利润最大的作业放入时限为 $d-1$ 的位置。如果集合为空，则 $d-1$ 位置无作业可调度，如图5-4所示。

(5) 获取时限大于或等于 $d-2$ 且未放入 J 中的作业集合。如果集合不为空，取集合中利润最大的作业放入时限为 $d-2$ 的位置。如果集合为空，则 $d-2$ 位置无作业可调度。

(6) 重复上述过程，直至时限为1。此时作业集合 J 如图5-5所示。

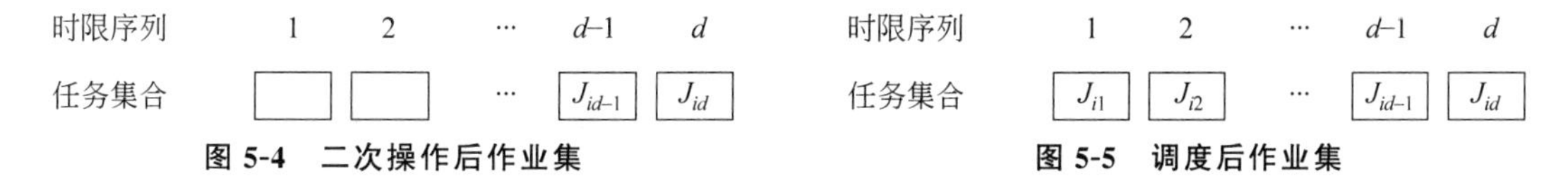

图5-4 二次操作后作业集　　图5-5 调度后作业集

该作业集合(作业序列)则为问题的解。

算法实现

```
void Js2(){
    scanf(n,p[1..n], d[1..n]);
    d=max{d[1],d[2],…,d[n]};
    for(i=0; i<=d; i++) s[i]=∅;
    for(i=1; i<=n; i++) s[d[i]]=s[d[i]]∪{Ji};
                                        //将时限为 i 的作业放入集合 s[i]中
    k=0;
    for(i=d; i>=1; i--){
```

```
        if(s[i]≠∅){
            设 j 是 s[i]中利润最大的作业号;
            J[k+1]=j ;
            s[i]=s[i]-{ Ji};            //从时限为 i 的作业集合 s[i]中选入 J 中作业删除
            k++;
        }
        s[i-1]=s[i-1] ∪s[i];            //合并候选作业集
    }
}
```

5.3.5 快速调度法

设 $b=\min(n,d)$，其中，n 为所有作业数，$d=\max\limits_{1\leqslant i\leqslant n} d_i$。

如果 $b=n<d$，将作业时限大于 b 的时限值设为 b，则任何最大利润的可完工子序列中作业个数必不大于 b，任何可完工的作业子序列中最多只包含一个时限为 1 的作业；最多包含两个时限不大于 2 的作业；……；最多包含 b 个时限不大于 b 的作业。

快速调度法是 5.3.3 节以利润最大作为贪心策略的一种改进贪心算法，以减少数据挪动的次数。

该算法用数 $1,2,3,\cdots,b$ 对应时间区间 $[0,1],[1,2],\cdots,[b-1,b]$，按利润 p_i 大小排出非递增序列 S，依次从 S 中取出 p_i，找出 $[0,1],[1,2],\cdots,[d_{i-1},d_i]$ 中还没有分配给任何作业的最大区间分配给作业 i，这样作业被安排到不能再推迟的那个时间内执行，以保证安排更多的作业。

例如，有 5 个作业 J_1,J_2,J_3,J_4,J_5，其时限分别为(2,2,1,1,5)，每个作业若能在规定的时限内完工，可获得的利润分别是(120,115,70,55,10)。此时 $b=5$，区间如图 5-6 所示。

这 5 个作业正好是按照非递增序列排序的，因此先安排作业 J_1，由于作业 J_1 的时限为 2，把它安排在区间[1,2]，此时如图 5-7 所示。

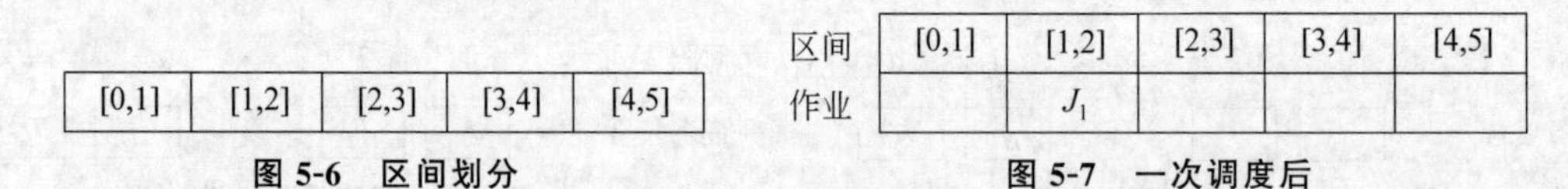

[0,1]	[1,2]	[2,3]	[3,4]	[4,5]

图 5-6　区间划分

区间	[0,1]	[1,2]	[2,3]	[3,4]	[4,5]
作业		J_1			

图 5-7　一次调度后

接着安排作业 J_2，作业 J_2 的时限为 2，由于区间[1,2]已安排了作业 J_1，所以作业 J_2 只能安排在区间[0,1]。

由于作业 J_3 和 J_4 的时限为 1，应该安排[0,1]，由于该区间已经安排了作业 J_2，所以作业 J_3、J_4 不能按时完工。

作业 J_5 时限为 5，安排在区间[4,5]，安排后的最优作业调度序列如图 5-8 所示。

区间	[0,1]	[1,2]	[2,3]	[3,4]	[4,5]
作业	J_2	J_1			J_5

图 5-8　调度后

算法实现

```
void Js3( ){
    read(n,p,d);                        //p[1]≥p[2]≥…≥p[n]
    b=min{n,max{d[i]}};
    for(i=1; i<=b; i++) J[i]=0;         //i 表示时间区间,0 表示尚未分配出去
    j=1;
    for(i=1; i<=n; i++){
        k=d[i];
        while(k>0)
            if(!J[k]) {J[k]=j; k=0; }
            else k--;
        j++;
    }
}
```

5.4　最佳合并顺序

5.4.1　问题描述

有 n 个有序子序列 $S_1,S_2,\cdots,S_n$，要求通过两两合并的方法把这 n 个子序列合并成一个有序的序列。试设计一个算法确定合并这个序列的最佳合并顺序，使所需的总比较次数最少。

5.4.2　问题分析

合并两个长度分别为 m_1、m_2 的子序列，在最坏情况下需要 m_1+m_2-1 次比较。

对给定的 n 个有序的子序列，若采用两两合并的方法，由于每个子序列的长度不同，不同的合并顺序所用的时间是不同的。

例如：

$$n=3,\quad |S_1|=80,\quad |S_2|=50,\quad |S_3|=40$$

合并方法如下。

(1) $(S_1+S_2)+S_3$，比较次数：$(80+50-1)+(130+40-1)=298$。

(2) $S_1+(S_2+S_3)$，比较次数：$(50+40-1)+(90+80-1)=258$。

(3) $(S_1+S_3)+S_2$，比较次数：$(80+40-1)+(120+50-1)=288$。

我们发现第(2)种合并次序需要的比较次数较少。

通过观察发现，对给定的 n 个序列，共需要 $n-1$ 次合并，要减少合并过程中的比较次数，就应减少中间结果的长度。因此，可以考虑按序列长度由小到大的顺序合并。

5.4.3　问题求解

假设有 5 个序列，这 5 个序列的长度分别为 50,70,80,90,100，图 5-9 表示两种不同合并顺序的二叉树，其中，每个叶子结点表示一个原始序列，每个内结点表示一次合并，如图 5-9 所示。

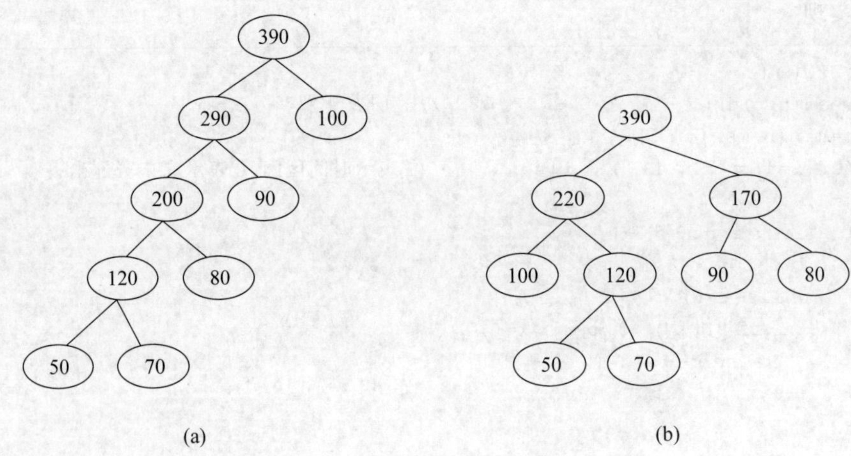

图 5-9 两种不同合并二叉树

二叉树中所有结点的度或为 0,或为 2。表示合并顺序的二叉树中总有 $n-1$ 个内结点,每个内结点表示一次合并,树中表示的总比较次数为各内结点中数值之和减去内结点数。由于内结点数固定为序列的长度减 1,因此可以用内结点中的数值之和表示比较次数。而内结点中的数值正好为各叶子的加权深度。因此,求最佳合并顺序问题等价于求加权深度最小的二叉树。

求加权深度最小的二叉树的过程如下。

(1) 为原始序列中的每一个序列建立一棵二叉树,这些二叉树构成一个树的集合 L,每棵二叉树的根即叶子。WEIGHT(T)是每棵二叉树的权,定义为每个序列的长度。

(2) 从 L 中找出两棵权值最小的树分别作为一棵树的左右儿子,构成一棵新的树,并从 L 中删去左右儿子。新树的权 WEIGHT(T)是它的左右儿子的权之和。

(3) 重复步骤(2),直到 L 中只有一棵树为止,这棵树表示了合并顺序。

5.4.4 算法实现

```
TreeNode OMTree(int[] w){
    PriorityQueue<TreeNode> queue =
    new PriorityQueue<>(w.length,new Comparator<TreeNode>(){
        public int compare(TreeNode t1,TreeNode t2){
            return t1.val-t2.val;
        }
    });                                    //将所有结点存入优先权队列,按照权值递增排序
    for(int i=0; i<w.length; i++){
        queue.offer(new TreeNode(w[i]));
    }
    while( queue.size()>1 ){                              //构造二叉树
        TreeNode node1=queue.poll();
        TreeNode node2=queue.poll();                      //弹出最小的两个结点
        TreeNode father=new TreeNode(node1+node2);     //构造父结点
        father.left =node1;
        father.right =node2;
```

```
            queue.offer( father );                          //父结点入队
        }
        return queue.poll();
    }
```

5.4.5 算法正确性证明

设 L 中最初包括 n 个只有唯一结点的树的集合，这些树的权分别为 $q_1,q_2,\cdots,q_n$，则上述算法给出了以 $q_1,q_2,\cdots,q_n$ 为长度的 n 个序列的一棵有最佳合并顺序的二叉树。

证明：

当 $n=2$ 时，该算法能构造出有最佳顺序的二叉树。

设对一切 $1\leqslant m\leqslant n$，算法能对任何序列 $q_1,q_2,\cdots,q_m$ 产生一棵有最佳合并顺序的树。

假设 $q_1\leqslant q_2\leqslant\cdots\leqslant q_n$，在算法中第一次找到 q_1 和 q_2，并为它们建立一棵树 T_1，q_1 和 q_2 分别为左右儿子，然后再为 $T_1,q_3,q_4,\cdots,q_n$ 建立有最佳合并顺序的二叉树。

设 T_2 是关于 $q_1,q_2,\cdots,q_n$ 的一棵有最佳合并顺序的二叉树，则 q_1 和 q_2 一定是具有最大深度的叶子结点。设 p 是树 T_2 的一个有最大深度的内结点，若 p 的左右儿子不是 q_1 和 q_2，而是q_1'和q_2'，则交换 p 的左右儿子和 q_1、q_2 的位置后，树 T_2 仍是一棵有最佳合并顺序的二叉树。

建立另一棵树 T_3，它与树 T_2 的唯一不同是将 T_1 的内结点 p 改成权为 q_1+q_2 的叶子结点，则 T_3 也是一棵有最佳合并顺序的二叉树，对应的叶子结点分别是 $q_1+q_2,q_3,\cdots,q_n$。

根据归纳假设，该算法能为 $q_1+q_2,q_3,\cdots,q_n$ 建立一棵有最佳合并顺序的二叉树 T_4，则 T_4 与 T_3 中每个叶子的深度是一样的，则把 T_4 中的叶子 q_1+q_2 改为内结点，加叶子 q_1 和 q_2 后成为 T_4，则 T_4 也是一棵二叉树。它的权与树 T_2 的权相同，因此，T_4 也是一棵有最佳合并顺序的二叉树，而 T_5 正是本算法建立的二叉树，因此，本算法建立的是有最佳合并顺序的二叉树。

5.5 磁盘文件的最佳存储

5.5.1 问题描述

设一个磁盘有 n 个磁道，每个磁道存储一批信息。信息经常被检索，各信息被检索的概率不同。磁盘不断地高速旋转，磁头只能沿磁盘的径向做直线运动。由于磁头的移动速度较低，每次检索的等待时间主要花在磁头从当前磁道平移到被检索信息所在的磁道。问如何组织磁盘文件，使磁盘文件平均检索时间最少？

5.5.2 问题分析

设有 n 个文件 $f_1,f_2,\cdots,f_n$ 要放在一张磁盘上，每个文件占一个磁道，这些文件被检索的概率为 $p_1,p_2,\cdots,p_n$，且 $\sum p_i=1$。

磁盘一次访问文件共包括寻道、旋转延迟、数据传输三个过程。

- 寻道是指磁头从当前磁道移动到指定磁道。
- 旋转延迟是指等待指定扇区从磁头下旋转经过。

• 数据传输是指数据在磁盘与内存之间的实际传输。

一次访问文件时间＝寻道时间＋旋转延迟时间＋数据传输时间。

由于磁头移动时间远远大于旋转延迟时间和数据传输时间，因此磁头移动时间决定了访问文件时间大小。磁头从当前磁道移动到被检索信息所在的磁道所需的时间用两个磁道之间的径向距离来度量。因此文件 f_i 的访问时间为：

$$t_i = \sum_{j=1}^{n} p_j d(i,j)$$

该公式的含义为由上一个访问磁道 j 移动到本次磁道 i 所用的时间。上一个访问磁道位置分布符合文件被检索的概率分布。求解目标，磁盘文件平均检索时间为：

$$D = \sum_{i=1}^{n} p_i t_i = \sum_{i=1}^{n} p_i \sum_{j=1}^{n} p_j d(i,j) = 2 \sum_{1 \leqslant i < j \leqslant n} p_i p_j d(i,j) \tag{5-6}$$

例：假设一共有 3 个磁道，要存放 3 个文件，每个磁道存放一个文件，3 个文件的访问概率分别为 0.6，0.3，0.1，则共有以下 3 种文件安排方法。

(1) 按文件 $f_1 - f_2 - f_3$ 顺序安排，这时 $d(1,2)=1, d(2,3)=1, d(1,3)=2$，磁盘文件平均检索时间 D 为：

$$\begin{aligned} D &= 2 \sum_{1 \leqslant i < j \leqslant n} p_i p_j d(i,j) = 2 \times (p_1 p_2 d(1,2) + p_1 p_3 d(1,3) + p_2 p_3 d(2,3)) \\ &= 2 \times (0.6 \times 0.3 \times 1 + 0.6 \times 0.1 \times 2 + 0.3 \times 0.1 \times 1) = 0.66 \end{aligned}$$

(2) 按文件 $f_2 - f_1 - f_3$ 顺序安排，这时 $d(1,2)=1, d(2,3)=2, d(1,3)=1$，磁盘文件平均检索时间 D 为：

$$D = 2 \times (0.6 \times 0.3 \times 1 + 0.6 \times 0.1 \times 1 + 0.3 \times 0.1 \times 2) = 0.60$$

(3) 按文件 $f_1 - f_3 - f_2$ 顺序安排，这时 $d(1,2)=2, d(2,3)=1, d(1,3)=1$，磁盘文件平均检索时间 D 为：

$$D = 2 \times (0.6 \times 0.3 \times 2 + 0.6 \times 0.1 \times 1 + 0.3 \times 0.1 \times 1) = 0.90$$

通过上述分析可知不同的文件安排方法，磁盘文件平均检索时间也有所不同，合理的文件安排可提高磁盘文件平均检索效率。同时我们注意到，在目标函数 D 中，对于任何 $1 \leqslant i < j \leqslant n$，$p_i p_j$ 均只出现一次，只有 $d(i,j)$ 是可变的。

现把所有满足条件 $1 \leqslant i < j \leqslant n$ 的 $p_i p_j$ 构成集合 A，所有满足条件 $1 \leqslant i < j \leqslant n$ 的 $d(i,j)$ 的值构成集合 B，则问题转换为从集合 A 和集合 B 中各选择一个元素配对求积，使乘积总和最小。

集合 A 和 B 中各有 $\frac{n(n-1)}{2}$ 个元素。在乘积组合问题中，一个集合中数值大的元素优先乘以另一个集合中小的元素，得到的乘积和最小，例如：

集合 A 中有元素 a_1 和 a_2，集合 B 中有元素 b_1 和 b_2，其中，$a_1 > a_2$，$b_1 > b_2$，则：

$$\begin{aligned} a_1 b_2 + a_2 b_1 &= a_1 b_1 - a_1(b_1 - b_2) + a_2 b_2 - a_2(b_2 - b_1) \\ &= a_1 b_1 + a_2 b_2 - (a_1 - a_2)(b_1 - b_2) \\ &< a_1 b_1 + a_2 b_2 \end{aligned} \tag{5-7}$$

所以，磁盘文件存储问题中应使 $p_i p_j$ 大的文件安排在相邻的位置使得 $d(i,j)$ 最小。

5.5.3 问题求解

根据上述分析，将文件访问概率 p_i 作为贪心选择策略，具体做法是：将文件按访问概率由大到小排列，使得 $p_1 \geqslant p_2 \geqslant \cdots \geqslant p_n$。由贪心选择策略可知 p_1p_2 最大，文件 f_1、f_2 应该放在相邻位置；p_1p_3 次大，文件 f_1、f_3 也应放在相邻位置。所以对应的存储方式是把 f_1 放在中心磁道，然后 f_2、f_3 紧靠着 f_1 的左右，再将 f_4 放在 f_2 的右边，f_5 放在 f_3 的左边，按上述规则依次排放所有文件，得到如图 5-10 所示的芦笙结构的排列次序。

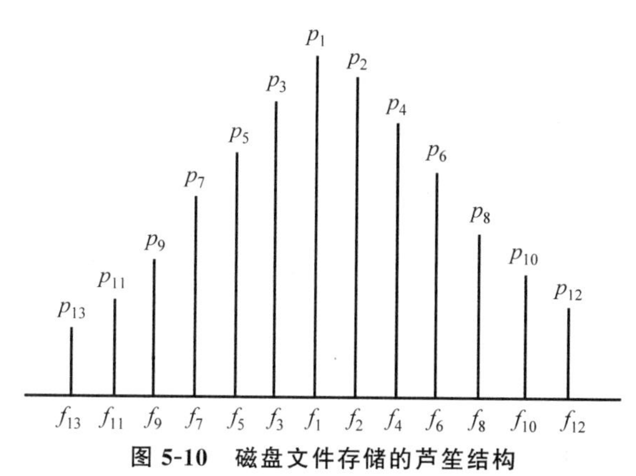

图 5-10　磁盘文件存储的芦笙结构

5.5.4　算法实现

```
void mixsearch( ){
    scanf(n.p);
    对 p[1],p[2],…,p[n]排序,使得: p[π[1]]≥p[π[2]]≥…≥p[π[n]]
    x[n/2]=π[1];
    R=[n/2]+1;
    L=[n/2]-1;
    for(i=2; i<=n; i+=2){
        x[R]=π[i]; R++;
    }
    for(i=3; i<=n; i+=2){
        x[L]=π[i]; L--;
    }
}
```

5.5.5　算法分析

考虑排序时间，本算法的时间复杂度为 $O(n\log_2 n)$，空间复杂度为 $O(n)$。

下面证明通过上述贪心策略能够得到最优解。

假设 $p_1 \geqslant p_2 \geqslant \cdots \geqslant p_n$，将中心磁道编号为 0，左右相邻的磁道依次编号为 ± 1，± 2，…。

（1）一个最佳解必须满足以下条件：

以任何两个磁道之间的中心线为界，落在中心线一边的各磁道的文件被检索的概率分别大于（或小于）另一边各磁道的文件被检索的概率。

（2）最佳解必然是芦笙管形的。

证明（1）：

设存在一条中心线 a，把 A、B、C、D 四个文件分成如图 5-11 所示的两部分。

其中，$p_1 > p'_1$，$p_2 < p'_2$。设 $x_\pi = (x[\pi_1], x[\pi_2], \cdots, x[\pi_n])$ 是最佳解，且以中心线 a 为界，中心线左边各磁道的文件被检索的概率之和大于或等于右边各磁道的文件被检索的概率之和。

仅交换 fC 和 fD 的位置，得到另外一种组织方式 x'_π，如图 5-12 所示。下面来比较这两种方案。

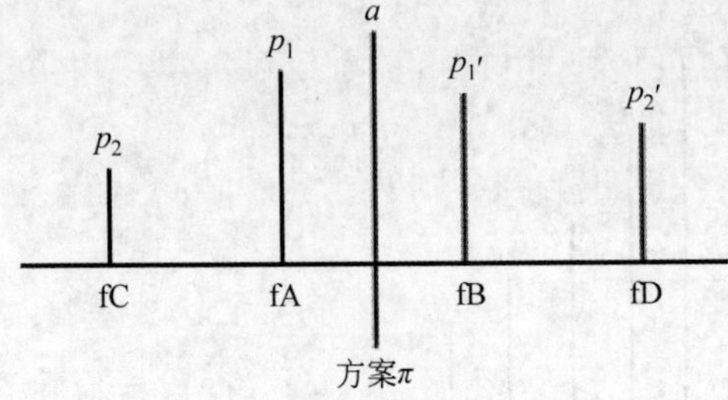

图 5-11　文件分布

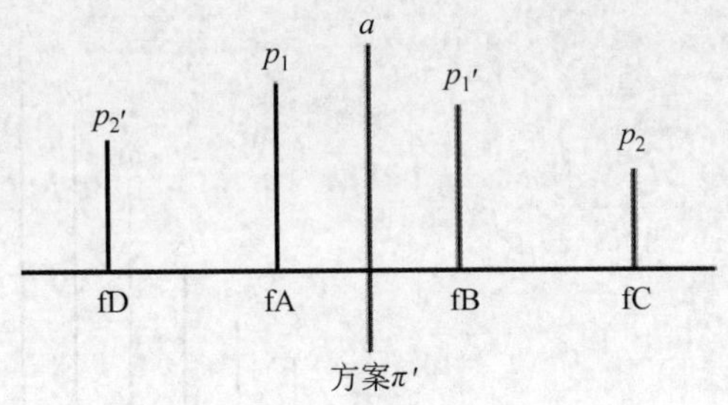

图 5-12　交换位置后的文件分布

对于 x_π，只检索 fA、fB、fC、fD 的平均时间是：

$$D_{\pi(A,B,C,D)} = p_1 p_2 d + p_1 p'_1 d + p_1 p'_2 \times 2d + p_2 p'_1 \times 2d + p_2 p'_2 \times 3d + p'_1 p'_2 d \tag{5-8}$$

对于 x'_π，只检索 fA、fB、fC、fD 的平均时间是：

$$D'_{\pi(A,B,C,D)} = p_1 p_2 \times 2d + p_1 p'_1 d + p_1 p'_2 d + p_2 p'_1 d + p_2 p'_2 \times 3d + p'_1 p'_2 \times 2d \tag{5-9}$$

$$D_{\pi(A,B,C,D)} - D'_{\pi(A,B,C,D)} = d(p'_2 - p_2)(p_1 - p'_1) > 0$$

对于方案 x_π，除 A、B、C、D 外，其他文件到 fC、fD 的平均时间是：

$$H(\pi) = \sum_{f_i\text{在}a\text{的左边}} p_i p_2 d(f_i, \mathrm{fC}) + \sum_{f_i\text{在}a\text{的左边}} p_i p'_2 d(f_i, \mathrm{fD}) + \sum_{f_j\text{在}a\text{的右边}} p_j p_2 d(f_j, \mathrm{fC}) + \sum_{f_j\text{在}a\text{的右边}} p_j p'_2 d(f_j, \mathrm{fD}) \tag{5-10}$$

对于方案 x'_π，除 A、B、C、D 外，其他文件到 fC、fD 的平均时间是：

$$H(\pi') = \sum_{f_i\text{在}a\text{的左边}} p_i p'_2 d(f_i, \mathrm{fC}) + \sum_{f_i\text{在}a\text{的左边}} p_i p_2 d(f_i, \mathrm{fD}) + \sum_{f_j\text{在}a\text{的右边}} p_j p'_2 d(f_j, \mathrm{fC}) + \sum_{f_j\text{在}a\text{的右边}} p_j p_2 d(f_j, \mathrm{fD}) \tag{5-11}$$

$$\begin{aligned} H(\pi) - H(\pi') = & \sum_{f_i\text{在}a\text{的左边}} p_i p_2 [d(f_i, \mathrm{fC}) - d(f_i, \mathrm{fD})] + \\ & \sum_{f_i\text{在}a\text{的左边}} p_i p'_2 [d(f_i, \mathrm{fD}) - d(f_i, \mathrm{fC})] + \\ & \sum_{f_j\text{在}a\text{的右边}} p_j p_2 [d(f_j, \mathrm{fC}) - (f_j, \mathrm{fD})] + \\ & \sum_{f_j\text{在}a\text{的右边}} p_j p'_2 d[(f_j, \mathrm{fD}) - d(f_j, \mathrm{fC})] \\ = & -3d \sum_{f_i\text{在}a\text{的左边}} p_i p_2 + 3d \sum_{f_i\text{在}a\text{的左边}} p_i p'_2 + \end{aligned}$$

$$
\begin{aligned}
&3d\sum_{f_j\text{在}a\text{的右边}} p_j p_2 - 3d\sum_{f_j\text{在}a\text{的右边}} p_j p'_2 \\
&= 3d(p'_2 - p_2)\sum_{f_i\text{在}a\text{的左边}} p_i + 3d(p_2 - p'_2)\sum_{f_j\text{在}a\text{的右边}} p_j \\
&= 3d(p'_2 - p_2)\left(\sum_{f_i\text{在}a\text{的左边}} p_i - \sum_{f_j\text{在}a\text{的右边}} p_j\right)
\end{aligned} \tag{5-12}
$$

所以，当 $\sum_{f_i\text{在}a\text{的左边}} p_i \leqslant \sum_{f_j\text{在}a\text{的右边}} p_j$ 时，交换 fC 和 fD 的位置可以得到更好的方案。

证明(2)：

设 f_1 放的位置为0道，f_2 必放在±1的位置。

若 f_2 放在2道，以 a 为界，若 $\sum_{f_i\text{在}a\text{的左边}} p_i \geqslant \sum_{f_j\text{在}a\text{的右边}} p_j$，交换1、2两道的文件可以得到更好的解，如图5-13所示。

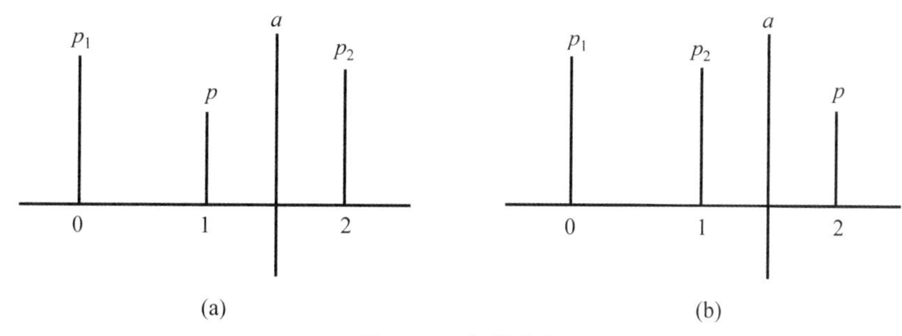

图 5-13　文件分布

若 $\sum_{f_i\text{在}a\text{的左边}} p_i \leqslant \sum_{f_j\text{在}a\text{的右边}} p_j$，重画中心线 a，交换0、1道的两个文件可以得到更好的解，所以当 f_1 分在0道时，f_2 必放在±1的位置。

5.6　活动安排问题

5.6.1　问题描述

设有 n 个活动的集合 $E=\{e_1,e_2,\cdots,e_n\}$，其中每个活动都要求使用同一资源，如演讲会场、教室、操场、游泳场等，而在同一时间内只有一个活动能使用这一资源。

每个活动 e_i 都有一个要求使用该资源的起始时间 s_i 和一个结束时间 f_i，且 $s_i<f_i$。如果选择了活动 e_i，则它在半开时间区间 $[s_i,f_i)$ 内占用资源。若区间 $[s_i,f_i)$ 与区间 $[s_j,f_j)$ 不相交，则称活动 e_i 与活动 e_j 是相容的。也就是说，当 $s_i\geqslant f_j$ 或 $s_j\geqslant f_i$ 时，活动 e_i 与活动 e_j 相容。

目标是在所给出的活动集合中选出最大的相容活动子集合。

5.6.2　问题分析

用贪心算法解决活动安排问题，可以考虑如下按活动贪心策略。

(1) 按活动的开始时间作为贪心策略，即优先考虑将最早开始的活动选择到相容集合中,以便使相容集合中的活动尽早开始,充分发挥资源的作用。考虑如图 5-14 所示的场景,该贪心策略不能保证得到最优解。

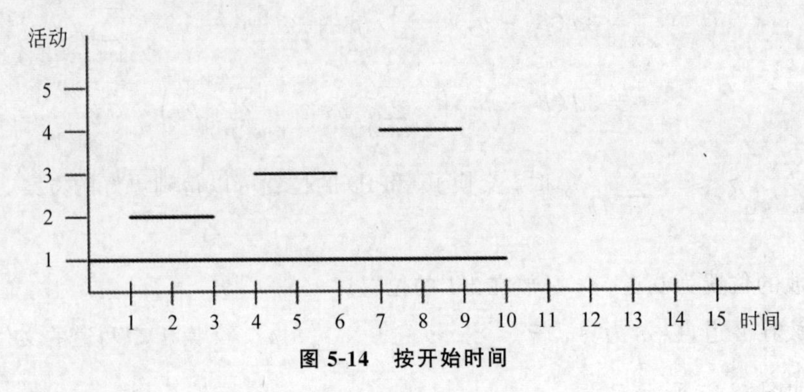

图 5-14 按开始时间

不能保证得到最优解的原因是各活动的长短不一致。

(2) 按活动的长短作为贪心策略,即优先考虑将最短的活动选择到相容集合中,以便使活动占用资源的时间最小,以便安排更多的活动。考虑如图 5-15 所示的场景,该贪心策略也不能保证得到最优解。

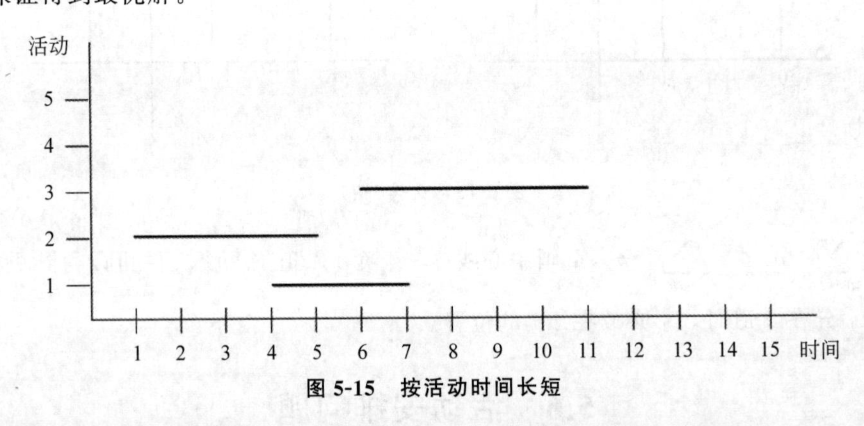

图 5-15 按活动时间长短

不能保证得到最优解的原因是各活动与其冲突的活动数量不一样。

(3) 按活动的冲突活动数作为贪心策略,即优先考虑将冲突少的活动选择到相容集合中。考虑如下场景,该贪心策略也不能保证得到最优解。考虑活动:

[0,2) [2,4) [4,6) [6,8)[1,3)[1 ,3)[1,3)[3,5)[5,7)[5,7)[5,7)

冲突数 3 4 4 3 4 4 4 2 4 4 4

按冲突数进行排序:

[3,5) [0,2) [6,8) [2,4) [4,6) [1,3)[1,3)[1,3) [5,7)[5,7)[5,7)

得到最大相容集为{[3,5),[0,2),[6,8)}。

而存在相容集{[0,2),[2,4),[4,6),[6,8)},如图 5-16 所示。

5.6.3 问题求解

根据 5.6.2 节分析可知,上述三种贪心策略都不能保证得到最优解。下面采用如下贪心策略——按照活动结束时间最短。

(1) 首先将活动按照结束时间非递减次序排序,使得 $f_1 \leqslant f_2 \leqslant \cdots \leqslant f_n$。

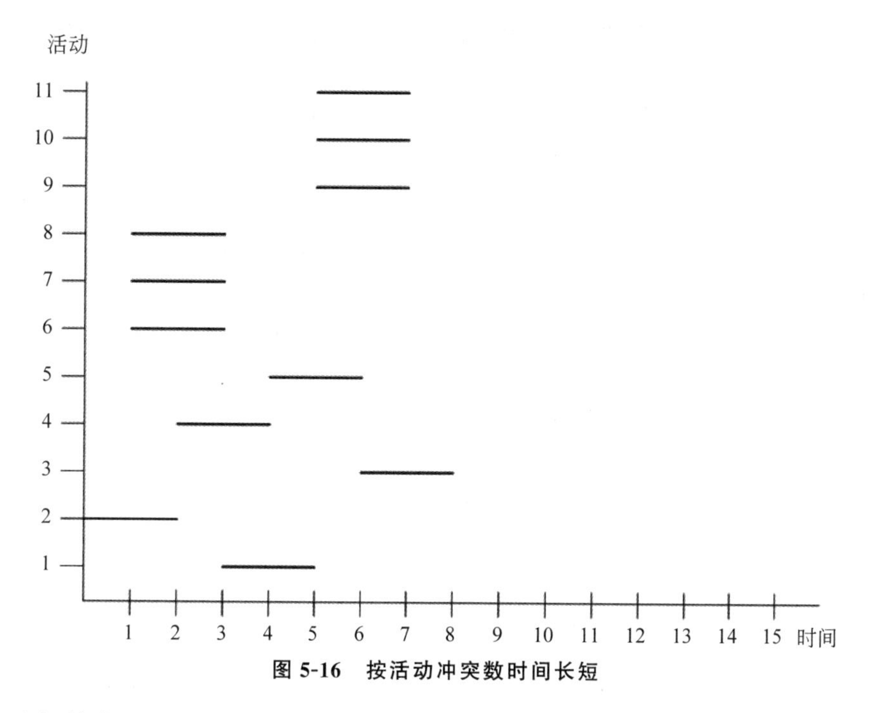

图 5-16　按活动冲突数时间长短

(2) 选择结束时间最短的活动 e_1 加入相容活动集 A 中。

(3) 选择下一个活动,判断该活动是否与上一个加入 A 中的活动有冲突,如果没有冲突,则将该活动加入 A 中,否则放弃该活动。

(4) 重复步骤(3)直至活动 e_n。

5.6.4　算法实现

```
void GreedySelector(int n, Type s[], Type f[], bool A[]){
    A[1]=true;
    int j=1;
    for (int i=2;i<=n;i++) {
        if (s[i]>=f[j]) {
            A[i]=true;
            j=i;
        }
        else
            A[i]=false;
    }
}
```

5.6.5　算法分析

greedySelector 算法的效率极高。当输入的活动已按结束时间的非减序排列,算法只需 $O(n)$的时间安排 n 个活动,使最多的活动能相容地使用公共资源。如果所给出的活动未按非减序排列,可以用$O(n\log_2 n)$的时间重排,算法时间复杂度为$O(n\log_2 n)$。

假设输入的活动以其完成时间的非减序排列,算法 greedySelector 每次总是选择具有最早完成时间的相容活动加入集合 A 中。直观上,按这种方法选择相容活动为未安排活动留下尽可能多的时间。也就是说,该算法的贪心选择的意义是使剩余的可安排时间段极大化,以便安排尽可能多的相容活动。下面给出算法正确性证明。

设 $E=\{e_1,e_2,\cdots,e_n\}$ 为所给活动集合,E 中活动安排按结束时间的非减序排列,所以活动 1 具有最早完成时间。

设 a 是所给活动安排的一个最优解,且 a 中活动也按结束时间非减序排列。设 a 中的第一个活动是 e_k。如果 $k=1$,则第一个活动 e_1 在最优解 a 中。

现假设 $k>1$,则将 e_k 移出序列 a,同时将活动 e_1 加入 a 中,形成集合 b,$b=(a-\{e_k\})\cup\{e_1\}$。由于 $f_1\leqslant f_k$,所以 b 也是一个相容集合,且其元素个数与集合 a 的元素个数相同,所以 b 也是一个最优解。因此,证明了总存在一个以第一个活动 e_1 开始的最优活动方案。

现假设 c 是活动集 $\{e_1,e_2,\cdots,e_{n-1}\}$ 按活动最早结束时间贪心策略选择的一个最优解。现考虑活动 e_n 能否加入集合 c 中,假设 c 中最后一个活动为 e_p。如果 $f_p\leqslant s_n$,则 $d=c\cup\{e_n\}$ 是问题 $E=\{e_1,e_2,\cdots,e_n\}$ 的最优解。如果 $f_p>s_n$,根据贪心选择策略,则不存在结束时间小于 f_p 的最优解,因此 c 即为问题 $E=\{e_1,e_2,\cdots,e_n\}$ 的最优解。

因此按活动最早结束时间作为贪心策略可以得到最优解。

5.7 哈夫曼编码

5.7.1 概述

编码是信息从一种形式或格式转换为另一种形式的过程。这里将信息转成计算机能够识别的二进制形式称为编码。编码可以有多种方式,ASCII 码就是一种常用的编码方式。在 ASCII 码当中,把每一个字符表示成特定的 8 位二进制数,例如:A 在 ASCII 码中用十进制表示是 65,对应的 8 位二进制数为 01000001,ASCII 码是一种等长编码,也就是任何字符的编码长度都相等。等长编码的优势很明显,每个字符对应的二进制编码长度相同,所以很容易设计,也很容易读写。但在有限的存储空间下,等长编码的缺点就表现出来,即编码结果过长,占用过多的资源。

哈夫曼编码(Huffman Coding)是由麻省理工学院的哈夫曼博士发明,是广泛地用于数据文件压缩的十分有效的编码方法。其压缩率通常为 20%~90%。哈夫曼编码算法用字符在文件中出现的频率表来建立一个用 0、1 串表示各字符的最优表示方式。

5.7.2 前缀码

对每一个字符规定一个 0、1 串作为其代码,并要求任一字符的代码都不是其他字符代码的前缀。这种编码称为前缀码。

编码的前缀性质可以使译码方法非常简单。表示最优前缀码的二叉树总是一棵完全二叉树,即树中任一结点都有两个儿子结点。平均码长定义为:

$$B(T)=\sum_{c\in C}f(c)d_T(c)$$

其中,C 是要编码的字符集合,$f(c)$ 是集合 C 中字符 c 的出现频率,$d_T(c)$ 是 c 在二叉树中的深度。使平均码长达到最小的前缀码编码方案称为给定编码字符集 C 的最优前缀码。

5.7.3　哈夫曼编码方案

哈夫曼提出了构造最优前缀码的贪心算法，由此产生的编码方案称为哈夫曼编码。哈夫曼编码方案以自底向上的方式构造表示最优前缀码的二叉树 T。算法以 $|C|$ 个叶结点开始，执行 $|C|-1$ 次的"合并"运算后产生最终所要求的树 T，该树称为哈夫曼树。

哈夫曼树的构造过程如下。

(1) 构建森林：把每一个叶子结点，都当作一棵独立的树（只有根结点的树），这样就形成了一个森林，树的权值为字符的访问频率。

(2) 合并树：将森林按照字符访问频率由小到大的顺序排列，选取权值最小的两棵树，并将这两棵树合并成一棵树，生成新的父结点，选取的两棵树分别作为父结点的左右子树，父结点权值为两棵子树的权值之和。

(3) 将选择的两棵树移出森林，将合并后的树加入森林。

(4) 重复步骤(2)和(3)，直至森林中只有一棵树。

例如，5 种字符 a、b、c、d、e，使用频率分别为{0.1，0.14，0.2，0.26，0.3}。

按照哈夫曼编码方案，将每个字符看成一棵树，先合并树 a 和 b，得到新树 f，f 的权值为 a、b 权值之和，如图 5-17 所示。

这时森林中有树(c，f，d，e)权值为{0.2，0.24，0.26，0.3}。

接着合并 c 和 f，得到新树 g，g 的权值为 c、f 权值之和，如图 5-18 所示。

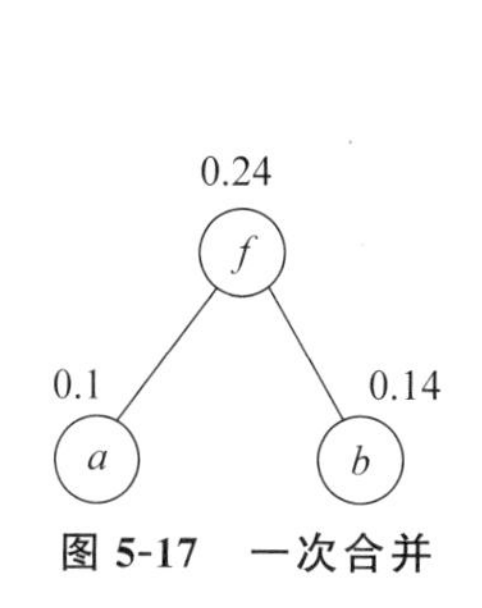

图 5-17　一次合并

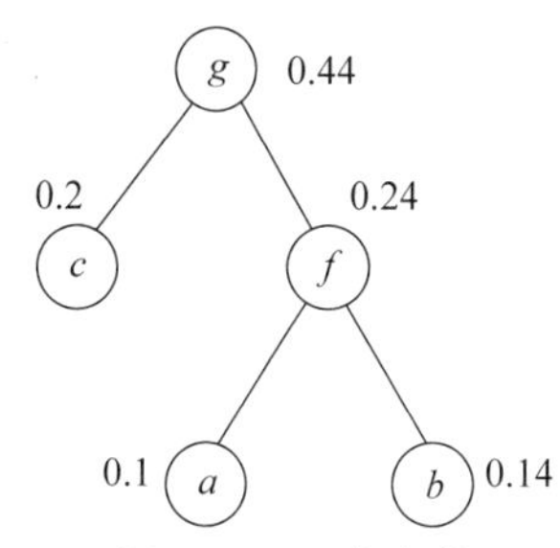

图 5-18　二次合并

这时森林中有树(d，e，g)权值为{0.26，0.3，0.44}。

接着合并 d 和 e，得到新树 h，h 的权值为 d、e 权值之和，如图 5-19 所示。

这时森林中有树(g，h)权值为{0.44，0.56}。

接着合并 g 和 h，得到新树 i，i 的权值为 g、h 权值之和，如图 5-20 所示。

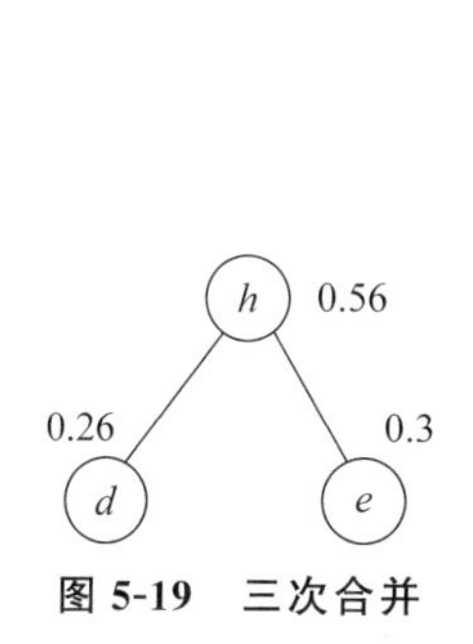

图 5-19　三次合并

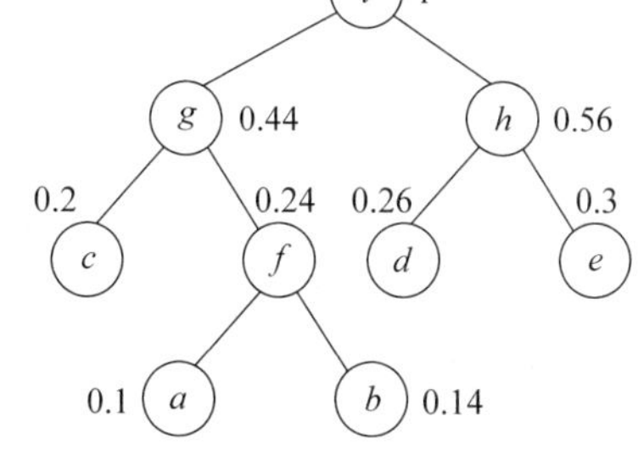

图 5-20　四次合并

这时森林中只有一棵树 i，树 i 就是要求的哈夫曼树。

编码值为：$a=010, b=011, c=00, d=10, e=11$。

5.7.4 算法实现

```
typedef struct node{ undefined
    char word;                                  //字符
    int weight;                                 //权重
    struct node * left, * right;                //左右子树
}HufNode;
HufNode CreateHufnode(HufNode f[],char ch){     //f 为输入森林
                                                //ch 的森林中字符最大值
    if(f.size>1){
        HufNode a =getMinNode(f);               //从 f 中获取权值最小的树
        f.remove(a);
        HufNode b=getMinNode(f);
        f.remove(b);
        HufNode c=new HufNode();
        ch=ch+1;
        c.word=ch;
        c.weight=a.weight+b.weight;
        c.left=a;
        c.right=b;
        f.add(c);                               //将 c 按权值插入 f 的适当位置
        return CreateHufnode(f, ch);
    }else
    return getMinNode(f);
 }
```

5.7.5 算法分析

不考虑在森林中插入新树时寻找插入位置的时间，算法的时间复杂度为 $O(n)$。寻找适当插入位置采用二分法，每次最大时间为$O(\log_2 n)$，由于要进行 $n-1$ 次合并，所以考虑在森林中插入新树时寻找插入位置的时间算法的时间复杂度为$O(n\log_2 n)$。

要证明哈夫曼算法的正确性，只要证明最优前缀码问题具有贪心选择性质和最优子结构性质。

1. 贪心选择性质证明

若叶结点 x、y 是被选中合并的结点，即 x、y 具有最小权值，则：

(1) x、y 是结果树上深度最大的两个结点，且互为兄弟。

(2) 必存在最优二叉树以 x、y 为深度最大的两个结点，且互为兄弟(编码最长，且只有最后一位编码不同)。

显然，总可通过交换 x、y 到最深的一对兄弟结点，得到满足条件的最优二叉树。

2. 最优子结构性质证明

设二叉树 T 是一棵最优二叉树，叶结点 X、Y 是 T 中具有最小权值的两个结点，且是互为兄弟结点的最深的叶子结点，其深度为 d。取 X、Y 的父结点 Z 代替 X、Y 结点，Z 的权值

为 X、Y 权值之和，得到新的二叉树 T'，如图 5-21 所示。

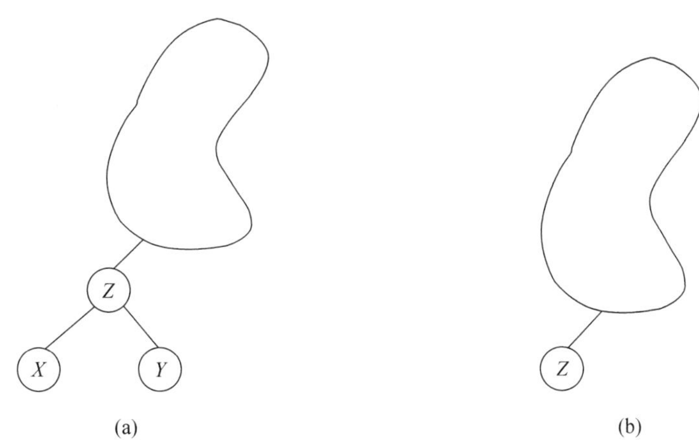

图 5-21　最优子结构

设原二叉树 T 的权值为 $W_T = W' + Xd + Yd$，其中，W' 为去掉 X、Y 后的二叉树权重，则 T' 的结点权重为：

$$W_{T'} = W' + Z(d-1) = W' + (X+Y)(d-1) \tag{5-13}$$

如果二叉树 T' 不是最优的，则一定存在最优的二叉树 T''，用 X、Y 替换 T'' 中的叶结点 Z，则得到一棵新的二叉树，该树优于树 T，这与 T 是最优二叉树相矛盾，所以二叉树 T' 也一定是最优二叉树。

命题得证。

5.8　拟　　阵

5.8.1　拟阵定义

定义：**集族(Family of Sets)**是由具有某种性质的一些集合所构成的集合，即“集合的集合”，集族是以集合为元素构成的集合。集族常用花体字母表示，本书中以 $\mathscr{A}\mathscr{B}\mathscr{C}$ 等来表示集族。集合之间关系的定义和运算规律同样适用于集族。

拟阵是一种组合结构，其定义为 $M=(U,F)$：

(1) U 是一个有限集合。

(2) F 是集合 U 子集的一个非空集族，F 中的元素称为 U 的独立子集。

(3) 如果当 $B\in F$ 且 $A\subseteq B$ 时，有 $A\in F$，则称 F 是遗传的。

(4) 如果 $A\in F$ 且 $B\in F$，$|A|<|B|$，那么存在某个元素 $x\in B-A$，使得 $A\cup\{x\}\in F$，则称 M 满足交换性质。

(5) 空集 $\varnothing\in F$。

U 中的元素被称为边，而 F 中的集合 $S\in F$ 称为独立集，交换性质是考察一个集族是不是拟阵的关键。

扩张：设 $M=(U,F)$ 是一个拟阵，A 是 F 的元素，如果 $A\cup\{x\}$ 是 F 的元素，且 $x\notin A$，x 称为 A 的一个扩张。

最大独立子集合：设 $M=(U,F)$ 是拟阵，A 是 F 的元素。若 A 没有扩张，则称 A 为最大独立子集合。

加权拟阵：设 $M=(U,F)$ 是拟阵，如果存在一个权函数 W，使得对于在 U 中的任意的元素 x，$W(x)$ 是一个正数，则称 M 是加权拟阵，W 可以扩展到 U 的任意子集合 A，$W(A)=\sum\limits_{x\in A}W(x)$。

优化子集：拟阵 $M=(U,F)$ 中具有最大权值 $W(A)$ 的独立子集 A，$A\in F$。

图拟阵定义为 $M_G=(S_G,F_G)$：

(1) S_G 定义为 E，即图 G 的边的集合。

(2) $F_G=\{A|A$ 是 E 的子集，(V,A) 是森林$\}$。

定理 5.1：如果 $G=(V,E)$ 是一个无向图，则 $M_G=(S_G,F_G)$ 是一个拟阵。

证明：

(1) 显然 $S_G=E$ 是一个非空有限集合。

(2) F_G 是 E 的子集合族，而对于 E 中的任意一个元素 e，$\{e\}$ 是 F_G 的元素，所以 F_G 非空。

(3) F_G 满足遗传性。因为一个森林的边集的子集合仍然是一个森林。

(4) F_G 满足变换性。

假定 $G_A=(V,A)$ 和 $G_B=(V,B)$ 是 G 的森林，且 $|B|>|A|$，则 B 中至少存在一条边 (u,v) 不在 A 中。

则边 (u,v) 必连接 A 的两棵不同树。$(V,A\cup\{(u,v)\})$ 是森林，$A\cup\{(u,v)\}$ 是 F_G 的元素。于是，M_G 满足交换性。

证明完毕。

定理 5.2：拟阵中所有最大独立子集合都具有相同大小。

证明：

假设一个拟阵 $M=(U,F)$ 的所有最大独立子集合不具有相同的大小，则存在 A、B 是拟阵 M 的最大独立子集合，$|B|>|A|$。

根据 M 的交换性，存在 $x\in B-A$，使 $A\cup\{x\}$ 是 F 的元素，A 可以进行扩张，这与 A 是 M 的最大独立子集合矛盾。

因此，拟阵中所有最大独立子集合都具有相同大小。

证明完毕。

5.8.2 加权拟阵上的贪心算法

很多可以用贪心算法得到最优解的问题都可以形式化为在一个加权拟阵中寻找最大权重独立子集的问题。

给定一个加权拟阵 $M=(U,F)$，我们希望寻找独立集 $A\in F$ 使得 $W(A)$ 最大。称这种独立且具有最大可能权重的子集为拟阵的最优子集。

由于对于任何元素 $x\in U$ 的权重 $W(x)$ 都是正的，则最优子集必然是最大独立子集。

例如，在最小生成树问题中，给定一个连通无向图 $G=(V,E)$ 和一个长度函数 W，使得 $W(e)$ 表示边 e 的长度(正值)。我们希望找到一个边的子集，能连接所有顶点，且具有最小总长度。

为了将此问题描述为寻找拟阵最优子集的问题，考虑加权拟阵 M_G，其权重函数为W'。$W'(e)=W_0-W(e)$，其中，W_0 为大于最大边长度的一个常数值。在此加权拟阵中，所有权重均为正，且最优子集即为原图中的最小总长度生成树。更具体地，每个最大独立子集 A 都对应一棵$|V|-1$ 条边的生成树，而且由于对所有最大独立子集 A，有：

$$W'(A)=\sum_{e\in A}W'(e)=\sum_{e\in A}|W_0-W(e)|$$
$$=(|V|-1)W_0-\sum_{e\in A}W(e)=(|V|-1)W_0-W(A) \tag{5-14}$$

因此，最大化$W'(A)$必然最小化 $W(A)$。因此，任何能求得任意拟阵中最优子集 A 的算法，均可求解最小生成树问题。

算法实现：

```
Greedy(M,w){
    A=∅;
    将 M 中的边的集合 U 按照权重 w(x)单调递减次序排序
    foreach(x∈M.U){
        if(A∪{x}∈M.F)
            A=A∪{x};
    }
    Return A;
}
```

5.8.3　用拟阵求解带时限的作业调度问题

问题描述见5.3节。假设只有一台处理机，处理每个作业均需一个时间单位，则求解的问题为：

（1）m 个单位时间作业集合$\{U=J_1,J_2,\cdots,J_m\}$。

（2）m 个整数截止时间 $d_1,d_2,\cdots,d_m$，$1\leqslant d_i\leqslant m$，期望作业 J_i 在截止时间 d_i 前完成。

（3）设 $W_0=\max\limits_{1\leqslant i\leqslant m}p_i$，其中，$p_i$ 为作业 J_i 在截止时间 d_i 前完成获得利润。设 $W_i=W_0-p_i$ 为作业 J_i 没在截止时间 d_i 前完成受到的惩罚，W_i 非负。

则带时限的作业调度问题是找到一种作业调度方案使惩罚总和最少。

对于一个作业集合 A，如果存在一个调度方案使 A 中所有作业都能在各自期限内完成，则称 A 是独立的。令 F 是所有独立作业集的集合。

令 $M=(U,F)$，如果 M 是一个拟阵则可以用拟阵求解带时限的作业调度问题，下面给予证明。

证明：

（1）显然 F 中的每个独立作业集的子集也必然是独立的。

（2）证明遗传性。

设 $B\in F$，则根据定义 B 中的作业都能在各自规定的时限内完成。令 $A\subseteq B$，则 A 中的作业都能在各自规定的时限内完成，所以 $A\in F$，满足遗传性。

（3）证明交换性。

假设 B 和 A 是独立的作业集合，且$|B|>|A|$。

定义 $N_t(S)$表示集合 S 中截止时间小于或等于 t 的作业数，其中，t 取值为 0,1,2,…,m。显然 $N_0(S)=0$。

令 k 是满足 $N_t(B)\leqslant N_t(A)$的最大的 t。由于 $N_m(B)=|B|$，$N_m(A)=|A|$，且 $|B|>|A|$，则对于取值在 $k+1$ 和 m 之间的任意数 j，必然有 $N_j(B)>N_j(A)$。因此 B 比 A 包含更多截止时间为 j 的作业数($k+1\leqslant j\leqslant m$)。

令 a 为 $B-A$ 中截止时间为 $k+1$ 的作业，令 $A'=A\cup\{a\}$。

因为 A 是独立的，对于 $0\leqslant t\leqslant k$，有 $N_t(A')=N_t(A)\leqslant t$。

因为 B 是独立的，对于 $k<t\leqslant m$，有 $N_t(A')\leqslant N_t(B)\leqslant t$。

因此 A'是独立的，所以 $M=(U,F)$满足交换性。

因此 $M=(U,F)$是一个拟阵。

证明完毕。

采用拟阵求解带时限的作业调度问题过程如下。

```
Greedy(M,w){
    A=∅;
    将 M 中作业的集合 U 按照惩罚权重 w(x)单调递增次序排序
    foreach(x∈M.U){
        if(A∪{x}∈M. F)
            A=A∪{x};
    }
    Return A;
}
```

第6章 回溯法

6.1 概述

6.1.1 概念

回溯法是一种深度优先的选优搜索算法，按选优条件向前搜索，以达到目标。当探索到某一步时，发现原先的选择并不优或者达不到目标时，就退回到上一步重新选择，这种走不通就退回再走的搜索方法称为回溯法，而满足回溯条件的某个状态的点为"回溯点"。回溯法是一个既带有系统性又带有跳跃性的搜索算法。

6.1.2 基本思想

解决问题要按照规则去试探，试探到满足要求的解则完成，否则继续试探，直到找到某一个或者多个解。这种"试探着走"的思想也就是回溯法的基本思想。如果试得成功则继续下一步试探。如果试得不成功则退回一步，再换一个办法继续试。如此反复进行试探性选择与返回纠错的过程，直到求出问题的解。

6.1.3 回溯法的基本理论

问题的解向量：回溯法希望一个问题的解能够表示成一个 n 元式($x_1,x_2,\cdots,x_n$)的形式，我们称之为问题的解向量。

显式约束：规定问题输入 I 中对分量 x_i 的取值限定。对于问题的一个实例，解向量满足显式约束条件的所有多元组，构成了该实例的一个**解空间**。

隐式约束：为满足问题的解而对不同分量之间施加的约束，规定问题输入 I 的解空间中那些实际上满足判定函数 P 的多元组。因此隐式约束描述了 x_i 必须彼此相关的情况。

例如，对于有 n 种物品的0-1背包问题，可以用($x_1,x_2,\cdots,x_n$)表示问题的解，其中，x_i 表示物品是否装入背包中：0表示没有装入背包，1表示装入背包。

其显式约束为：x_i 的取值范围为$\{0,1\}$。

隐式约束为：装入背包中物体的重量总和不能超过背包的容量。

目标函数是：背包中装入物体的重量总和最大。

由所有满足显式约束条件 x_i 取值范围为$\{0,1\}$的 n 元组构成0-1背包问题的解空间，解空间是一个集合。对于规模 $n=3$ 的背包问题，其解空间是：

$$\{(0,0,0),(0,0,1),(0,1,0),(1,0,0),(0,1,1),(1,0,1),(1,1,0),(1,1,1)\}$$

回溯法的基本做法是搜索(求某一解),或是一种组织得井井有条的、能避免不必要搜索的穷举式搜索法(求所有解)。这种方法适用于解一些组合数相当大的问题。为了更有效地进行搜索,将所有的解构造成树的结构,形成**解空间树**。在这个解空间树中,从根结点出发按深度优先策略搜索整个解空间树。当算法搜索至解空间树的某一结点时,先判断该结点是否包含问题的解。如果不包含,则跳过对以该结点为根的子树的搜索,向父其结点回溯;否则,进入该子树,继续按深度优先策略搜索。

解空间树中包含如下三类结点。

(1) 根结点:搜索的起点,搜索从根结点开始。

(2) 中间结点(非终端结点):中间结点包含解向量的部分元素。

(3) 叶结点(终端结点):每个叶结点代表一个解向量。

回溯法从开始结点(根结点)出发搜索,以深度优先的策略搜索整个解空间。回溯法不事先生成整个解空间树,而是在搜索过程中,不断扩展解空间树结点。这涉及以下概念。

扩展结点:一个正在产生儿子的结点称作扩展结点。

活结点:一个自身已生成但其儿子还没有全部生成的结点称作活结点。

死结点:一个所有儿子已经产生的结点称作死结点。

深度优先问题状态生成方法:如果对一个扩展结点 R,一旦产生了它的一个儿子 C,就把 C 当作新的扩展结点。在完成对子树 C(以 C 为根的子树)的穷尽搜索之后,将 R 重新变成扩展结点,继续生成 R 的下一个儿子(如果存在)。

回溯法为了避免生成那些不可能产生最优解的问题状态,要不断地利用限界函数(Bounding Function)来处死那些实际上不可能产生最优解的活结点,以减少问题的计算量。回溯法也可以理解为具有限界函数的深度优先搜索算法。

6.1.4 实现步骤

使用回溯法的具体解题步骤如下。

(1) 根据问题描述,将问题的解以向量的方式表示,并定义其显式约束条件和隐式约束条件,形成解空间。

(2) 将问题解空间转换成为图或者树的结构进行表示。

(3) 确定结点的扩展搜索规则,利用适于搜索的方法组织解空间。

(4) 构造约束函数(用于杀死结点),利用深度优先法搜索解空间,可以采用递归回溯或迭代回溯。

(5) 利用剪枝函数避免移动到不可能产生解的子空间。

在包含问题的所有解的解空间树中,按照深度优先的策略,从根结点出发搜索解空间树。算法搜索至解空间树中任一结点时,总是先判断该结点是否肯定不包含问题的解。如果肯定不包含,则跳过对以该结点为根的子树的系统搜索,逐层向其祖先结点回溯。否则,进入该子树,继续按深度优先的策略进行搜索。回溯法在用来求解问题的所有解时,要回溯到根,且根结点所有子树都已被搜索一遍时才结束;而回溯法在用来求解问题的任一解时,只要搜索到问题的一个解就可以结束搜索。

用回溯法求解问题的关键在于如何定义问题的解空间，并转换成树(即解空间树)。解空间树可分为两类：子集树和排列树，两种在算法结构和思路上大体相同。回溯法的基本行为是搜索，搜索过程中使用剪枝函数来避免无效的搜索。剪枝函数包含两类：①使用约束函数，剪去不满足约束条件的路径；②使用限界函数，剪去不能得到最优解的路径。用回溯法解题的一个显著特征是在搜索过程中动态产生问题的解空间。在任何时刻，算法只保存从根结点到当前扩展结点的路径。如果解空间树中从根结点到叶结点的最长路径的长度为 $h(n)$，则回溯法所需的计算空间为 $O(h(n))$。

6.2 *n* 皇后问题

6.2.1 问题描述

八皇后问题是各种程序设计语言中古老而著名的问题，该问题由 19 世纪著名数学家高斯在 1850 年所提出：在 8×8 格的国际象棋棋盘上摆放 8 个皇后，使它们不能相互攻击，即任意两个皇后不能处于同一行、同一列或者同一对角线上。可以把八皇后问题扩展到 n 皇后问题，即在 $n \times n$ 的棋盘上摆放 n 个皇后，使任意两个皇后都不能处于同一行、同一列或同一斜线上。

给一个整数 n，返回所有不同的 n 皇后问题的解决方案。

6.2.2 问题分析

下面首先给行、列和皇后都编号：行号由上到下分别为 $1 \sim n$ 行；列号从左到右分别为 $1 \sim n$ 列；由于皇后之间不能互相攻击，因此每一行上能且只能摆放 1 个皇后，我们将放在第 i 行的皇后编号为 i，用 x_i 表示皇后 i 所处的列号。

这样，8 皇后问题的解向量可以写成($x_1, x_2, x_3, x_4, x_5, x_6, x_7, x_8$)的形式，$n$ 皇后问题的解向量可以写成($x_1, x_2, \cdots, x_n$)的形式。

显式约束条件是：$x_i \in \{1, 2, \cdots, n\}$。

隐式约束条件是：当 $i \neq j$ 时，$x_i \neq x_j$，$|x_i - x_j| \neq |i - j|$。

6.2.3 问题求解

问题求解首先构造状态空间树。以 4 皇后为例，解空间树是一个完全 4 叉树，树的根结点表示搜索的初始状态，从根结点到第 2 层结点对应皇后 1 在棋盘中第 1 行的可能摆放位置，从第 2 层结点到第 3 层结点对应皇后 2 在棋盘中第 2 行的可能摆放位置，以此类推。状态空间树如图 6-1 所示。

求解过程从根结点开始，首先摆放皇后 1，然后摆放皇后 2，以此类推。摆放时根据隐式约束条件限制，确定皇后的摆放位置。在摆放皇后 m 的基础上，摆放皇后 $m+1$，如果按隐式约束条件，皇后 $m+1$ 没有可行的摆放位置，回退到皇后 m，将皇后 m 更换一个合理位置，如果皇后 m 没有新的合理位置，回退到皇后 $m-1$。重复上述过程，直至找出问题的一个解或所有解。

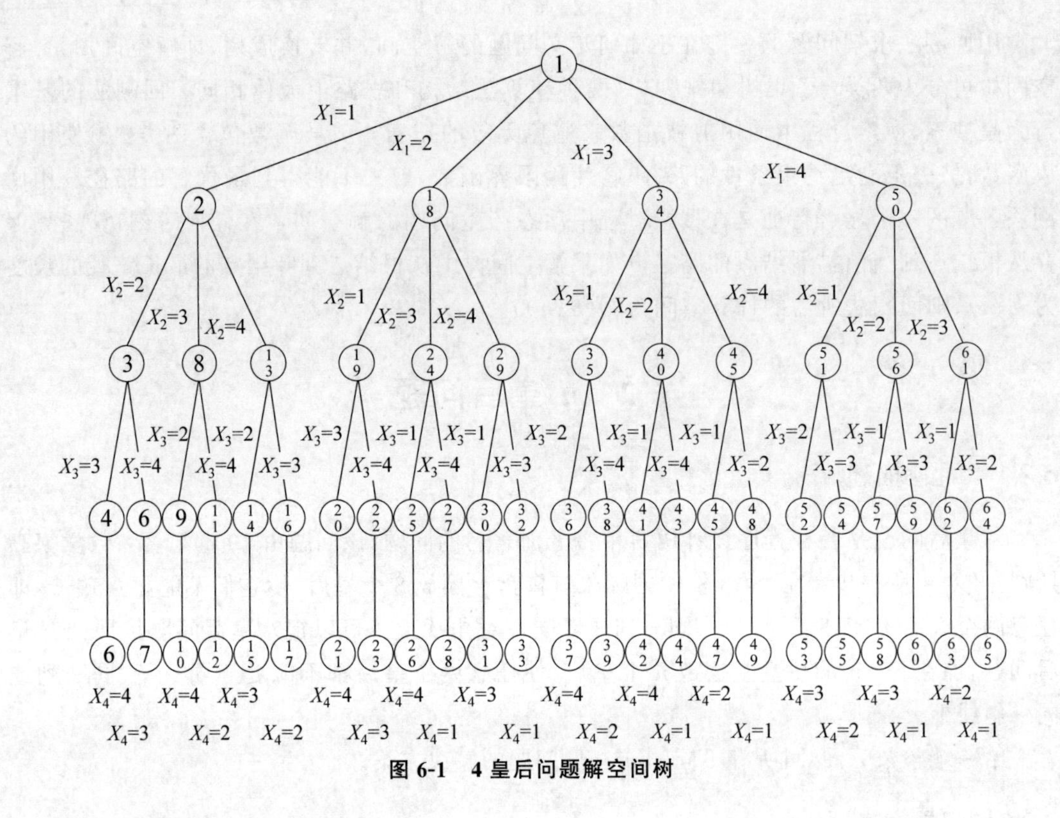

图 6-1　4 皇后问题解空间树

6.2.4　算法实现

```
public void nqueens(int n)
{
    int[] x =new int[n +1];
    x[1] =0;
    int k =1;
    while (k >0)
    {
        x[k] =x[k] +1;
        while (x[k] <=n &&!place(x, k))
            x[k] =x[k] +1;                        //不能放,换下一列
        if (x[k] <=n)
        {   //k皇后能放入
            if (k ==n)                            //找到一个解
            {
                System.Console.WriteLine("找到一个解: ");
                for (int i =1; i <=n; i++)
                {
                    for(int j =1; j <=n; j++)
                    {
                        if(x[i]==j)
                            System.Console.Write("1 ");
                        else
```

```
                        System.Console.Write("0 ");
                    }
                    System.Console.WriteLine("");
                }
            }
            else
            {    //继续向下搜索
                k++;
                x[k] =0;
            }
        }
        else k--;                    //不能放,回溯
    }
}
//判断第k个皇后是否可以放在x[k]列
bool place(int []x,int k)
{
    int i =1;
    while (i <k)
    {    //与前面k-1个皇后位置比较
        if (x[i] ==x[k]|| Math.Abs(x[i] -x[k])==Math.Abs(i -k))
            return false;
        i++;
    }
    return true;
}
```

6.3 子集和问题

6.3.1 问题描述

给定含有 n 个不同的正数的集合 $S=\{w_1,w_2,\cdots,w_n,\}$ 和正数 M,子集和问题是判定是否存在 S 的一个子集 S_1,使得 $\sum_{w_i \in S_1} w_i = M$。

例如,$n=4$,$(w_1,w_2,w_3,w_4)=(11,13,24,7)$,$M=31$,则满足要求的子集有(1,13,7)和(24,7),或表示为下标集 $S_1=(1,2,4)$和(3,4)。

6.3.2 问题分析

采用回溯法解子集和问题,首先定义解向量:

将 S 的子集用向量的形式表示,$S_1=\{(x_1,x_2,\cdots,x_n)\mid x_i=0$ 或 $1,i=1,2,\cdots,n\}$,其中,$x_i=0$ 表示正整数 w_i 不属于该子集,$x_i=1$ 表示 w_i 属于该子集。则 S_1 所对应的解向量分别为(1,1,0,1),(0,0,1,1)。

显式约束条件:$x_i \in \{0,1\}$。

隐式约束条件:部分解$(x_1,x_2,\cdots,x_k)$满足 $\sum_{i=1}^{k} w_i x_i \leqslant M$,其中,$k<n$。

为了避免重复地产生同一子集,例如(1,2,4)和(1,4,2),可增加一个隐式约束条件:$w_i < w_{i+1}, 1 \leqslant i < n$。

若当前搜索到的部分解所有元素之和超过设定的 M 值，则不必再往下搜索，剪去以当前结点为根的子树。

若当前搜索到的部分解所有元素之和，加上后面 $n-k$ 个元素之和小于 M，即 $\sum_{i=1}^{k} w_i x_i + \sum_{j=k+1}^{n} w_i < M$ 条件时，则在该分支上也不会产生解，则剪去以当前结点为根的子树。

6.3.3 问题求解

对于给定子集和问题，$S=\{11,13,24,7\}$，$M=31$，首先定义解向量：

$$S_1 = \{(x_1, x_2, x_3, x_4) \mid x_i = 0 \text{ 或 } 1, i=1,2,3,4\}$$

其次，构建状态空间树，状态空间树每一层次代表相应 x_i 的取值，左子树取值为 0，右子树取值为 1。

定义函数 $v(x) = \sum_{i=1}^{k} w_i x_i$，其中，$k$ 为当前结点所在的层次，$v(x)$ 表示当前结点已包含子集之和。

定义函数 $u(x) = \sum_{j=k+1}^{n} w_i$，其中，$k$ 为当前结点所在的层次，$u(x)$ 表示当前结点之后最大可能子集之和。

搜索首先从根结点开始，这时子集为空，所以 $v(1)=0$，$u(1) = \sum_{j=1}^{4} w_j = 55$。产生其左子结点，$x_1=0$，$v(2)=0$，$u(2) = \sum_{j=2}^{4} w_j = 44$。

以结点 2 为当前结点，产生其左子结点 3，$v(3)=0$，$u(3) = \sum_{j=3}^{4} w_j = 31$。

以结点 3 为当前结点，产生其左子结点 4，$v(4)=0$，$u(4) = \sum_{j=4}^{4} w_j = 7$。由于 $v(4) + u(4) < M$，所以以结点 3 左子树为根的子树不可能产生问题的解。产生结点 3 右子结点 5，$v(5)=24$，$u(4) = \sum_{j=4}^{4} w_j = 7$。

以结点 5 为当前结点，产生其左子结点 6，$v(6)=24$。由于结点 6 是叶子结点，$v(6)$ 不等于 M，所以结点 6 不是问题的解；产生结点 5 的右子结点 7，$v(7)=31$，等于 M，结点 7 是问题的一个解。由于结点 5 不能产生其他子结点，回溯到其父结点 3。

由于结点 3 不能产生其他子结点，回溯到其父结点 2。产生结点 2 的右子结点 8，$v(8)=13$，$u(8) = \sum_{j=3}^{4} w_j = 31$。

以结点 8 为当前结点，产生其左子结点 9，$v(4)=13$，$u(8) = \sum_{j=4}^{4} w_j = 7$。由于 $v(8) + u(8) < M$，所以以结点 3 左子树 9 为根的子树不可能产生问题的解。产生结点 8 右子结点 10，$v(10)=37$，$u(4) = \sum_{j=4}^{4} w_j = 7$，由于 $v(10)$ 大于 M，所以以结点 3 右子树 10 为根的子树不可能产生问题的解。由于结点 8 不能产生其他结点，回溯到其父结点 2。

由于结点 2 不能产生其他子结点，回溯到其父结点 1。

以结点1为当前结点，产生其右子结点11，$v(11)=11$，$u(11)=\sum_{j=2}^{4}w_j=44$。

以结点11为当前结点，产生其左子结点12，$v(12)=11$，$u(12)=\sum_{j=3}^{4}w_j=31$。

以结点12为当前结点，产生其左子结点13，$v(13)=11$，$u(13)=\sum_{j=4}^{4}w_j=7$，由于$v(13)+u(13)<M$，所以以结点12左子树13为根的子树不可能产生问题的解。产生结点12右子结点14，$v(14)=35$，$u(4)=\sum_{j=4}^{4}w_j=7$，由于$v(14)$大于M，所以以结点12右子树14为根的子树不可能产生问题的解。由于结点12不能产生其他结点，回溯到其父结点11。

以结点11为当前结点，产生其右子结点15，$v(15)=24$，$u(15)=\sum_{j=3}^{4}w_j=31$。

以结点15为当前结点，产生其左子结点16，$v(16)=24$，$u(16)=\sum_{j=4}^{4}w_j=7$。

以结点16为当前结点，产生其左子结点17，$v(17)=24$，由于结点17是叶子结点，且$v(17)$不等于M，结点17不是问题的解。

以结点16为当前结点，产生其右子结点18，$v(18)=31$，由于结点18是叶子结点，且$v(18)$等于M，结点18是问题的解。

由于结点16不能产生新的子结点，回溯到其父结点15。

以结点15为当前结点，产生其右子结点19，$v(19)=48$其值大于M，所以以结点19为根的子树不可能产生解。由于结点15不能产生新的子结点，回溯到其父结点11。

由于结点11不能产生新的子结点，回溯到其父结点1。

由于结点1不能产生新的子结点，搜索结束。

搜索过程如图6-2所示。

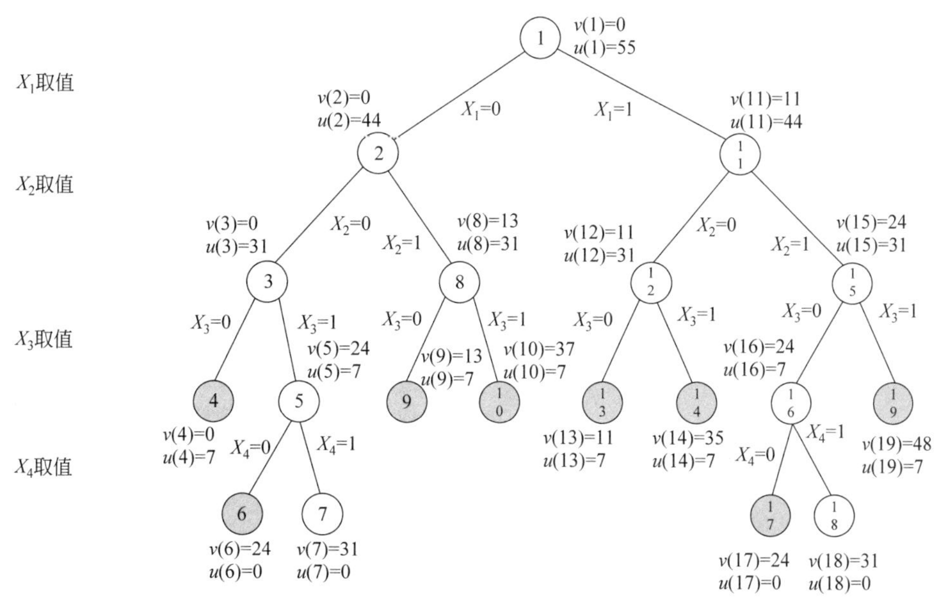

图6-2　子集和问题解空间树

6.3.4 算法实现

```
class SubsetSumPoint
{
    public int[] x;                            //解向量
    public int level;                          //结点级别,根结点级别为 0
    public int u =0;                           //上界值
    public int value =0;
    public bool left =false;
    public bool right =false;
    public SubsetSumPoint(int rw, int n)
    {
        this.u =rw;
        this.level =0;
        this.x =new int[n];
    }
    public SubsetSumPoint(SubsetSumPoint p)
    {
        this.x =(int[])p.x.Clone();
        this.level =p.level +1;
        this.u =p.u;
        this.value =p.value;
    }
}
public void SubsetSum()
{
    int n =4, M =31;
    int[] w ={ 11, 13, 24, 7 };                //存放所有整数,下标从 0 开始
    int []x=new int[n];                        //存放一个解向量
    int rw =0;                                 //总和
    for (int j =0; j <n; j++)
        rw +=w[j];
    SubsetSumPoint start =new SubsetSumPoint(rw, n);
    Stack s =new Stack();
    s.Push(start);
    while(s.Count >0)
    {
        SubsetSumPoint cp =(SubsetSumPoint)s.Pop();
        if (cp.level ==n)                      //已到叶结点
            continue;
        if (!cp.left)                          //生成左子树
        {
            SubsetSumPoint np =new SubsetSumPoint(cp);
            np.u -=w[cp.level];
            np.x[cp.level] =0;
            cp.left =true;
            s.Push(cp);
            if((np.value+np.u)>=M)             //还可能有解,继续搜索,否则杀死结点
                s.Push(np);
```

```
                continue;
            }
            if (!cp.right)                          //生成右子树
            {
                SubsetSumPoint np =new SubsetSumPoint(cp);
                np.u -=w[cp.level];
                np.value +=w[cp.level];
                np.x[cp.level] =1;
                cp.right =true;
                s.Push(cp);
                if((np.value )<M)                   //还可能有解,继续搜索,否则杀死结点
                    s.Push(np);
                if(np.value ==M)                    //找到一个解
                {
                    System.Console.Write("找到一个解: ");
                    for(int i=0;i<n;i++)
                        System.Console.Write(" "+np.x[i]);
                    System.Console.WriteLine("");
                }
                continue;
            }
        }
    }
```

6.4 图的 M 着色问题

6.4.1 问题描述

19 世纪 50 年代,英国学者提出了任何地图都可以用 4 种颜色来着色的 4 色猜想问题。过了一百多年,这个问题才由美国学者在计算机上予以证明,这就是著名的四色定理。

图的着色问题是由地图的着色问题引申而来:用 M 种颜色为图的顶点着色,使得图上的每个顶点着一种颜色,且有边相连的顶点颜色不同。

数学定义:给定一个无向图 $G=(V,E)$,其中,V 为顶点集合,E 为边集合,图着色问题即为将 V 分为 k 个颜色组,每个组形成一个**独立集**,即其中没有相邻的顶点。其优化目标是希望获得最小的 k 值。

6.4.2 问题分析

给定无向连通图 G 和 M 种不同的颜色,用这些颜色为图 G 的各顶点着色,每个顶点着一种颜色。寻找是否有一种着色法使 G 中每条边的两个顶点着不同颜色,如果存在这样 M 种颜色的着色方法,则说图 G 是 M 可着色的,这样的着色法称为图 G 的一种 M 着色。使得 G 是 M 可着色的最小数 M 称为图 G 的色数。求一个图的色数 M 的问题称为图的 M 可着色优化问题。

若判断图为 M 可着色的,可把着色问题安排到一棵图的顶点构成的树中,利用试探和回溯去求解。

6.4.3 问题求解

M 可着色：G 的一个 M 顶点着色是指 M 种颜色 $1,2,\cdots,M$ 对于 G 各顶点的一个分配，如果任意两个相邻顶点都分配到不同的颜色，则称着色是正常的。换句话说，无向图 G 的一个正常 M 顶点着色是把 V 分成 M 个（可能有空的）独立集的一个分类（$V_1,V_2,\cdots,V_m$）。当 G 有一个正常 M 顶点着色时，就称 G 是 M 顶点可着色的。

G 的色数 $X(G)$ 是指 G 为 M 可着色的 M 的最小值，若 $X(G)=M$，则称 G 是 M 色的。

事实上，如果将同色的顶点列入一个顶点子集，那么求 $X(G)$ 就转为求满足下列条件的最少子集数 M。

（1）两两子集中的顶点不同。

（2）子集中的两两顶点不相邻。

显然有：

（1）若 G 为平凡图，则 $X(G)=1$。

（2）若 G 为偶图，则 $X(G)=2$。

（3）对任意图 G，有 $X(G)\leqslant|V|$。

由“每个同色顶点集合中的两两顶点不相邻”可以看出，同色顶点集实际上是一个独立集，当我们用第 1 种颜色上色时，为了尽可能扩大颜色 1 的顶点个数，逼近所用颜色数最少的目的，就是找出图 G 的一个极大独立集并给它涂上颜色 1。用第 2 种颜色上色时，同样选择另一个极大独立集涂色，当所有顶点涂色完毕，所用的颜色数即为所选的极大独立集的个数。

当然，上述颜色数未必就是 $X(G)$，而且其和能够含所有顶点的极大独立集个数未必唯一。于是必须从一切若干极大独立集的和含所有顶点的子集中，挑选所用极大独立集个数最小者，其个数即为所用的颜色数 $X(G)$。

由此可以得算法步骤：

（1）求 G 图的所有极大独立集。

（2）求出一切若干极大独立集的和含所有顶点的子集。

（3）从中挑选所用极大独立集个数最小值，即为 $X(G)$。

算法的描述：由于用 M 种颜色为无向图 $G=(V,E)$ 着色，其中，V 的顶点个数为 n，可以用一个 n 元组 $C=(c_1,c_2,\cdots,c_n)$ 来描述图的一种可能着色，其中，$c_i\in\{1,2,\cdots,M\}$ 表示赋予顶点 i 的颜色，$1\leqslant i\leqslant n$。

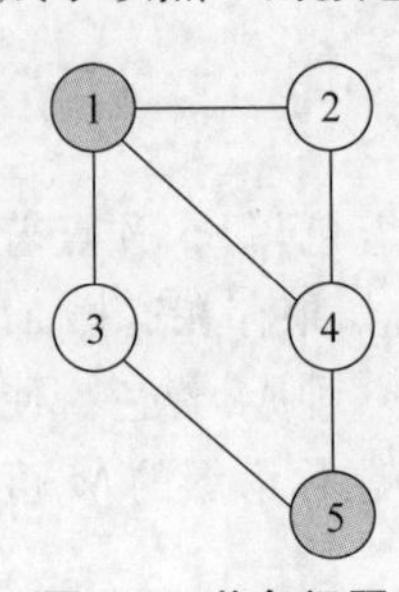

图 6-3 着色问题

例如，5 元组（1,2,2,3,1）表示对具有 5 个顶点的无向图（如图 6-3 所示）的一种着色，顶点 1 着颜色 1，顶点 2 着颜色 2，顶点 3 着颜色 2，顶 4 着颜色 3，顶点 5 着颜色 1。

如果在 n 元组 C 中，所有相邻顶点都不会着相同颜色，就称此 n 元组为可行解，否则为无效解。

回溯法求解图着色问题：首先把所有顶点的颜色初始化为 0，然后依次为每个顶点着色。

如果其中 i 个顶点已经着色，并且相邻两个顶点的颜色都不一样，就称当前的着色是有效的局部着色；否则，就称为无效的着色。

如果由根结点到当前结点路径上的着色，对应于一个有效着色，并且路径的长度小于 n，那么相应的着色是有效的局部着色。

这时，就从当前结点 i 出发，继续探索它的儿子结点，并把儿子结点标记为当前结点。如果在相应路径上搜索不到有效的着色，就把当前结点标记为 d 结点(死结点)，并把控制转移去搜索对应于另一种颜色的兄弟结点。如果对所有 M 个兄弟结点，都搜索不到一种有效的着色，就回溯到它的父亲结点，并把父亲结点标记为 d 结点，转移去搜索父亲结点的兄弟结点。

这种搜索过程一直进行，直到根结点变为 d 结点，或者搜索路径长度等于 n，并找到了一个有效的着色为止。

6.4.4 算法实现

```
public void GraphColor()
{
    int n=5;                                   //图的顶点数
    int m=3;                                   //颜色数
    int[,] e =
    {
        {0,1,1,1,0},
        {1,0,0,1,0},
        {1,0,0,0,1},
        {1,1,0,0,1},
        {0,0,1,1,0}
    };
    int[] color =new int[n];                   //图的顶点颜色,初始时为 0,取值 1: m
    int k =0;                                  //初始顶点
    while (k >=0)
    {
        color[k] =color[k] +1;
        while (color[k] <=m)
        {
            bool flag =true;
            for (int i =0; i <k; i++)
            if (e[k, i]==1 &&color[i]==color[k])       //相连接顶点颜色冲突
            {
                flag =false;
                break;
            }
            if (flag)                          //颜色相容
                break;
            else                               //颜色不相容,换一种颜色
                color[k] =color[k] +1;
        }
        if (color[k] <=m && k ==n-1)
        {    //求解完毕,输出解
            for (int i=0; i<n; i++)
```

```
            System.Console.WriteLine("顶点["+(i+1)+"]的颜色为: "+color
            [i]);
        return;
    }else if(color[k]<=m && k<n-1)
        k=k+1;                    //处理下一个顶点
    else
    {
        color[k]=0;
        k=k-1;                    //回溯
    }
  }
}
```

6.4.5 复杂度分析

图 m 可着色问题的解空间树中,内结点个数是:

$$\sum_{i=0}^{n-1} m^i$$

对于每一个内结点,在最坏情况下,用 CheckClolor()函数检查当前扩展结点每一个儿子的颜色可用性,需耗时 $O(mn)$。

因此,回溯法总的时间耗费是:

$$\sum_{i=0}^{n-1} m^i (mn) = \frac{nm(m^n - 1)}{m-1} = O(nm^n) \tag{6-1}$$

6.5 0-1 背包问题

6.5.1 问题描述

一个旅行者准备随身携带一个背包,可以放入背包的物品有 n 种,每种物品只有一个,重量和价值分别为 w_i、v_i($1 \leqslant i \leqslant n$)。如果背包的最大重量限制是 C,问怎样选择放入背包的物品,使得背包中物品的总价值最大,在选择装入背包的问题时,每种物品只有选与不选两种选择,不能装入多次,也不能只装入一部分。

6.5.2 问题分析

根据问题描述可知,0-1 背包问题是找出物品的一个子集,使子集中的物品都能装入背包,且子集中物品总价值最大。根据回溯法问题求解过程,首先定义解向量。

解向量为:$(x_1, x_2, \cdots, x_n)$。

显式约束:$x_i \in \{0,1\}$;0 表示物品不装入背包,1 表示物品装入背包。

隐式约束:$\sum_{i=1}^{n} w_i x_i \leqslant C$。

目标函数:$\sum_{i=1}^{n} v_i x_i$ 最大。

接下来是构造解空间树,对于该问题我们采用子集树作为解空间树。

设集合 S 中共有 n 个元素，从集合 S 的所有可能的子集构成了集合 S 的子集树。子集树是如图 6-4 所示的完全二叉树，其中每一层次表示对应 x_i 的取值，x_i 表示元素 i 是否包含在子集中，左子树取值为 1 表示子集中包含元素 i，右子树取值为 0 表示子集中不包含元素 i。子集树共有 2^n 个叶结点，2^n-1 个内结点。树中从根结点到叶子的路径描述了一个 n 元 0—1 向量，每一个这样的 n 元 0—1 向量代表集合 S 的一个子集。

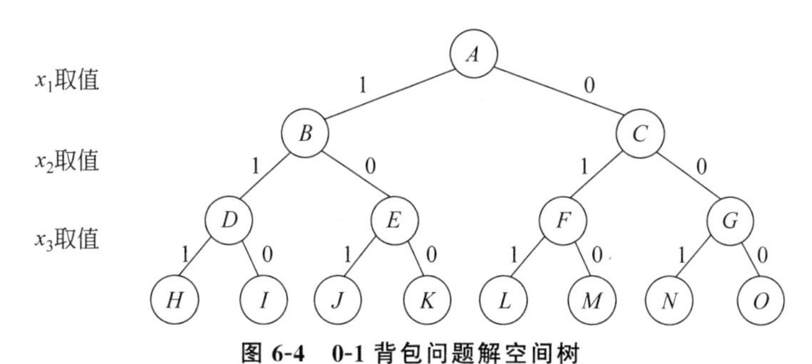

图 6-4　0-1 背包问题解空间树

接着按照深度优先策略搜索解空间树。在搜索过程用隐式约束条件判断当前所在位置是否可能有最优解，如果没有则回溯到其父结点。隐式约束条件是：

$$\sum_{i=1}^{k} w_i x_i \leqslant C \tag{6-2}$$

其中，k 表示当前搜索的深度。

搜索过程中同时记录可能获得的最大可获得价值 P，如果存在：

$$\sum_{i=1}^{k} v_i x_i + \sum_{j=k+1}^{n} v_j < P \tag{6-3}$$

则当前所在位置也不可有最优解。因为式(6-3)表明在当前位置已经获得的价值加上后续所有物品的价值之和小于已知的最大可获得价值 P。换句话说，即使后续所有物品都装入背包，背包中物品价值总和也小于已知的最大可获得价值，因此可以判断从当前位置继续搜索下去不可能得到最优解，回溯到其父结点位置。

6.5.3　问题求解

考虑如下背包问题：

共有 3 种物品，物品的重量分别是 $W=(16,15,15)$，物品的价值是 $V=(45,25,25)$，背包容量 $C=30$。

按照 6.5.2 节分析：

解向量为：(x_1, x_2, x_3)，$x_i \in \{0,1\}$。

隐式约束为：$\sum_{i=1}^{3} w_i x_i \leqslant 30$。

构造的解空间树如图 6-5 所示。

采用深度优先的策略进行搜索，搜索过程如图 6-5 所示。

第 1 步，搜索根结点左子结点 B，这时已获得价值 $p_B = v_1 = 45$，背包中物品重量 $w_B = w_1 = 16$，最大可获得价值 $P = p_B = 45$。

第 2 步，按照深度优先策略，搜索当前结点 B 的左子结点 D，由于这时背包中物品重量

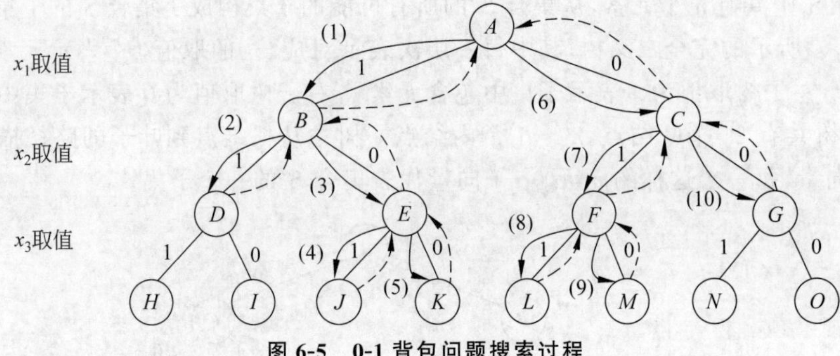

图 6-5　0-1 背包问题搜索过程

$w_D=w_1+w_2=31$，超过了背包容量，则结点 D 所在分支不可能有解，杀死结点 D，回溯到其父结点 B。

第 3 步，选择结点 B 的右子结点 E 继续搜索。这时已获得价值 $p_E=p_B=45$，背包中物品重量 $w_E=w_B=16$。

第 4 步，按照深度优先策略，选择结点 E 的左子结点 J 继续搜索。由于这时背包中物品重量 $w_D=w_B+w_3=31$，超过了背包容量，则结点 J 所在分支不可能有解，杀死结点 J，回溯到其父结点 E。

第 5 步，选择结点 E 的右子结点 K 继续搜索。这时已获得价值 $p_k=p_E=45$，背包中物品重量 $w_k=w_E=16$。由于结点 K 是叶结点，得到问题的一个解(1,0,0)，包中物品总价值为 45。回溯到其父结点 E，由于结点 E 没有其他未搜索子结点，回溯到结点 E 的父结点 B，由于结点 B 也没有其他未搜索子结点，回溯到结点 B 的父结点 A。

第 6 步，选择结点 A 的右子结点 C 继续搜索。这时已获得价值 $p_C=0$，背包中物品重量 $w_C=0$。

第 7 步，按照深度优先策略，选择结点 C 的左子结点 F 继续搜索。这时已获得价值 $p_F=p_2=25$，背包中物品重量 $w_F=w_2=15$。

第 8 步，按照深度优先策略，选择结点 F 的左子结点 L 继续搜索。这时已获得价值 $p_L=p_F+p_3=50$，背包中物品重量 $w_L=w_F+w_3=30$，最大可获得价值 $P=p_L=50$。由于结点 L 是叶结点，得到问题的一个解(0,1,1)，包中物品总价值为 50。回溯到其父结点 F。

第 9 步，选择结点 F 的右子结点 M 继续搜索。这时已获得价值 $p_M=p_F=25$，背包中物品重量 $w_M=w_F=15$。由于结点 M 是叶结点，得到问题的一个解(0,1,0)，包中物品总价值为 25。回溯到其父结点 F，由于结点 F 没有其他未搜索子结点，回溯到其父结点 C。

第 10 步，选择结点 C 的右子结点 G 继续搜索。这时已获得价值 $p_G=p_C=0$，背包中物品重量 $w_G=w_C=0$。由于 $\sum_{i=1}^{2}v_ix_i+\sum_{j=3}^{3}v_j=p_G+v_3=25<P=50$，所以结点 G 所在的分支不可能有最优解，杀死结点 G，回溯到其父结点 C，由于 C 没有其他未搜索子结点，回溯到其父结点 A，由于 A 没有其他未搜索子结点，搜索结束。

问题的最优解为(0,1,1)，包中物品总价值为 50。

6.5.4　算法实现

```
public void Backtrack()
{
```

```
int n =3;                                   //物品数量
int c =30;                                  //背包容量
int[] p ={ 45, 25, 25 };                    //各物品价值
int[] w ={ 16, 15, 15 };                    //各物品重量
int[] x =new int[n];                        //解向量
int cw =0;                                  //当前背包内物品总重量
int cp =0;                                  //当前背包内物品总价值
int bestP =0;                               //最大可获得价值
int[] bestx =new int[n];                    //达到 bestP 的解向量
int cbp =0;                                 //包中物品最大可能剩余装入价值
for (int i =0; i <n; i++)
    cbp +=p[i];
int[] nodeState =new int[n +1];
int level =0;
{
    if (level ==n)                          //找到一个解
    {
        if (bestP <cp)                      //优于当前最优解
        {
            bestP =cp;
            bestx =(int[])x.Clone();
        }
        level--;                            //回溯,寻找其他解
        continue;
    }
    if ((cp +cbp) <bestP)                   //不可能有解,回溯
    {
        nodeState[level] =0;
        level--;
        continue;
    }
    if (nodeState[level] ==0)               //第一次进入该结点,生成其左子树
    {
        nodeState[level] =1;
        if ((cw +w[level]) <=c)
        {  //物品 i 可放入背包中
            cw +=w[level];
            cp +=p[level];
            cbp -=p[level];
            x[level] =1;
            level++;
        }
    }
    else if (nodeState[level] ==1)          //第二次进入该结点,生成其右子树
    {
        if (x[level] ==1)
        {
            cw -=w[level];
            cp -=p[level];
            x[level] =-1;
```

```
            }
            x[level] = -1;
            nodeState[level] = 2;
            level++;
        }
        else                                    //回溯到父结点
        {
            nodeState[level] = 0;
            level--;
        }
    }
    if (bestP > 0)
    {
        System.Console.WriteLine("背包内物品价值: "+bestP);
        System.Console.Write("解向量为: ");
        for(int i = 0; i < n; i++)
            System.Console.Write(" : "+bestx[i]);
        System.Console.WriteLine("" );
    }
}
```

6.6 哈密顿回路问题

6.6.1 问题描述

设 $G=(V,E)$ 是一个有 n 个顶点的连通图。图中的一条哈密顿回路是通过图中的 n 条边，经过图中每个顶点一次且仅一次最后回到起始顶点的一条周游回路。问给定的图 G 是否存在哈密顿回路？

例如，如图 6-6 所示的 G_1 存在哈密顿回路(1,2,8,7,6,5,4,3,1)，G_2 不存在哈密顿回路。

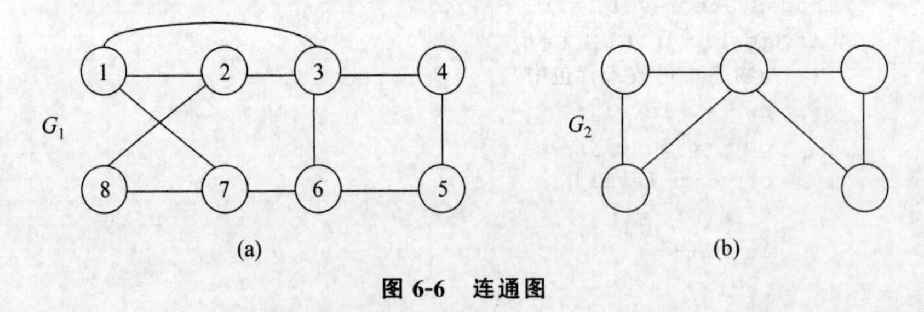

图 6-6 连通图

6.6.2 问题分析

任给一个图，判定它是否包含哈密顿回路存在问题是一个 NP 难题。我们采用回溯法通过在图中是否能找到一条哈密顿回路来判断给定图是否包含哈密顿回路。首先定义解向量：

用 n 元组 $(x_1,x_2,\cdots,x_n)$ 表示解向量，x_i 表示在一个可能回路上第 i 次访问顶点号数。

显式约束条件：$1 \leqslant x_i \leqslant n$。

隐式约束条件：

(1) $x_i \neq x_j$，当 $i \neq j$ 时。

(2) x_i 和 x_{i+1} 之间存在边。

由于哈密顿回路要经过图中每个顶点，可以定义第一个访问的顶点是顶点 1，即 $x_1=1$，则问题的解向量为 $(1, x_2, \cdots, x_n)$，其中，$2 \leqslant x_i \leqslant n$，$2 \leqslant i \leqslant n$。

假定已经选完了 $(x_1, x_2, \cdots, x_{k-1})$，$1<k<n$。那么 x_k 可以取不同于 $x_i(1 \leqslant i \leqslant k-1)$ 且有一条边与 x_{k-1} 相连的任何一个顶点，x_n 则必须是与 x_{n-1} 和 x_1 都相连的顶点。若这样的 x_k 找不到则回溯到 x_{k-2}，重找它的下一个不同取值的 x_{k-1} 顶点。

6.6.3　问题求解

针对如图 6-6(a) 所示的连通图，构造的解向量为 $(x_1, x_2, \cdots, x_8)$，其中，$x_1=1$，$2 \leqslant x_i \leqslant 8$，$2 \leqslant i \leqslant 8$。

根据顶点之间相连的边，可构造如图 6-7 所示的解空间树。

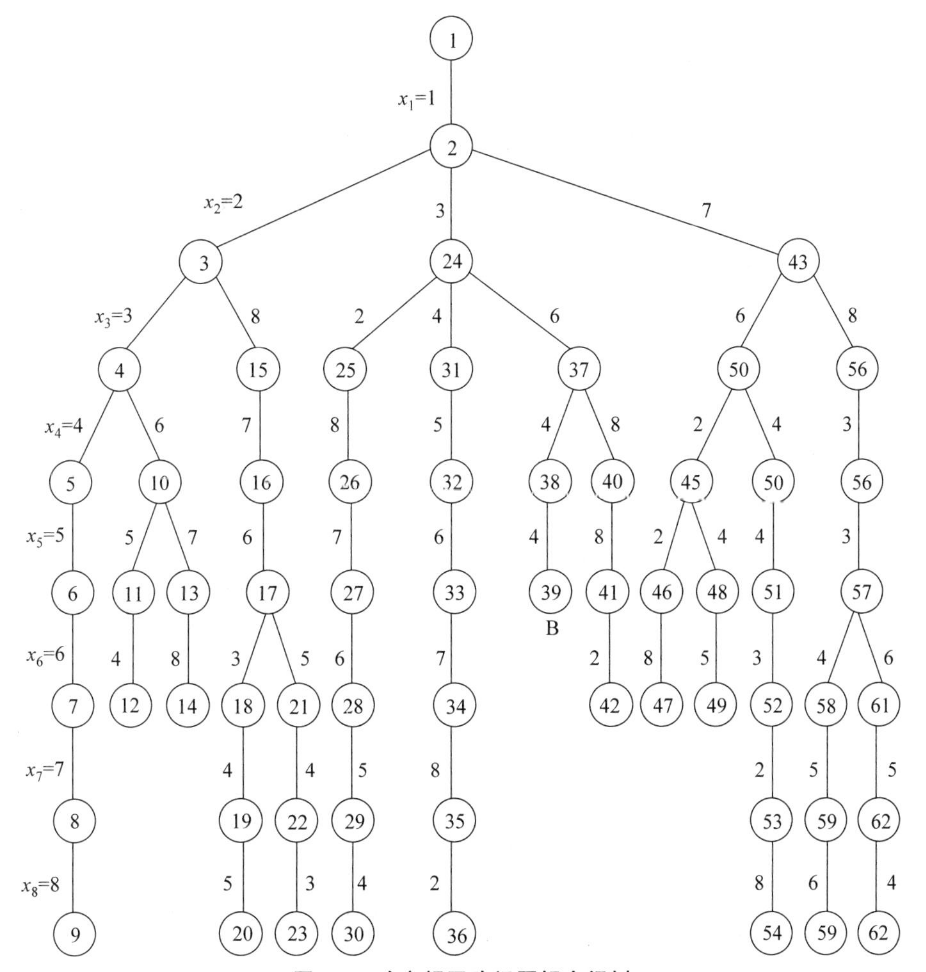

图 6-7　哈密顿回路问题解空间树

树中每一层分别代表 x_i 的取值,连线代表图中的边,例如,结点③代表 $x_2=2$,由于在图 6-6 G_1 中顶点 2 与顶点 1、3、8 有连线,而顶点 1 已在其路径中,因此结点③有两个子结点分别代表下一个顶点为 3 和 8。

回溯法的搜索过程如下。

第 1 步,搜索根结点的第 1 个子结点②,代表首先到达顶点 1。

第 2 步,按深度优先搜索结点②的第 1 个子结点③,代表第 2 个到达的顶点是顶点 2。

第 3 步,按深度优先搜索结点③的第 1 个子结点④,代表第 3 个到达的顶点是顶点 3。

重复上述过程,按深度优先直至结点⑧,代表第 8 个到达的顶点是顶点 8。这时发现与顶点 8 相连的顶点都已在路径上,且顶点 8 与顶点 1 之间没有连线,所以该路径上找不到哈密顿回路,回溯到其上一级结点⑦;而结点⑦没有其他子结点,继续回溯到结点⑦的上一级结点⑥。重复上述过程直至回溯到结点④,选择结点④的另外一个子结点⑩,继续向下搜索。

重复上述过程直至搜索到哈密顿回路(1,2,8,7,6,5,4,3,1)搜索结束,表明图 6-6 G_1 中包含哈密顿回路。如果继续搜索,可以找出图 6-6 G_1 中的所有哈密顿回路。

6.6.4 算法实现

```
public void hamiltonian()
{
    int n =8;                                           //顶点数量
    int[,] e =
    {
        {0,1,1,0,0,0,1,0 },
        {1,0,1,0,0,0,0,1 },
        {1,1,0,1,0,1,0,0 },
        {0,0,1,0,1,0,0,0 },
        {0,0,0,1,0,1,0,0 },
        {0,0,1,0,1,0,1,0 },
        {1,0,0,0,0,1,0,1 },
        {0,1,0,0,0,0,1,0 }
    };
    int[] x =new int[n];                                //解向量
    x[0] =1;                                            //总是从城市 1 出发
    int[] nodeState =new int[n+1];
    int level =1;
    while (level >0)
    {
        if (level ==n )                                 //搜索到叶结点
        {
            if (e[x[n-1]-1, 0] ==1)                     //找到一个解
            {
                System.Console.Write("找到一条哈密顿回路: ");
                for (int i =0; i <n; i++)
                    System.Console.Write(" " +x[i]);
                System.Console.WriteLine(" 1");
```

```
            }
            level--;
            continue;
        }
        if (nodeState[level] ==0)
            nodeState[level] =2;
        else
            nodeState[level]++;
        if (nodeState[level] ==n +1)                         //回溯
        {
            nodeState[level] =0;
            level--;
            continue;
        }
        if (e[x[level-1]-1, nodeState[level] -1] ==1)        //有边
        {
            bool cflag =true;
            for(int i=1;i<level;i++)
                if(x[i]==nodeState[level])                   //该顶点已在路径上
                {
                    cflag =false;
                    break;
                }
            if (cflag)
            {
                x[level] =nodeState[level];
                level++;
            }
        }
    }
}
```

6.7　连续邮资问题

6.7.1　问题描述

假设国家发行了 n 种不同面值的邮票，并且规定每张信封上最多只允许贴 m 张邮票。连续邮资问题要求对于给定的 n 和 m 的值，给出邮票面值的最佳设计，即在1张信封上可贴出从邮资1开始，增量为1的最大连续邮资区间。

例如，当 $n=5$ 和 $m=4$ 时，面值为(1,3,11,15,32)的5种邮票可以贴出邮资的最大连续邮资区间是1～70。

6.7.2　问题分析

用 n 元组 $x[1:n]$ 表示 n 种不同的邮票面值，并约定它们从小到大排列。$x[1]=1$ 是唯一的选择，此时的最大连续邮资区间是 $[1:m]$，接下来，$x[2]$ 的取值范围为 $[2,m+1]$。

假设已经选定 $x[1:i]$ 的面值，此时的最大连续邮资区间是 $[1:r]$，接下来的问题是如何选择 $x[i+1]$，使 $x[1:i+1]$ 表示的最大连续邮资值最大。

由于 $x[1:n]$ 由小到大排列，所以 $x[i+1]$ 大于 $x[i]$。由于连续排列，所以 $x[i+1]$ 取值应不大于 $r+1$。因此 $x[i+1]$ 的取值范围是 $[x[i]+1:r+1]$。

用回溯法解连续邮资问题：

解向量用 $(x_1,x_2,\cdots,x_n)$ 表示，$x_1=1$。

显式约束条件：x_i 取值范围是 $[x_{i-1}+1:r+1]$，其中，$1<i\leqslant n$，r 是 $(x_1,x_2,\cdots,x_{i-1})$ 能贴出的连续邮资最大值。

6.7.3 问题求解

通过上述分析，问题解空间树中子结点的个数随着 x 的取值不同而不同。子结点的取值范围为 $[x_i+1:r_i+1]$。给定 $(x_1,x_2,\cdots,x_{i+1})$ 求其能贴出的最大连续邮资最大值 r_i 是困难的，可通过下述方法计算。

现假设 $S(i)$ 用不超过 m 张面值为 $(x_1,x_2,\cdots,x_i)$ 邮票的贴法。其值等于 $\sum_{k=1}^{m} H_i^k = \sum_{k=1}^{m} C_{i+k-1}^k$，其中，$H_i^k$ 为重复组合数，C_i^k 为组合数，例如，$H_i^1=C_{i+1-1}^1=C_i^1=i$。

$S(i)$ 中最大值为 $v(i)_{\max}=x_i\times m$，$v(i)_{\max}\geqslant r_i$。$[r_i,v(i)_{\max}]$ 可能存在不连续邮资值。我们用 $v(i)_{\max}$ 将 $S(i)$ 划分为 $v(i)_{\max}$ 个子集，每个子集中为邮资为值 p 的贴法，$1<p\leqslant v(i)_{\max}$。当某一邮资不能贴出时，邮资值为该值的子集为空集。

当我们选择了 x_{i+1} 的值后，$S(i+1)$ 中会增加许多新的贴法。新的贴法可通过各邮资贴法子集中已贴邮票的数最小的贴法加上 x_{i+1} 组合成新的贴法。例如，对于 $m=4$，$x_1=1$，$x_2=3$，邮资 $p=4$ 的贴法有 $\{(1,1,1,1),(1,3)\}$，其中，贴法 $(1,3)$ 邮票数最少，该贴法可加上一张和两张面值为 x_3 的邮票组成两个新的邮票贴法。将各新的邮票贴法，放入各自邮资值子集中。

完成上述操作后，从邮资值为 r_i+1 的集合开始检查该集合的贴法是否为空，不为空的话 $r_{i+1}=r_i+1$；接着逐个检查邮资值为 r_i+2 的集合，邮资值为 r_i+3 的集合，…，直至发现一个集合为空。r_{i+1} 即为该子结点的最大连续邮资。

算法对当前结点的子结点采用深度优先策略进行搜索。

6.7.4 算法实现

```
public void postage()
{
    int MAX_POSTAGE =1000;                          //邮资上限
    int N =6;                                       //邮票面值数
    int M =4;                                       //每个信封允许贴的最大邮票数
    int[] X =new int[N+1];                          //解向量,从 X[1]开始
    int[] Y=new int[MAX_POSTAGE];                   //贴出相应值所用的邮票数
    int MaxValue =0;
    int[] BestX =new int[N+1];
    X[1] =1;                                        //第一张邮票面值为 1
```

```
//第一张邮票面值为 1,能贴出的连续邮票区间的最大值为 M
for (int i =1; i <M+1; i++)                          //从 1 开始
    Y[i] =i;
//不能贴出时
for (int i=M+1;i <MAX_POSTAGE;i++)
    Y[i] =M +1;
int level =2;
int[] levelR =new int[N+1];
levelR[1] =M;
int[] levelValue =new int[N +1];
levelValue[2] =2;
Hashtable levelY =new Hashtable();
levelY.Add (1,Y.Clone ());
while (level >1)
{
    if (level >N)
    {   //搜索到 N 层,得到一个解,判断其是否是一个更优解
        if (levelR[level-1] >MaxValue)
        {
            MaxValue =levelR[level-1];
            BestX =(int[]) X.Clone() ;
        }
        X[level-1]=0;
        level--;
        continue;
    }
    if(levelValue[level]>levelR[level-1]+1)          //回溯
    {
        levelValue[level] =0;
        X[level] =0;
        levelY.Remove(level);
        levelR[level] =0;
        level--;
        continue;
    }
    Y =(int[])((int[])levelY[level -1]).Clone();     //取其父结点 Y 向量
    X[level] =levelValue[level];                     //赋值 X
    levelValue[level]++;                             //level 的下一个可能取值
    //由于新的 X 加入,引起各邮资最少邮票数的变化
    for (int postage =0; postage <X[level -1] * M; postage++)//
    {
        for(int restNum =1; restNum <=M -Y[postage]; restNum++)
        //postage +restNum * X[level]新值
        //Y[postage +restNum * X[level]]值的原有最小邮票数
        //Y[postage] +restNum 新值的新的邮票数
        if(Y[postage] +restNum <Y[postage +restNum * X[level]])
            Y[postage +restNum * X[level]] =Y[postage] +restNum;
    }
    //检查最大连续邮票区间
```

```
            int r =levelR[level -1];
            while (Y[r +1] <M +1)
                r++;
            if(levelY.ContainsKey(level))
                levelY.Remove(level);
            levelY.Add(level, Y.Clone());
            levelR[level] =r;
            level++;
            if(level<N+1)
                levelValue[level] =X[level-1]+1;
        }
        if(MaxValue >0)
        {
            System.Console.WriteLine("找到最大连续邮资: " +MaxValue);
            System.Console.Write ("邮票值为: ");
            for(int i=1;i<N+1;i++)
                System.Console.Write (""+X[i]);
            System.Console.WriteLine("");
        }
    }
```

第7章 分支限界法

7.1 概　　述

分支限界法类似于回溯法，也是一种在问题的解空间树 T 上搜索问题解的算法，它采用广度优先的策略，依次搜索当前结点的所有分支，抛弃不满足约束条件的结点，其余结点加入活结点表。然后从表中选择一个结点作为下一个搜索结点，继续搜索。

7.1.1 基本思想

该方法首先确定解空间的组织结构，以广度优先或以最小耗费(最大效益)优先的方式搜索问题的解空间树。在搜索问题的解空间树时，每一个活结点只有一次机会成为扩展结点。活结点一旦成为扩展结点就一次性产生其所有儿子结点。在这些儿子结点中，那些导致不可行解或导致非最优解的儿子结点被舍弃，其余儿子结点被加入活结点表中。此后，从活结点表中取下一结点成为当前扩展结点，并重复上述结点扩展过程。这个过程一直持续到找到所求的解或活结点表为空时为止。

7.1.2 与回溯法的区别

1. 求解目标不同

回溯法的求解目标是找出解空间树中满足约束条件的所有解，而分支限界法的求解目标则是找出满足约束条件的一个解，或是在满足约束条件的解中找出在某种意义下的最优解。

2. 搜索方式不同

回溯法以深度优先的方式搜索解空间树，而分支限界法则以广度优先或以最小耗费优先、最大效益优先的方式搜索解空间树。

7.1.3 剪枝函数

用约束函数在扩展结点处剪去不满足约束的子树，并用限界函数剪去得不到最优解的子树。这两类函数统称为剪枝函数。在分支限界法中使用剪枝函数，可以加速搜索。

7.1.4 实现步骤

分支限界法的实现步骤如下。

(1) 先确定一个合理的限界函数。

(2) 由限界函数确定目标函数的界[down,up]。

(3) 构造解空间树,以广度优先的原则搜索根结点的所有孩子结点,分别估算这些孩子结点的目标函数的可能取值(对最小化问题,估算结点的下界 down 值;对最大化问题,估算结点的上界 up 值)。

(4) 如果某孩子结点的目标函数可能取值超出目标函数的界,则将其丢弃,因为从这个结点生成的解不会比目前已经得到的解更好;否则,将其加入待处理结点表(PT 表,简称为活结点表)。

(5) 依次从活结点表中选取使目标函数取极值的结点成为当前扩展结点,重复上述过程,直到找到最优解。活结点表中的结点称为活结点。

7.1.5 求解目标

求解目标是找出满足约束条件的一个解,或是在满足约束条件的解中找出使某一目标函数值达到极大或极小的解,即在某种意义下的最优解。

7.1.6 搜索策略

在扩展结点处,首先生成其所有的儿子结点(分支),然后再从当前的活结点表中选择下一个扩展结点。为了有效地选择下一个扩展结点,以加速搜索的进程,在每一个活结点处,计算一个函数值(限界),并根据这些已计算出的函数值,从当前活结点表中选择一个最有利的结点作为扩展结点,使搜索朝着解空间树上有最优解的分支推进,以便尽快地找出一个最优解。

7.1.7 分支限界法的分类

从活结点表中选出下一个扩展结点的策略。

队列式分支限界法(FIFOBB):将活结点表组织成一个队列,按入队的先后次序选择扩展结点。

最初,根结点是唯一的活结点,从活结点表中取出后为当前的扩展结点,对当前扩展结点,先从左到右地产生它的所有儿子,将满足约束条件(不受限)的儿子放入活结点表(入队),该扩展结点成为死结点。再从活结点表中按照队列先进先出的原则取出一个结点作为当前扩展结点(出队),直到找到一个解或活结点表为空为止。

栈式分支限界法(LIFOBB):按照栈后进先出的原则选取下一个结点为扩展结点。

最初,根结点是唯一的活结点,从栈中弹出一个结点作为当前的扩展结点,对当前扩展结点,先从左到右地产生它的所有儿子,将满足约束条件(不受限)的儿子入栈,该扩展结点成为死结点。再从栈中取出一个结点作为当前扩展结点。直到找到一个解或栈为空为止。

优先队列式分支限界法(LCBB)也叫最小代价/最大效益(LC)优先算法:按照优先队列中规定的优先级选取优先级最高的结点成为当前扩展结点。

在这种方法中,选取活结点表中优先级最高的下一个结点作为当前扩展结点。优先队列中规定的结点优先级常用一个与该结点相关的数值 p 来表示。结点优先级的高低与 p 值的大小相关。最大优先队列规定 p 值较大的结点优先级较高,就是说优先对 p 值大的结点进行扩展,用于求解最大值的问题;最小优先队列规定 p 值较小的结点优先级较高,优先对 p 值较小的结点进行扩展,用于求解最小值的问题。

7.2　15 迷 问 题

7.2.1　问题描述

在一个 4×4 方格的棋盘上，将数字 1～15 代表的 15 个棋子以任意的顺序置入各方格中，空出一格。要求通过有限次的移动，把一个给定的状态变成目标状态。移动的规则是：每次只能把空格周围的四格数字(棋子)中的任意一个移入空格，从而形成一个新的状态，如图 7-1 所示。

(a) 初始状态

10	1	11	14
2	3		5
8	9	4	15
12	13	6	7

(b) 目标状态

1	2	3	4
5	6	7	8
9	10	11	12
13	14	15	

图 7-1　15 迷问题

7.2.2　问题分析

15 迷问题共有 16! 种不同的排列，状态空间树相当大，所以有必要判断一下当前初始排列是否可以转换成目标排列。

根据目标状态，给各方格编上号码，从 1 到 16，空格的编号为 16。

定义 $L(i)$为棋盘上第 $i+1$ 个方格到第 16 方格中，较第 i 格中棋子号码小的棋子个数，则初始状态中各方格函数值 $L(i)$分别为：

$L(1)=9, L(2)=0, L(3)=8, L(4)=10, L(5)=0, L(6)=0, L(7)=9, L(8)=1,$
$L(9)=3, L(10)=3, L(11)=0, L(12)=4, L(13)=2, L(14)=2, L(15)=0, L(16)=0$

目标状态有 $L(i)=0(1\leqslant i\leqslant 16)$。

经证明，如果给定初态的空格位于第 j 行第 k 列，如果和 $\sum L(i)+j+k$ 是偶数，则这个初态可以变换成目标状态，否则则不能。对于图 7-1：

$$\sum L(i)+j+k=(9+0+8+10+0+0+9+1+3+3+0+4+2+2+0+0)+2+3=51+5=56$$

所以，它可以转换成目标状态。

7.2.3　问题求解

求解初始状态为如图 7-2 所示的 15 迷问题。

1	2		4
5	6	3	7
9	10	12	8
13	14	11	15

图 7-2　初始状态

估值函数：

- 函数 1，$C_1(x)$：表示在 x 的状态下，没有达到目标状态下的正确位置的棋子的个数。没有达到目标状态的棋子个数越少，需要移动的步数越少；

• 函数 2，$C_2(x)$：$\sum_{i=1}^{16} L(i)-L(j)$，其中，$j$ 为空格的位置。

1. 用 FIFOBB 求解

图中初始状态中，空格左、下、右 3 个方向的棋子可移动到空格位置，得到 3 个新状态结点，将初始状态记为状态结点 1，3 个新状态结点分别记为结点 2、结点 3 和结点 4。

估值函数采用估值函数 2，初始状态下估值 $C(1)=9$，一次移动后 3 个结点的估值为：$C(2)=9$，$C(3)=6$，$C(4)=9$。

由于目前估值函数最小值为 6，剪除大于 6 的分支，队列中只包含结点 3。

从队列中取出结点 3，生成状态结点 5 和 6，其估值函数值为：$C(5)=6$，$C(6)=6$。

按照先进先出原则，取出结点 5 作为当前结点，生成子结点 7、8、9，其估值函数值为 $C(7)=9$，$C(8)=6$，$C(9)=9$，并将其放入队列，通过估值函数剪除结点 7、9，队列中包含结点 6、8。

按照先进先出原则，取出结点 6 作为当前结点，生成子结点 10、11，其估值函数值为 $C(10)=6$，$C(11)=3$，并将其放入队列。这时最小估值变为 3，通过估值函数剪除结点 8、10，队列中包含结点 10。

取出结点 11 作为当前结点，生成子结点 12、13，其估值函数值为 $C(12)=3$，$C(13)=6$，并将其放入队列。通过估值函数剪除结点 13，队列中包含结点 12。

取出结点 12 作为当前结点，生成子结点 14、15、16，其估值函数值为 $C(14)=6$，$C(15)=3$，$C(16)=0$，并将其放入队列。这时最小估值变为 0，通过估值函数剪除结点 14、15，队列中包含结点 16。

取出结点 16 作为当前结点，生成子结点 17、18，其估值函数值为 $C(17)=0$，$C(18)=0$，结点 18 即为目标状态，如图 7-3 所示。

2. 用 LIFOBB 方法解决 15 迷问题

图中初始状态中，空格左、下、右 3 个方向的棋子可移动到空格位置，得到 3 个新状态结点，将初始状态记为状态结点 1，3 个新状态结点分别记为结点 2、结点 3 和结点 4。

估值函数采用估值函数 2，初始状态下估值 $C(1)=9$，一次移动后 3 个结点的估值为：$C(2)=9$，$C(3)=6$，$C(4)=9$。

由于目前估值函数最小值为 6，剪除大于 6 的分支，队列中只包含结点 3。

从队列中取出结点 3，生成状态结点 5 和 6，其估值函数值为，$C(5)=6$，$C(6)=6$。

按照后进先出原则，取出结点 6 作为当前结点，生成子结点 7、8，其估值函数值为 $C(7)=6$，$C(8)=3$，并将其放入队列。这时最小估值变为 3，通过估值函数剪除结点 5、7，队列中包含结点 8。

取出结点 8 作为当前结点，生成子结点 9、10，其估值函数值为 $C(9)=3$，$C(10)=6$，并将其放入队列。通过估值函数剪除结点 10，队列中包含结点 9。

取出结点 9 作为当前结点，生成子结点 11、12、13，其估值函数值为 $C(11)=6$，$C(12)=3$，$C(13)=0$，并将其放入队列。这时最小估值变为 0，通过估值函数剪除结点 11、12，队列中包含结点 13。

取出结点 13 作为当前结点，生成子结点 14、15，其估值函数值为 $C(14)=0$，$C(15)=0$，

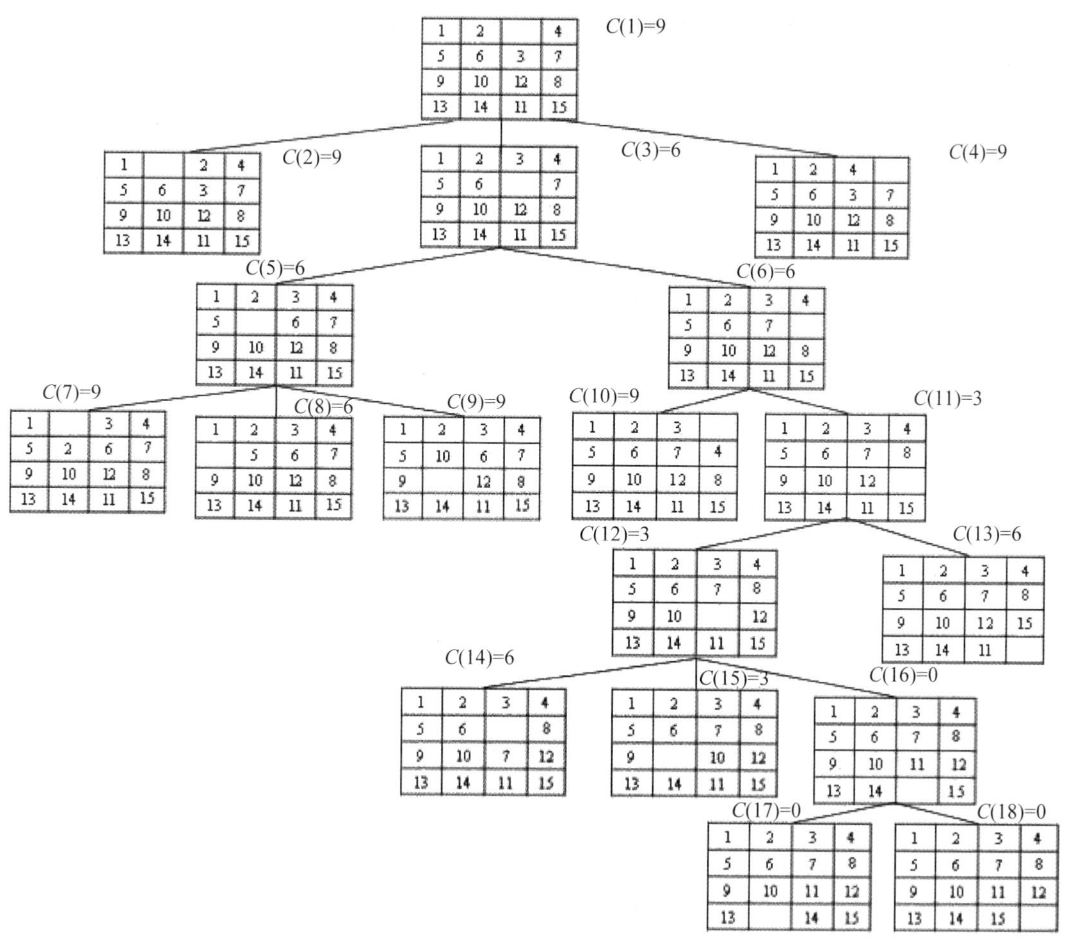

图 7-3　FIFOBB 求解过程

结点 15 即为目标状态，如图 7-4 所示。

3. 用 LCBB 方法解决 15 迷问题

估值函数采用 $C_1(x)$ 与 $C_2(x)$ 之和，即：

$$C(x)=C_1(x)+C_2(x) \tag{7-1}$$

图中初始状态中，空格左、下、右 3 个方向的棋子可移动到空格位置，得到 3 个新状态结点，将初始状态记为状态结点 1，3 个新状态结点分别记为结点 2、结点 3 和结点 4。

初始状态下估值 $C(1)=15$，一次移动后 3 个结点的估值为：$C(2)=16$，$C(3)=11$，$C(4)=16$。

按照最小代价(LC)优先原则，从队列中取出结点 3，生成状态结点 5 和 6，其估值函数值为 $C(5)=12$，$C(6)=10$。

按照最小代价(LC)优先原则，取出结点 6 作为当前结点，生成子结点 7、8，其估值函数值为 $C(7)=14$，$C(8)=6$。

按照最小代价(LC)优先原则，取出结点 8 作为当前结点，生成子结点 9、10，其估值函数值为 $C(9)=6$，$C(10)=9$。

按照最小代价(LC)优先原则，取出结点 9 作为当前结点，生成子结点 11、12、13，其估值

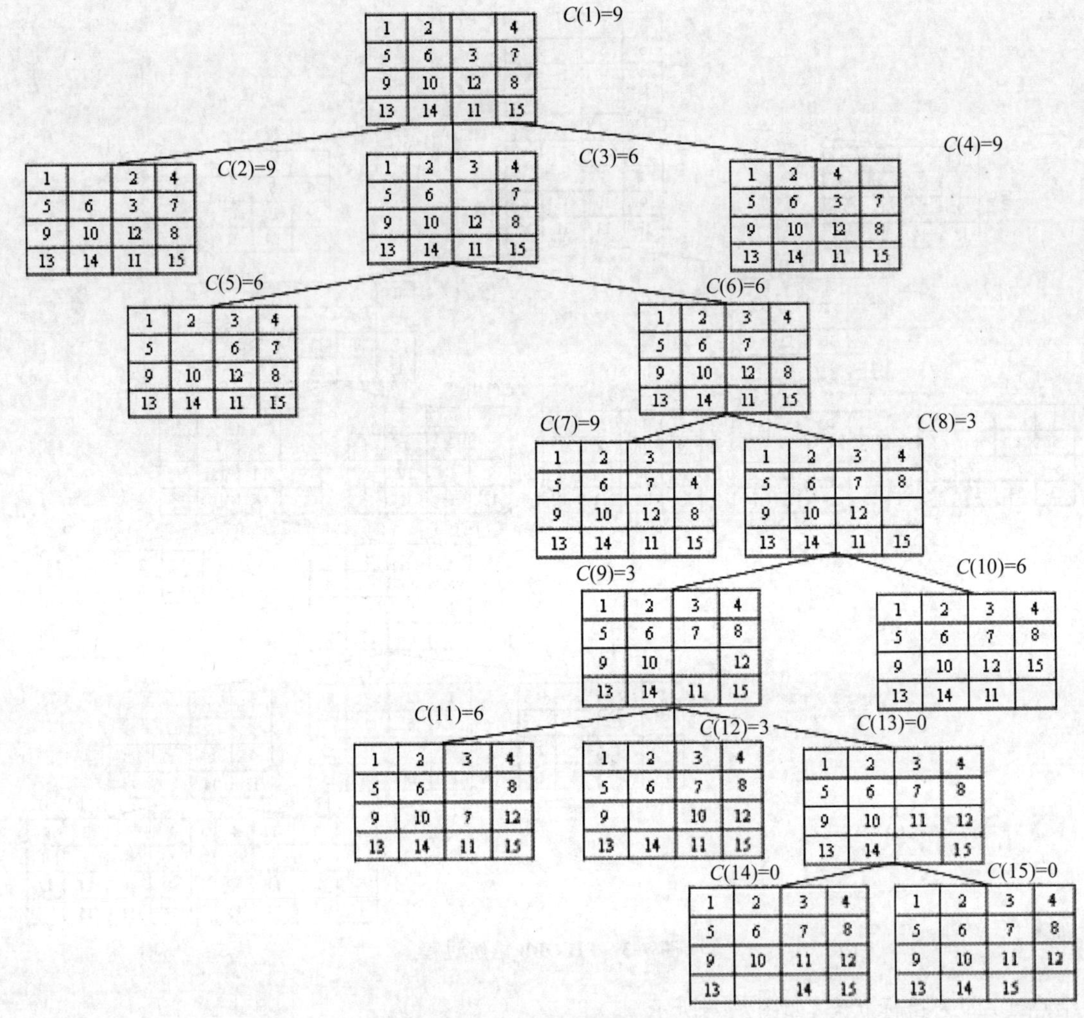

图 7-4 LIFOBB 求解过程

函数值为 $C(11)=10$，$C(12)=7$，$C(13)=1$。

按照最小代价(LC)优先原则，取出结点 13 作为当前结点，生成子结点 14、15，其估值函数值为 $C(14)=1$，$C(15)=0$，结点 15 即为目标状态，如图 7-5 所示。

7.2.4 算法实现

```
//结点状态
public class Riddle15Point
{
    public int[,] a;                          //状态矩阵
    public int x;                             //空格所在行
    public int y;                             //空格所在列
    public int qc2;                           //活结点估值函数值
    public Queue path;                        //存储空格移动路径
```

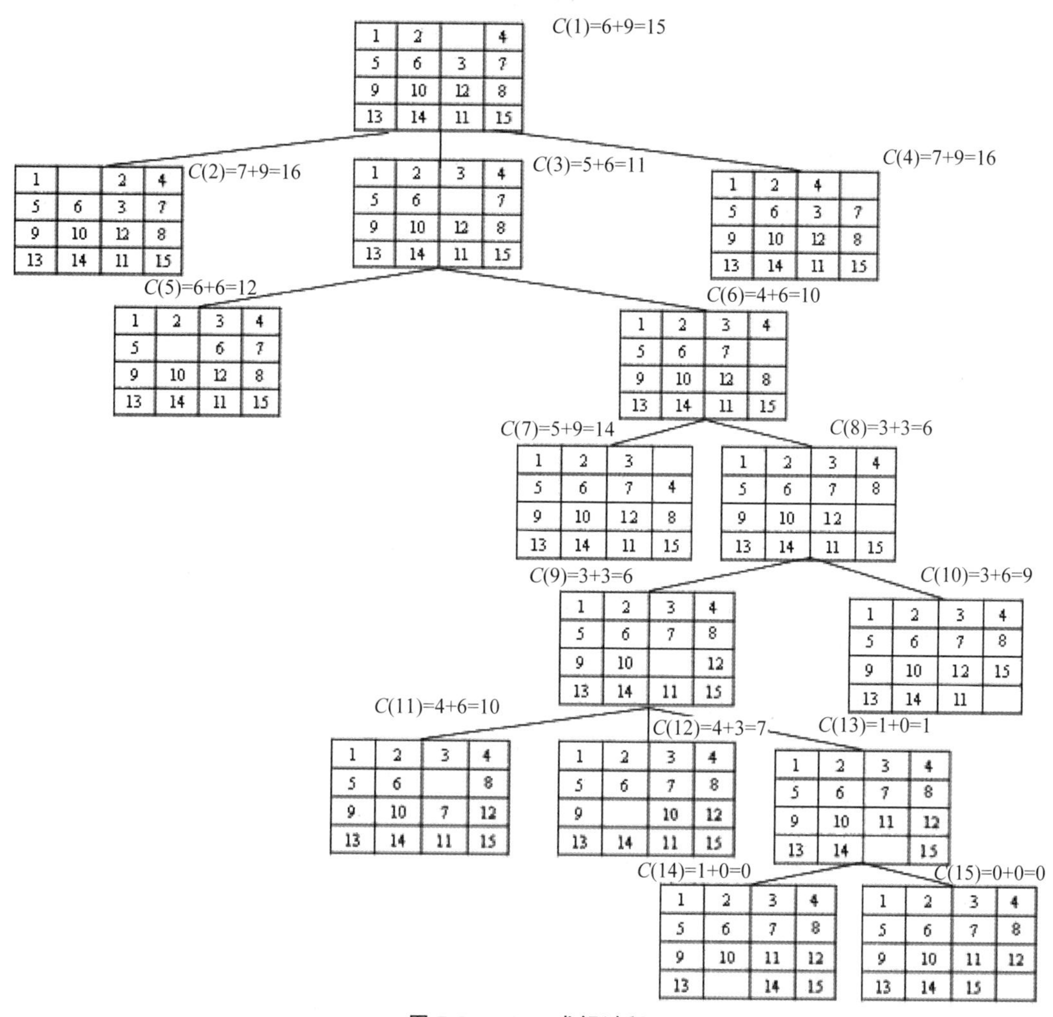

图 7-5　LCBB 求解过程

```
    public Riddle15Point clone()
    {
        Riddle15Point nP =new Riddle15Point();
        nP.a = (int[,])this.a.Clone();
        nP.x =this.x;
        nP.y =this.y;
        nP.qc2 =this.qc2;
        nP.path = (Queue)this.path.Clone();
        return nP;
    }
}
//按照广度优先。如果按照 LCBB,活动结点队列按照估值函数由小到大排列
public class BranchAndBound                            //分支限界法函数
{
    public void Riddle15()
    {
```

```
Riddle15Point start=new Riddle15Point ();
int [,]a ={
    { 1,2,0,4},
    { 5,6,3,7},
    { 9,10,12,8},
    { 13,14,11,15}
};
start.a =(int[,])a.Clone();
start.x =0;
start.y =2;
start.path =new Queue();
start.qc2=c2(a);
int minC2 =start.qc2;                               //最小估值
Queue q =new Queue();                               //活结点队列

q.Enqueue(start);
if (testRiddle15(start.a, start.x, start.y) ==false)
{
    System.Console.WriteLine("目标不可达!\n");
    return;
}
//定义空格移动方向 0 上,1 左,2 右,3 下
int []row ={ -1, 0, 0, 1 };
int []column ={ 0, -1, 1, 0 };
while (q.Count >0)
{
    //按先进先出取出一个活结点
    Riddle15Point cP= (Riddle15Point)(q.Dequeue());
    if (cP.qc2 >minC2) continue;                    //剪枝
    for (int k =0; k <4; k++)
    {
        //已在第一行,不能向上走
        if (k ==0 && cP.x ==0) continue;
        //已在第一列,不能向左走
        if (k ==1 && cP.y ==0) continue;
        //已在第四列,不能向右走
        if (k ==2 && cP.y ==3) continue;
        //已在第四行,不能向下走
        if (k ==3 && cP.x ==3) continue;

        Riddle15Point nP =(Riddle15Point)cP.clone();
        nP.a[nP.x, nP.y] =nP.a[nP.x +row[k],
            nP.y +column[k]];
        nP.x =nP.x +row[k];
        nP.y =nP.y +column[k];
        nP.a[nP.x , nP.y ] =0;
        nP.path.Enqueue(k);
        int bc2 =c2((int[,])nP.a);
        if (bc2 ==0&& (nP.x ==3) &&( nP.y==3))
        {   //找到最优解
```

```
                    while (nP.path.Count >0)
                    {
System.Console.WriteLine( nP.path.Dequeue().ToString());
                    }
                    return;
                }
                nP.qc2 =bc2;
                if (minC2 >bc2)
                    minC2 =bc2;
                q.Enqueue (nP);
            }
        }
    }
    //估值函数 C1,未使用
    int c1(int [,] m) {
        int count =0;
        for (int i =0; i <4; i++)
        {
            for (int j =0; j <4; j++)
            {
                if (m[i,j] ==0) continue;
                if (m[i,j] ==(4 * i +j +1)) continue;
                    count++;
            }
        }
        return count;
    }
    //估值函数 C2,用于判断结束和剪枝
    int c2(int [,] m) {
        int count =0;
        for (int i =0; i <4; i++)
        {
            for (int j =0; j <4; j++)
            {
                if (m[i,j] ==0) continue;
                for (int k =j +1; k <4; k++)
                {
                    if (m[i,k] ==0) continue;
                    if (m[i,j] >m[i,k])
                        count++;
                }
                for (int q =i +1; q <4; q++)
                {
                    for (int k =0; k <4; k++)
                    {
                        if (m[q,k] ==0) continue;
                        if (m[i,j] >m[q,k])
                        count++;
                    }
                }
```

```
            }
        }
        return count;
    }
    //测试给定状态是否可达目标状态
    bool testRiddle15(int [,]a,int x,int y)
    {
        int count =0;
        a[x,y] =16;
        for (int i =0; i <4; i++)
        {
            for (int j =0; j <4; j++)
            {
                for (int k =j +1; k <4; k++)
                {
                    if (a[i,j] >a[i,k])
                    count++;
                }
                for (int m =i +1; m <4; m++)
                {
                    for (int k =0; k <4; k++)
                    {
                        if (a[i,j] >a[m,k])
                            count++;
                    }
                }
            }
        }
        a[x,y] =0;
        if ((count +x +y) %2 ==1)
            return false;
        else
            return true;
    }
}
```

7.2.5 算法复杂度分析

分支限界法以广度优先或最小消耗(最大效益)优先的方式搜索空间树,判断初始状态能否转为目标状态,FIFOBB、LIFOBB 和 LCBB 所用的方法相同,所以三者的时间复杂度和空间复杂度一样。

FIFOBB 中寻找下一个扩展结点的方法相当于用广度优先的方式,虽然可以保证解的深度最少,但不能保证搜索朝着最佳解的方向进行下去。而上文提到的 LCBB 方法可以通过 $C_1(x)$来近似估计取得最优解的可能性,从而尽可能地减少中间状态,减少时间复杂度和空间复杂度。

7.3 货郎担问题

7.3.1 问题描述

货郎担问题也叫旅行商问题。某售货员要到若干个村庄售货,各村庄之间的路程是已知的,为了提高效率,售货员决定从所在商店出发,到每个村庄售一次货然后返回商店(每个城市只经过一次),问他应选择一条什么路线才能使所走的总路程最短。

7.3.2 问题分析

货郎担问题可以用有向图的方式形式化表示:图 $G=(V,E)$ 是一个有向图,图中有 n 个顶点代表 n 个城市,图中的有向边代表从一个城市到另外一个城市的距离,如图 7-6 所示。

用邻接矩阵 $\boldsymbol{C}$ 表示图中各条边的代价,$c_{i,j}$ 表示从城市 i 到城市 j 的代价。图 G 中没有边 (i,j),则 $c_{i,j}=\infty$,且定义 $c_{i,i}=\infty$,邻接矩阵如图 7-6 所示。

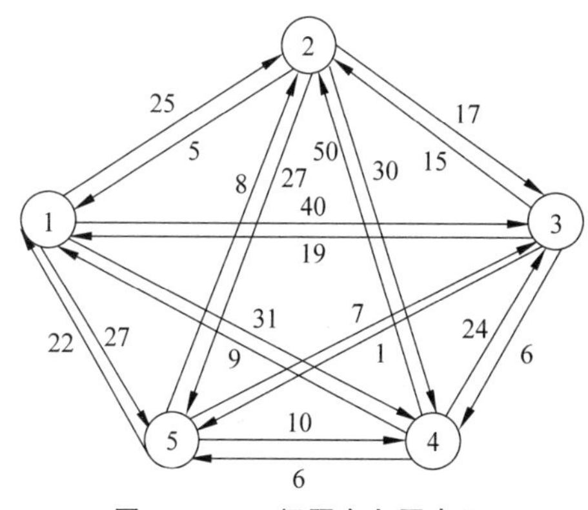

图 7-6 TSP 问题有向图表示

$$\begin{bmatrix} \infty & 25 & 40 & 31 & 27 \\ 5 & \infty & 17 & 30 & 25 \\ 19 & 15 & \infty & 6 & 1 \\ 9 & 50 & 24 & \infty & 6 \\ 22 & 8 & 7 & 10 & \infty \end{bmatrix}$$

图 7-7 有向图的邻接矩阵

矩阵规约

有向图的代价矩阵 $\boldsymbol{C}=[c_{ij}]$,将 $\boldsymbol{C}$ 中任何一行/列中的元素均减去此行/列的最小元素值,称为对行或列的**归约**。

每行被减去的最小元素的值 $r[i]$称为该行的**行约数**,每列被减去的最小元素的值$r'[j]$称为该列的**列约数**。

如果一个矩阵的所有行都被归约了,即每行和列的最小值均为 0,则此矩阵为原矩阵的**归约矩阵**。和数 $\sum r[i]+\sum r'[j]$ 称为**矩阵 $\boldsymbol{C}$ 的约数**,如图 7-8 所示。

得到规约矩阵 $\boldsymbol{C}'$,约数 $r=\sum r[i]+\sum r'[j]=25+5+1+6+7+3=47$。

定理:给定一个图 G 和它的代价矩阵 $\boldsymbol{C}$,设 P 是 G 中任何一条周游路线,必有:

$$\sum_{(i,j)\in P} c_{ij}=r+\sum_{(i,j)\in P} c'_{ij} \tag{7-2}$$

其中,$\boldsymbol{C}'=[c_{ij}]$是 $\boldsymbol{C}$ 的规约矩阵,r 是它的约数。

证明:

因为每一条周游闭路 P 都必须包含 n 条边,经过每个顶点一次且仅一次,这些边(i,j)

$$C=\begin{bmatrix} \infty & 25 & 40 & 31 & 27 \\ 5 & \infty & 17 & 30 & 25 \\ 19 & 15 & \infty & 6 & 1 \\ 9 & 50 & 24 & \infty & 6 \\ 22 & 8 & 7 & 10 & \infty \end{bmatrix} \xrightarrow{\text{先行规约}} \begin{bmatrix} \infty & 0 & 15 & 6 & 2 \\ 0 & \infty & 12 & 25 & 20 \\ 18 & 14 & \infty & 5 & 0 \\ 3 & 44 & 18 & \infty & 0 \\ 15 & 1 & 0 & 3 & \infty \end{bmatrix} \begin{matrix} 25 \\ 5 \\ 1 \\ 6 \\ 7 \end{matrix}$$

$$\xrightarrow{\text{再列规约}} \begin{bmatrix} \infty & 0 & 15 & 3 & 2 \\ 0 & \infty & 12 & 22 & 20 \\ 18 & 14 & \infty & 2 & 0 \\ 3 & 44 & 18 & \infty & 0 \\ 15 & 1 & 0 & 0 & \infty \end{bmatrix}$$
$$\begin{matrix} 0 & 0 & 0 & 3 & 0 \end{matrix}$$

图 7-8　矩阵的规约过程

对应的元素 c_{ij} 必须是每一行每一列有且仅有一个，若 $(i,j)\in P$，则在第 i 行第 j 列不会再有其他元素计入 P 的代价中。

$$\because c'_{ij}=c_{ij}-r[i]-r[j]$$
$$\therefore c_{ij}=c'_{ij}+r[i]+r[j]$$
$$\begin{aligned}\therefore \sum_{(i,j)\in P} c_{ij} &= \sum_{(i,j)\in P}(c'_{ij}+r[i]+r[j]) \\ &= \sum_{(i,j)\in P} c'_{ij}+\sum_{i=1}^{n} r[i]+\sum_{i=1}^{n} r[j] \qquad (7\text{-}3) \\ &= \sum_{(i,j)\in P} c'_{ij}+r\end{aligned}$$

用分枝限界法解决货郎担问题的关键是要定义一个上界函数和一个下界函数。

对于上界函数可以用每一行的最大代价之和(不包括∞)或每一列的最大代价之和(不包括∞)表示根结点的上界函数。

下界函数可以用矩阵的归约数。

解向量：采用固定长度的 n 元组解向量 $(x_1,x_2,\cdots,x_n)$，其中，x_i 代表经过的第 i 个城市的城市编号(从 1 到 n)。

规定：$x_1=1,x_{n+1}=1$。

显式约束：$x_i\in S_i=\{j\mid 2\leqslant j\leqslant n\},2\leqslant i\leqslant n$。

隐式约束：$\boldsymbol{c}_{x_i,x_{i+1}}\neq\infty,\boldsymbol{c}_{x_n,x_{n+1}}\neq\infty,\sum \boldsymbol{c}_{x_i,x_{i+1}}$ 最小。

因此，这个问题的状态空间树是一棵如图 7-9 所示的**多叉树**。

上界函数 $u(x)$：初始时 $u(x)$ 为每一行最大元素之和，一旦找到一条周游路线，用这条周游路线的代价更新上界值 $u(x)$。

下界函数 $v(x)$：根结点的下界函数值为 $v(x)=r$。设 $\boldsymbol{C}_R$、$v(R)$、r_R 分别是状态空间树上结点 R 所对应的归约矩阵、下界函数值、约数。

对于 R 的一个儿子 x，对应取边 (i,j) 加入周游路线，则将 $\boldsymbol{C}_R$ 中第 i 行、第 j 列的元素和 $\boldsymbol{C}_R(j,i)$ 置成∞，再对矩阵进行归约，就得到 x 的归约矩阵 $\boldsymbol{C}_x$ 及约数 r_x。结点 x 的下界函数 $v(x)$ 就可定义为：

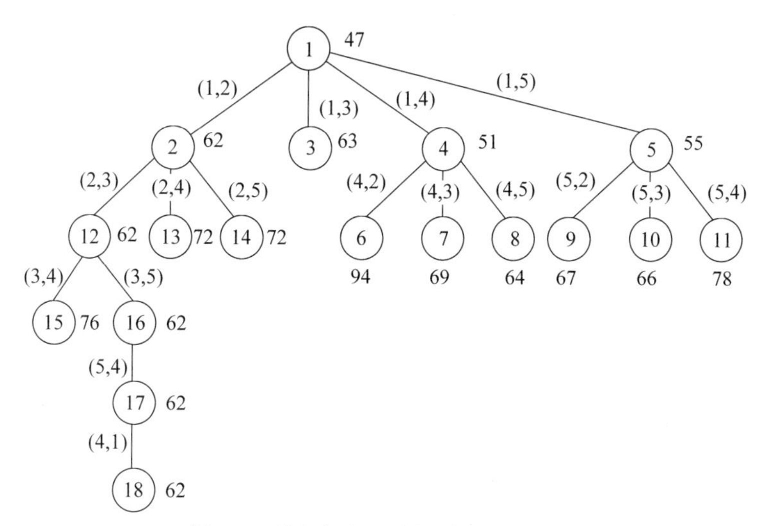

图 7-9　货郎担问题求解的状态空间树

$$v(x)=v(R)+\boldsymbol{C}_R(i,j)+r_x \tag{7-4}$$

其含义是：以 x 结点为根的子树中包含的一切可能回路的代价的下界 $v(x)$，是从根到 x 的部分路径上已经选定的代价之和 $v(R)$，加上 $v(R)$、x 在归约矩阵 $\boldsymbol{C}_R$ 上的距离 $\boldsymbol{C}_R(i,j)$，与从 x 往后有可能选择的有最小代价的部分路径的代价 r_x 之和。

7.3.3　问题求解

求解如图 7-6 所示的货郎担问题，求解过程如图 7-10 所示。

首先对邻接矩阵规约，得到规约矩阵 1 作为根结点，规约数 r 即为根结点的下界 $v(1)=47$。

其次，构造根结点的子结点。假设从城市 1 出发，有四种选择，分别到城市 2、3、4、5，获得四个子结点 2、3、4、5。

对于子结点 2，将边(2,1)设为无穷后，进行规约，得到 $\boldsymbol{C}_R(1,2)=0$ 和 $r_2=0$，通过公式 $v(2)=v(R)+\boldsymbol{C}_R(1,2)+r_2$ 求得结点 2 的下界等于 62。同理，对结点 3、4、5 进行相应操作，求得 $v(3)=63$，$v(4)=51$，$v(5)=55$。将结点 2、3、4、5 放入待搜索集合。

从搜索集合中取出下界值最小的结点 4，作为下一搜索结点。从结点 4 出发，有三种选择，分别到城市 2、3、5，获得三个子结点 6、7、8，计算其下界值后，放入待搜索集合。

从搜索集合中取出下界值最小的结点 5，作为下一搜索结点。从结点 5 出发，有三种选择，分别到城市 2、3、4，获得三个子结点 9、10、11，计算其下界值后，放入待搜索集合。

从搜索集合中取出下界值最小的结点 2，作为下一搜索结点。从结点 2 出发，有三种选择，分别到城市 3、4、5，获得三个子结点 12、13、14，计算其下界值后，放入待搜索集合。

从搜索集合中取出下界值最小的结点 12，作为下一搜索结点。从结点 12 出发，有两种选择，分别到城市 4、5，获得两个子结点 15、16，计算其下界值后，放入待搜索集合。

从搜索集合中取出下界值最小的结点 16，作为下一搜索结点。从结点 16 出发，只有一种选择，到城市 4，获得一个子结点 17，计算其下界值后，放入待搜索集合。

从搜索集合中取出下界值最小的结点 17，作为下一搜索结点。从结点 17 出发，回到城市 1，获得子结点 18，计算其下界值，其值即为问题的解，如图 7-11 所示。

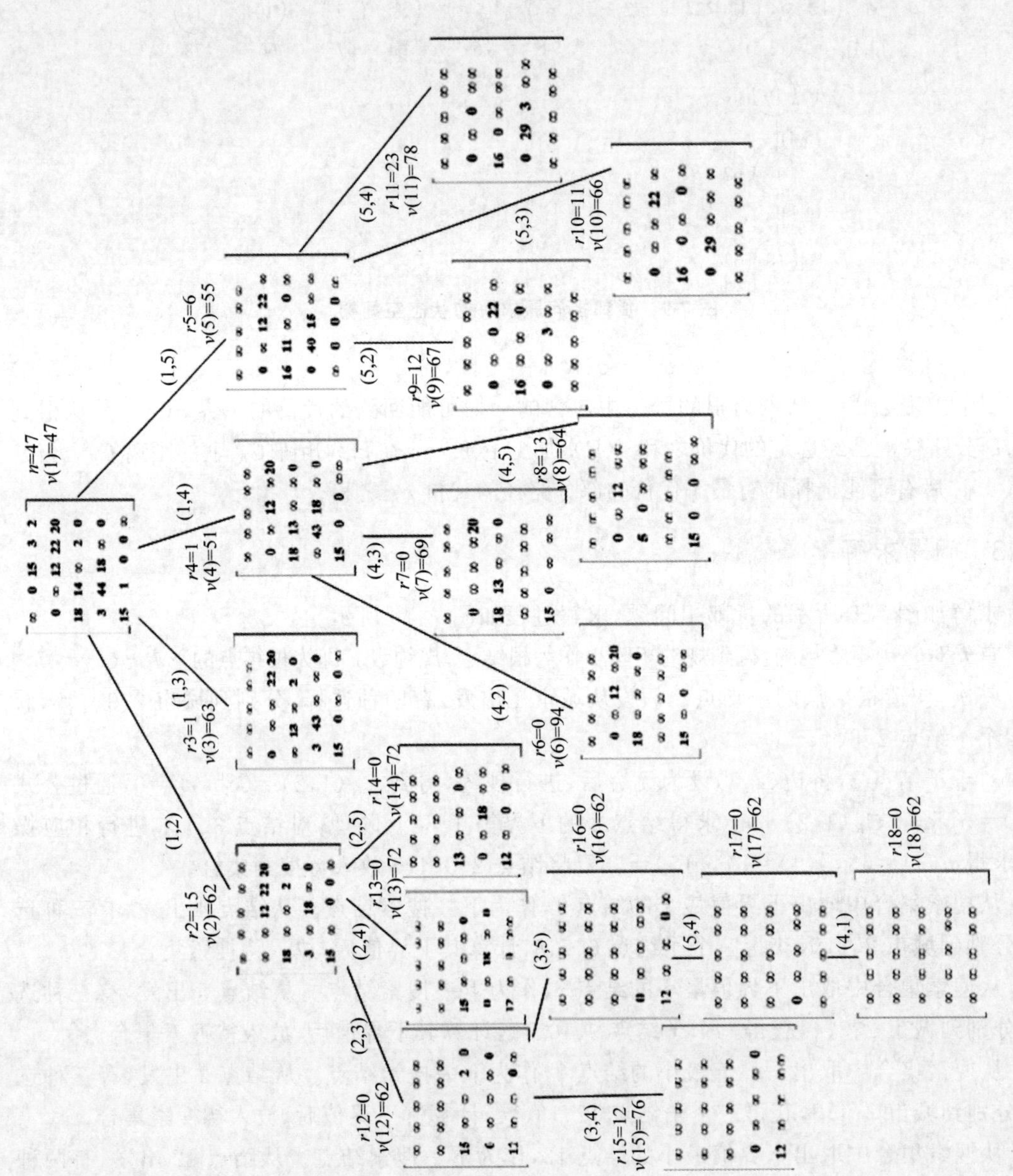

图 7-10　TSP 问题求解过程

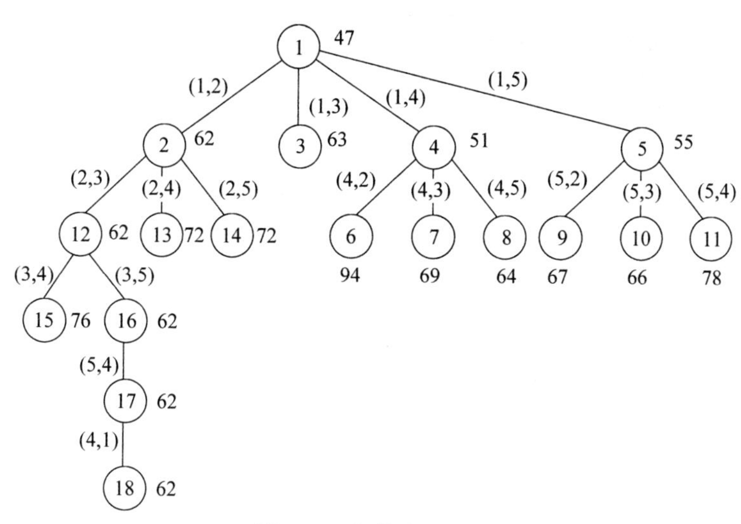

图 7-11　解状态空间树

7.3.4　算法实现

```
//按下界最小优先
class TspPoint
{
    public int[,] c;                        //代价矩阵,-1 代表无穷大
    public int level;                       //对应的搜索层次,根结点为 1
    public int lastCity;                    //访问的最后一个城市,城市编号从 0 开始
    public Queue path;                      //访问路径
    public int v;                           //下界
    public TspPoint clone()
    {
        TspPoint nP =new TspPoint();
        nP.c= (int[,]) this.c.Clone();
        nP.v =this.v;
        nP.level =this.level;
        nP.lastCity =this.lastCity;
        nP.path = (Queue) this.path.Clone();
        return nP;
    }
}
public void Tsp()
{
    int[,] c={     //代价矩阵
               { -1,25,40,31,27},
               { 5,-1,17,30,25},
               { 19,15,-1,6,1},
               { 9,50,24,-1,6},
               {22,8,7,10,-1 }
           };
```

```
        TspPoint start =new TspPoint();
        TspPoint bestPoint;
        int r =Reduce(c);
        start.c = (int[,]) c.Clone();
        start.lastCity =0;
        start.level =1;
        start.path =new Queue();
        start.path.Enqueue(0);
        start.v =r;
        Queue q =new Queue();                         //活结点队列
        q.Enqueue(start);
        int min =10000;                               //下界设为无穷大
        while (q.Count >0)
        {
            TspPoint cP = (TspPoint) getMincP(q);
            if (cP.v >min) continue;                  //剪枝
            if (cP.level ==5)                         //搜索到最底层
            {
                if(cP.c[cP.lastCity,0]!=-1)           //找到问题的一个解
                {
                    //更新下界值
                    cP.v +=cP.c[cP.lastCity, 0];
                    if (min >cP.v +cP.c[cP.lastCity, 0])
                    {
                        min =cP.v +cP.c[cP.lastCity, 0];
                        bestPoint =cP.clone();
                    }
                    continue;
                }
            }
            for (int j =0; j <5; j++)
            {
                if(cP.c[cP.lastCity,j]==-1) continue;
                TspPoint nP =cP.clone();
                for(int i =0;i<5; i++)
                {
                    nP.c[nP.lastCity, i] =-1;
                    nP.c[i, j] =-1;
                }
                nP.c[j, nP.lastCity] =-1;
                nP.lastCity =j;
                nP.path.Enqueue(j);
                nP.level +=1;
                nP.v +=Reduce(nP.c) +cP.c[cP.lastCity, j];
                q.Enqueue(nP);
            }
        }
        if (bestPoint !=null)
        {
            System.Console.WriteLine("v =" +bestPoint.v);
```

```
            System.Console.Write("path =");
            while (bestPoint.path.Count >0)
                System.Console.Write((int)bestPoint.path.Dequeue() +"-");
                System.Console.WriteLine(0);
            }
        }
    }
    int Reduce(int[,] m)                                        //规约
    {
        int[,] r=new int[2,5];
        int cr =0;
        //行规约
        for (int i =0; i <5; i++)
        {
            //获取第 i 行的最小值
            int min =10000;
            for(int j =0; j <5; j++)
            {
                if (m[i, j] ==-1) continue;
                if (m[i, j] <min) min =m[i, j];
            }
            if (min ==10000) min =0;
            r[0, i] =min;
            cr +=min;
            for (int j =0; j <5; j++)                           //规约
            {
                if (m[i, j] ==-1) continue;
                m[i, j]=m[i, j]-min;
            }
        }
        //列规约
        for (int j =0; j <5; j++)
        {
            //获取第 j 列的最小值
            int min =10000;
            for (int i=0; i <5; i++)
            {
                if (m[i, j] ==-1) continue;
                if (m[i, j] <min) min =m[i, j];
            }
            if (min ==10000) min =0;
            r[1, j] =min;
            cr +=min;
            for (int i =0; i <5; i++)                           //规约
            {
                if (m[i, j] ==-1) continue;
                m[i, j] =m[i, j] -min;
            }
        }
        return cr;
```

```
}
//获取下界值最小的结点作为活结点
TspPoint getMincP(Queue q)
{
    Queue nqs =new Queue();
    TspPoint mintp = (TspPoint) q.Dequeue();
    while (q.Count >0)
    {
        TspPoint tp = (TspPoint) q.Dequeue();
        if (tp.v <mintp.v)
        {
            nqs.Enqueue(mintp);
            mintp =tp.clone();
        }
        else
            nqs.Enqueue(tp);
    }
    while (nqs.Count >0)
        q.Enqueue(nqs.Dequeue());
    return mintp;
}
```

7.4 0-1 背包问题

7.4.1 问题描述

现有一个容量为 c 的背包和 n 个物品，每个物品的重量为 w_i，其对应价值为 V_i，其中，i 取值 $1\sim n$。请问如何放置能使背包中的物品价值最大？每个物品只有放入或者不放入背包两种状态。

7.4.2 问题分析

解向量：采用固定长度的 n 元组解向量$(x_1, x_2, \cdots, x_n)$，其中，x_i 代表是否将物品装入背包中。

显式约束：$x_i \in \{0,1\}$，0 代表物品 i 不装入背包，1 代表物品装入背包。

隐式约束：$\sum \boldsymbol{w}_i \times \boldsymbol{x}_i \leqslant \boldsymbol{c}$。

目标函数：$\sum \boldsymbol{V}_i \times \boldsymbol{x}_i$ 最大。

因此，这个问题的状态空间树是一棵**二叉树**。

构建状态空间树时，将每件物品按照每单位重量的价格排序，单位价格高的物品放在深度低的一层，单位价格最高的物品作为根结点。那么每一层的深度代表一个物品，树的高度为所能放入的物品最大数，每一层的每一个结点都有放入背包或是不放入背包两个分支。

上界函数：

$$u(x)=a(x)+b(x) \tag{7-5}$$

其中，$a(x)$为已装入物品价值；$b(x)$为剩余空间可能装入物品的最大价值，可用剩余空间乘以下一物品单位价值。

7.4.3　问题求解

假设有容量为 200g 的背包，重量 w_{1-n} 为{170,100,50,40,10}的物品(m_1,m_2,m_3,m_4,m_5)，对应单位价格 V_{1-n} 为{5,4,3,2,6}，那么 5 种物品的价格分别是{850,400,150,80,60}。

首先，定义解向量(x_1,x_2,x_3,x_4,x_5)，$x_i \in \{0,1\}$，$1 \leqslant i \leqslant 5$。

其次，将物品按照单位价值 V 由大到小进行排序，得到队列(m_5,m_1,m_2,m_3,m_4)，根据三种不同求解规则，可构造三种不同的二叉树，其中 R_c 为剩余背包容量。

1. FIFO

根结点 1，此时未放入任何物品，其上界为 1200。根据是否放入物品 5，生成子结点 2,3；结点 2 的上界是 1010，已装入物品价值是 60；结点 3 的上界是 1000，已装入物品价值是 0。

按照先入先出原则，取出结点 2 作为当前结点，根据是否放入物品 1，生成子结点 4,5；结点 4 的上界是 990，已装入物品价值是 910；结点 5 的上界是 820，已装入物品价值是 60。由于结点 5 的上界小于结点 4 已装入物品价值，因此结点 5 不可能得到解，剪除结点 5。

按照先入先出原则，取出结点 3 作为当前结点，根据是否放入物品 1，生成子结点 6,7；结点 6 的上界是 970，已装入物品价值是 850；结点 7 的上界是 800，已装入物品价值是 0。由于结点 7 的上界小于结点 4 已装入物品价值，因此结点 7 不可能得到解，剪除结点 7。

按照先入先出原则，取出结点 4 作为当前结点，根据是否放入物品 2，生成子结点 8,9；由于结点 8 超出背包容量，剪除结点 8；结点 9 的上界是 970，已装入物品价值是 910。

按照先入先出原则，取出结点 6 作为当前结点，根据是否放入物品 2，生成子结点 10,11；由于结点 10 超出背包容量，剪除结点 10；结点 11 的上界是 940，已装入物品价值是 850。

按照先入先出原则，取出结点 9 作为当前结点，根据是否放入物品 3，生成子结点 12,13；由于结点 12 超出背包容量，剪除结点 12；结点 13 的上界是 950，已装入物品价值是 910。

按照先入先出原则，取出结点 11 作为当前结点，根据是否放入物品 3，生成子结点 14,15；由于结点 14 超出背包容量，剪除结点 14；结点 15 的上界是 910，已装入物品价值是 850。

按照先入先出原则，取出结点 13 作为当前结点，根据是否放入物品 4，生成子结点 16,17；由于结点 16 超出背包容量，剪除结点 16；结点 17 的上界是 910，已装入物品价值是 910。

按照先入先出原则，取出结点 15 作为当前结点，根据是否放入物品 4，生成子结点 18,19；由于结点 18 超出背包容量，剪除结点 18；结点 19 的上界是 850，已装入物品价值是 850，剪除结点 19。

问题的最优解是 910，解向量是(10001)，如图 7-12 所示。

2. LIFO

根结点 1，此时未放入任何物品，其上界为 1200。根据是否放入物品 5，生成子结点 2,3；

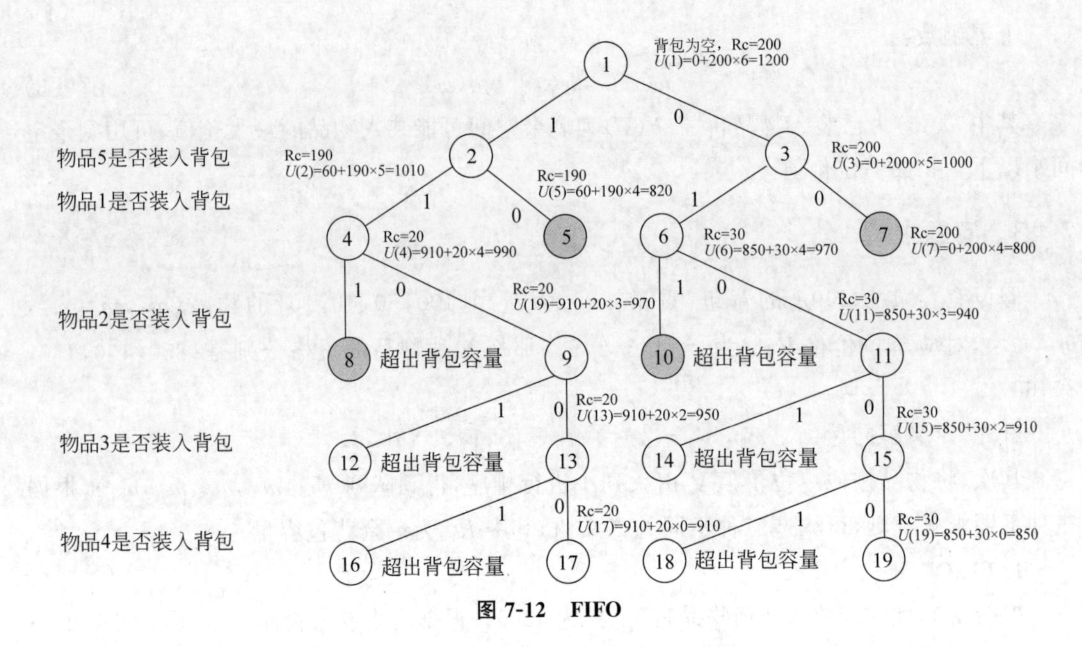

图 7-12　FIFO

结点 2 的上界是 1010，已装入物品价值是 60；结点 3 的上界是 1000，已装入物品价值是 0。

按照后入先出原则，取出结点 3 作为当前结点，根据是否放入物品 1，生成子结点 4，5；结点 4 的上界是 970，已装入物品价值是 850；结点 5 的上界是 800，已装入物品价值是 0。由于结点 5 的上界小于结点 4 已装入物品价值，因此结点 5 不可能得到解，剪除结点 5。

按照后入先出原则，取出结点 4 作为当前结点，根据是否放入物品 2，生成子结点 6，7；结点 6 超出背包容量，剪除结点 6；结点 7 的上界是 940，已装入物品价值是 850。

按照后入先出原则，取出结点 7 作为当前结点，根据是否放入物品 3，生成子结点 8，9；结点 8 超出背包容量，剪除结点 8；结点 9 的上界是 910，已装入物品价值是 850。

按照后入先出原则，取出结点 9 作为当前结点，根据是否放入物品 4，生成子结点 10，11；结点 10 超出背包容量，剪除结点 10；结点 11 的上界是 850，已装入物品价值是 850。

结点 11 不再有子结点，取出结点 2 作为当前结点，根据是否放入物品 1，生成子结点 12，13；结点 12 的上界是 990，已装入物品价值是 910。结点 13 的上界是 820，已装入物品价值是 60。由于结点 11、13 上界小于结点 12 已装入物品价值，剪除结点 11、13。

取出结点 12 作为当前结点，根据是否放入物品 2，生成子结点 14，15；由于结点 14 超出背包容量，剪除结点 14；结点 15 的上界是 970，已装入物品价值是 910。

取出结点 15 作为当前结点，根据是否放入物品 3，生成子结点 16，17；由于结点 16 超出背包容量，剪除结点 16；结点 17 的上界是 950，已装入物品价值是 910。

取出结点 17 作为当前结点，根据是否放入物品 4，生成子结点 18，19；由于结点 18 超出背包容量，剪除结点 18；结点 19 的上界是 910，已装入物品价值是 910。

问题的最优解是 910，解向量是(10001)，如图 7-13 所示。

3. LC

LC 搜索按照上界由高到低的顺序搜索，搜索过程如图 7-14 所示。

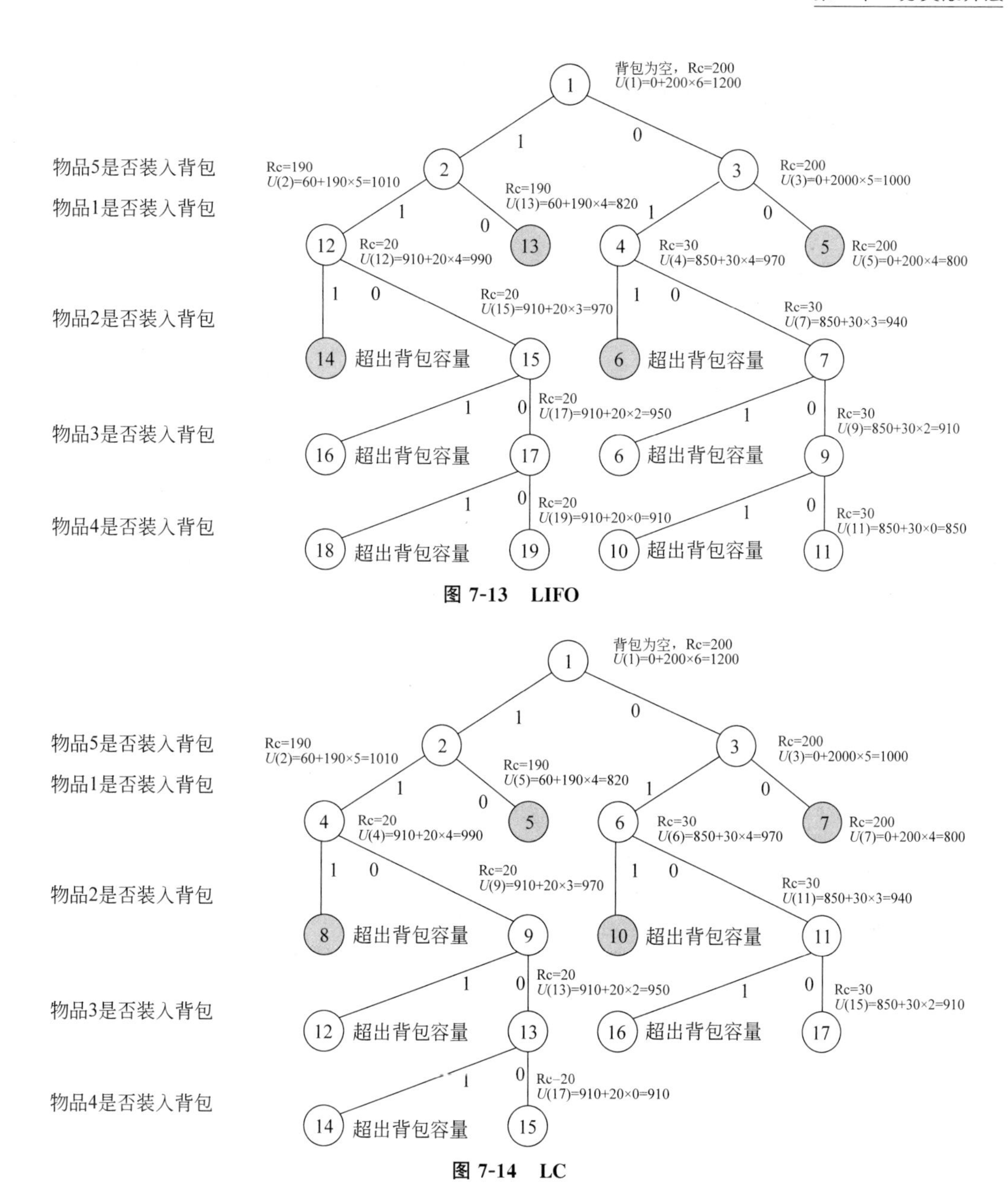

图 7-13　LIFO

图 7-14　LC

7.4.4　算法实现

```
//先入先出
class KnapsackPoint
{
    public int currWeight;                    //当前放入物品的重量
    public int currValue;                     //当前已放入物品的价值
    public int upboundValue;                  //可能最大放入物的价值上限
    public int level=0;                       //结点级别,根结点为 0
    public int[] x;                           //解向量
```

```
        public KnapsackPoint(int currWeight, int currValue, int upboundValue, int
        level,int n)
        {
            this.currWeight =currWeight;
            this.currValue =currValue;
            this.upboundValue=upboundValue;
            this.level =level;
            x=new int[n];
        }
    }
    public void KnapsackProblem()
    {
        int n =5;                                          //物品数量
        int[] w={170,100,50,40,10};                        //准备放入背包中的物品重量
        int[] v ={ 850, 400, 150, 80, 60 };                //准备放入背包中的物品价值
        int capacity=200;                                  //背包容量
        int maxValue=0;                                    //已放入背包物品的最大价值
        int level =0;
        order(w, v, n);
        //上界等于最大物品单位价值乘以背包容量
        int upValue =v[0]/w[0]* capacity;
        KnapsackPoint start =new KnapsackPoint(0, 0,upValue, 0,n);
        KnapsackPoint bestPoint =null;
        Queue q =new Queue();                              //活结点队列
        q.Enqueue(start);
        while(q.Count >0)
        {
            KnapsackPoint cp =(KnapsackPoint ) q.Dequeue();
            if (cp.upboundValue <maxValue) continue;
            if(cp.level ==5)                               //找到一个解
            {
                if (cp.currValue ==maxValue) {
                    bestPoint = new KnapsackPoint(cp.currWeight, cp.currValue, cp.
                    upboundValue, cp.level, n);
                    bestPoint.x =(int[])cp.x.Clone();
                }
                continue;
            }
            KnapsackPoint leftson;
            KnapsackPoint rightson;
            if(cp.level ==n -1)                            //最后一个物品
            {
                //左子树,放入物品 cp.level
                leftson =new KnapsackPoint(cp.currWeight +w[cp.level],
                        cp.currValue +v[cp.level],
                        cp.currValue +v[cp.level],
                        cp.level +1, n);
                leftson.x =(int[])cp.x.Clone();
                leftson.x[cp.level] =1;
                //右子树,不放入物品 cp.level
```

```
            rightson =new KnapsackPoint(cp.currWeight,
                    cp.currValue,
                    cp.currValue,
                    cp.level +1, n);
            rightson.x = (int[])cp.x.Clone();
            rightson.x[cp.level] =0;
        }
        else
        {
            //左子树,放入物品 cp.level
            leftson =new KnapsackPoint(cp.currWeight +w[cp.level],
                    cp.currValue +v[cp.level],
                    cp.currValue +v[cp.level] +
                    (capacity -cp.currWeight -w[cp.level])
                     * v[cp.level +1] / w[cp.level +1],
                    cp.level +1, n);
            leftson.x = (int[])cp.x.Clone();
            leftson.x[cp.level] =1;
            //右子树,不放入物品 cp.level
            rightson =new KnapsackPoint(cp.currWeight,
                    cp.currValue,
                    cp.currValue + (capacity -cp.currWeight)
                    * v[cp.level +1] / w[cp.level +1],
                    cp.level +1, n);
            rightson.x = (int[])cp.x.Clone();
            rightson.x[cp.level] =0;
        }
        if (leftson.currWeight <=capacity)   //未超出背包容量
        {
            if (maxValue <leftson.currValue)
                maxValue =leftson.currValue;
            q.Enqueue(leftson);
        }
        if (rightson.upboundValue >=maxValue)
            q.Enqueue(rightson);
    }
    if (bestPoint !=null)
    {
        System.Console.WriteLine("maxValue ="
            +bestPoint.currValue );
        System.Console.WriteLine("KnapsackWeight ="
            +bestPoint.currWeight );
        System.Console.Write("x =");
        for(int i=0;i<n-1;i++)
            System.Console.Write((int)bestPoint.x[i] +",");
        System.Console.WriteLine(bestPoint.x[n-1]);
    }
}
//按物品单位价格由高到低排序
```

```
void order(int[]w,int[] v,int n)
{
    int[] cw = (int[]) w.Clone();
    int[] cv = (int[])v.Clone();
    for(int i =0; i <n; i++)
    {
        int max =0;
        int m=0;
        for(int j =0; j <5; j++)
        {
            if (cv[j] / cw[j] >max)
            {
                max =cv[j] / cw[j];
                m =j;
            }
        }
        w[i] =cw[m];
        v[i] =cv[m];
        cv[m] =0;
    }
}
```

7.5 同顺序任务加工问题

7.5.1 问题描述

同顺序任务加工问题(也可以称为同顺序流水作业问题)是指有 n 项需要加工的任务 $A_1,A_2,\cdots,A_n$,分别在 m 台机器 $M_1,M_2,\cdots,M_m$ 上加工,而且每一项任务 $A_i(i=1,2,\cdots,n)$ 都按照 M_1->M_2->…->M_m 的顺序进行加工,每一项任务 A_i 在不同的机器上加工的时间不相同,求总加工时间最短的一种加工顺序。

7.5.2 问题分析

同顺序任务加工问题需要考虑如下约束条件。

- 每道工序必须在指定的机器上加工,且必须在其前一道工序加工完成后才能开始加工。
- 某一时刻一台机器只能加工一个任务。
- 每个任务只能在一台机器上加工一次。
- 各任务的工序顺序和加工时间已知,不随加工排序的改变而改变。

$$T=\begin{array}{c} \\ A_1 \\ A_2 \\ A_3 \\ A_4 \end{array}\begin{array}{c} \begin{array}{cccc} M_1 & M_2 & M_3 & M_4 \end{array} \\ \begin{bmatrix} 5 & 7 & 9 & 8 \\ 10 & 5 & 2 & 3 \\ 9 & 9 & 5 & 11 \\ 7 & 8 & 10 & 6 \end{bmatrix} \end{array}$$

图 7-15 同顺序加工任务

例如,有四个加工任务,分别为 A_1,A_2,A_3,A_4,每个任务有四道工序,须在 M_1,M_2,M_3,M_4 四台机器上完成,其用时如图 7-15 所示。

令 t_{ij} 为第 i 个任务第 j 道工序的加工时间,其中,$1\leqslant i\leqslant 4$,$1\leqslant j\leqslant 4$。若加工顺序为 $A_2\to A_3\to A_1\to A_4$,则整个加工时间如

图 7-16 所示。

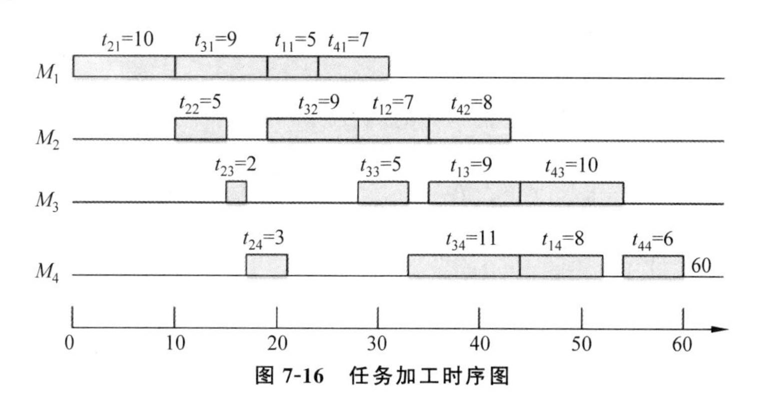

图 7-16 任务加工时序图

7.5.3 *n* 项任务 *m* 台处理机任务启动时间

假设任务执行顺序为$\{A_{b_1},A_{b_2},\cdots,A_{b_n}\}$，设$C_{b_k}^i$为任务$A_{b_k}$在机器$M_i$上开始加工的时间，设任务$A_{b_k}$在机器$M_i$上的加工时间为$t_{b_k i}$。

在机器 M_1 上，任务A_{b_k}只需前面的任务完成即可开始，第一个任务无须等待，所以$C_{b_1}^1=0$，从第二个任务开始：

$$C_{b_k}^1=\sum_{j=1}^{k-1}t_{b_j 1},\quad 2\leqslant k\leqslant n \tag{7-6}$$

可改写为：

$$C_{b_k}^1=C_{b_{k-1}}^1+t_{b_{k-1}1},\quad 2\leqslant k\leqslant n \tag{7-7}$$

理解为任务$C_{b_k}^1$的启动时间为上一个任务的启动时间加上上一个任务的加工时间。

我们定义**第 0 个加工任务**A_{b_0}，其在各台机器M_i上的启动时间和加工时间均为 0，即：

$$C_{b_0}^i=0,\quad t_{b_0 i}=0,\quad 1\leqslant i\leqslant m \tag{7-8}$$

则公式(7-7)可拓展到$k=1$时的情况，即：

$$C_{b_k}^1=C_{b_{k-1}}^1+t_{b_{k-1}1},\quad 1\leqslant k\leqslant n \tag{7-9}$$

在机器 M_2 上，任务A_{b_1}只有在机器M_1加工完成后才能在机器M_2上开始加工，所以有：

$$C_{b_1}^2=t_{b_1 1} \tag{7-10}$$

由于$C_{b_1}^1=0$，所以：

$$C_{b_1}^2=C_{b_1}^1+t_{b_1 1} \tag{7-11}$$

根据公式(7-8)可知，$C_{b_0}^2=0,t_{b_0 2}=0$，所以公式(7-11)可写成：

$$C_{b_1}^2=\max\{C_{b_1}^1+t_{b_1 1},C_{b_0}^2+t_{b_0 2}\} \tag{7-12}$$

任务A_{b_2}在机器M_2的开始时间要同时满足，任务A_{b_2}已在M_1加工完成，且机器M_2已加工完成任务A_{b_1}，处于空闲状态。

任务A_{b_2}在M_1上的完成时间为其开始时间$C_{b_2}^1$加上加工时间$t_{b_2 1}$。

机器M_2已加工完成任务A_{b_1}的时间为任务A_{b_1}在M_2上的开始加工时间$C_{b_1}^2$加上加工时间$t_{b_1 2}$。因此有：

$$C_{b_2}^2=\max\{C_{b_2}^1+t_{b_2 1},C_{b_1}^2+t_{b_1 2}\} \tag{7-13}$$

任务 A_{b_3} 在机器 M_2 的开始时间要同时满足：任务 A_{b_3} 已在 M_1 加工完成，且机器 M_2 已加工完成任务 A_{b_2}，有：

$$C_{b_3}^2=\max\{C_{b_3}^1+t_{b_3 1},C_{b_2}^2+t_{b_2 2}\} \tag{7-14}$$

以此类推，任务 A_{b_i} 在机器 M_2 的开始时间要同时满足：任务 A_{b_i} 已在 M_1 加工完成，且机器 M_2 已加工完成任务 $A_{b_{i-1}}$，有：

$$C_{b_i}^2=\max\{C_{b_i}^1+t_{b_i 1},C_{b_{i-1}}^2+t_{b_{i-1}2}\} \tag{7-15}$$

…

$$C_{b_n}^2=\max\{C_{b_n}^1+t_{b_n 1},C_{b_{n-1}}^2+t_{b_{n-1}2}\} \tag{7-16}$$

因此，对所有 $1\leqslant k\leqslant n$，任务 A_{b_k} 在 M_2 的开始时间为：

$$C_{b_k}^2=\max\{C_{b_k}^1+t_{b_k 1},C_{b_{k-1}}^2+t_{b_{k-1}2}\} \tag{7-17}$$

现在再观察**机器 M_3**。

机器 M_3 只有在机器 M_2 加工完 A_{b_1} 后才开始工作，则 A_{b_1} 在 M_3 的开始加工时间为：

$$C_{b_1}^3=t_{b_1 1}+t_{b_1 2}=C_{b_1}^2+t_{b_1 2} \tag{7-18}$$

根据公式(7-8)可知，$C_{b_0}^3=0,t_{b_0 3}=0$，所以公式(7-18)可写成：

$$C_{b_1}^3=\max\{C_{b_1}^2+t_{b_1 2},C_{b_0}^3+t_{b_0 3}\} \tag{7-19}$$

任务 A_{b_2} 在机器 M_3 的开始时间要同时满足：任务 A_{b_2} 已在 M_2 加工完成，且机器 M_3 已加工完成任务 A_{b_1}：

$$C_{b_2}^3=\max\{C_{b_2}^2+t_{b_2 2},C_{b_1}^3+t_{b_1 3}\} \tag{7-20}$$

…

$$C_{b_i}^3=\max\{C_{b_i}^2+t_{b_i 2},C_{b_{i-1}}^3+t_{b_{i-1}3}\} \tag{7-21}$$

…

$$C_{b_n}^3=\max\{C_{b_n}^2+t_{b_n 2},C_{b_{n-1}}^3+t_{b_{n-1}3}\} \tag{7-22}$$

因此，对于所有 $1\leqslant k\leqslant n$，任务 A_{b_k} 在 M_3 的开始加工时间为：

$$C_{b_k}^3=\max\{C_{b_k}^2+t_{b_k 2},C_{b_{k-1}}^3+t_{b_{k-1}3}\} \tag{7-23}$$

现将上述结论推广到**处理机 m**。

机器 M_m 只有在机器 M_{m-1} 加工完 A_{b_1} 后才开始工作，则 A_{b_1} 在 M_m 的开始加工时间为：

$$C_{b_1}^m=\sum_{j=1}^{m-1}t_{b_1 j}=\sum_{j=1}^{m-2}t_{b_1 j}+t_{b_1 m-1}=C_{b_1}^{m-1}+t_{b_1 m-1} \tag{7-24}$$

根据公式(7-8)可知，$C_{b_0}^m=0,t_{b_0 m}=0$，所以公式(7-24)可写成：

$$C_{b_1}^m=\max\{C_{b_1}^{m-1}+t_{b_1 m-1},C_{b_0}^m+t_{b_0 m}\} \tag{7-25}$$

任务 A_{b_2} 在机器 M_m 的开始时间要同时满足：任务 A_{b_2} 已在 M_{m-1} 加工完成，且机器 M_m 已加工完成任务 A_{b_1}：

$$C_{b_2}^m=\max\{C_{b_2}^{m-1}+t_{b_2 m-1},C_{b_1}^m+t_{b_1 m}\} \tag{7-26}$$

…

$$C_{b_i}^m=\max\{C_i^{m-1}+t_{b_i m-1},C_{b_{i-1}}^m+t_{b_{i-1}m}\} \tag{7-27}$$

…

$$C_{b_n}^m=\max\{C_n^{m-1}+t_{b_n m-1},C_{b_{n-1}}^m+t_{b_{n-1}m}\} \tag{7-28}$$

因此，对于所有 $1 \leqslant k \leqslant n$，任务 A_{b_k} 在 M_m 的开始加工时间为：

$$C_{b_k}^{m} = \max\{C_{k}^{m-1} + t_{b_k m-1}, C_{b_{k-1}}^{m} + t_{b_{k-1} m}\} \tag{7-29}$$

综上所述，在有 n 个任务 m 台处理的情况下，按照 $\{A_{b_1}, A_{b_2}, \cdots, A_{b_n}\}$ 的任务加工顺序，任务 A_{b_k} 在处理机 i 上的开始加工时间为：

$$C_{b_k}^{i} = \begin{cases} C_{b_{k-1}}^{1} + t_{b_{k-1}1}, & i = 1 \\ \max\{C_{b_k}^{i-1} + t_{b_k i-1}, C_{b_{k-1}}^{i} + t_{b_{k-1} i}\}, & 2 \leqslant i \leqslant m, 1 \leqslant k \leqslant n \end{cases} \tag{7-30}$$

我们定义任务在第 0 台机器 M_0 的起始加工时间 $C_{b_k}^{0} = 0$，加工时间 $t_{b_k 0} = 0$，$C_{b_k}^{0} = 0$，$1 \leqslant k \leqslant n$，则公式(7-30)可改写成：

$$C_{b_k}^{i} = \max\{C_{b_k}^{i-1} + t_{b_k i-1}, C_{b_{k-1}}^{i} + t_{b_{k-1} i}\}, \quad 1 \leqslant i \leqslant m, 1 \leqslant k \leqslant n \tag{7-31}$$

注意为了公式的统一，我们定义了虚拟机器 M_0 和虚拟任务 A_0，任何任务在虚拟机器 M_0 上的加工时间均为 0，虚拟任务 A_0 在任何机器上的加工时间均为 0。

7.5.4　问题求解

解向量：采用固定长度的 n 元组解向量 $(b_1, b_2, \cdots, b_n)$，代表任务的加工顺序，其中，b_i 为第 i 个加工任务的任务号。

显式约束：$b_i \in \{1:n\}$。

隐式约束：$i \neq j$ 时，$b_i \neq b_j$。

求解目标：总加工时间最小。

因此，这个问题的状态空间树是一棵**多叉树**，树的深度为 n。

下界函数是任务 A_{b_i} 开始在机器 M_m 上开始加工时间加上后续任务在机器 M_m 上加工时间之和：

$$v(b_i) = C_{b_i}^{m} + \sum_{j=b_i}^{b_n} t_{jm} \tag{7-32}$$

剪枝条件：当 $v(b_i)$ 大于已知最小加工时间时，剪掉该分支。

搜索按照下界函数值由小到大的顺序执行。

针对如图 7 15 所示的同顺序任务加工问题，搜索从根结点出发，根结点的下界函数为 $\sum_{j=1}^{n} t_{jm} = 28$。搜索过程如图 7-17 所示。

首先确定加工任务 A_{b_1}，$b_1 \in [1:4]$，生成根结点的 4 个子结点，并根据公式(7-32)计算其下界值，其下界值分别为(49,45,51,53)。将子结点放入活结点集合。

从活结点集合中取出下界值最小的结点 3 作为当前扩展结点，生成 3 个子结点，分别计算其下界值后，放入活结点集合。

从活结点集合中取出下界值最小的结点 2 作为当前扩展结点，生成 3 个子结点，分别计算其下界值后，放入活结点集合。

这时活结点集合中有两个结点下界值均为最小。下界值相等时按照先进先出的原则，取出结点 9 作为扩展结点，生成其子结点 12、13，计算下界值后，放入活结点集合。

从活结点集合中取出下界值最小的结点 10 作为当前扩展结点，生成 2 个子结点，分别计算其下界值后，放入活结点集合。

从活结点集合中取出下界值最小的结点 14 作为当前扩展结点，生成结点 14 的子结点 16，

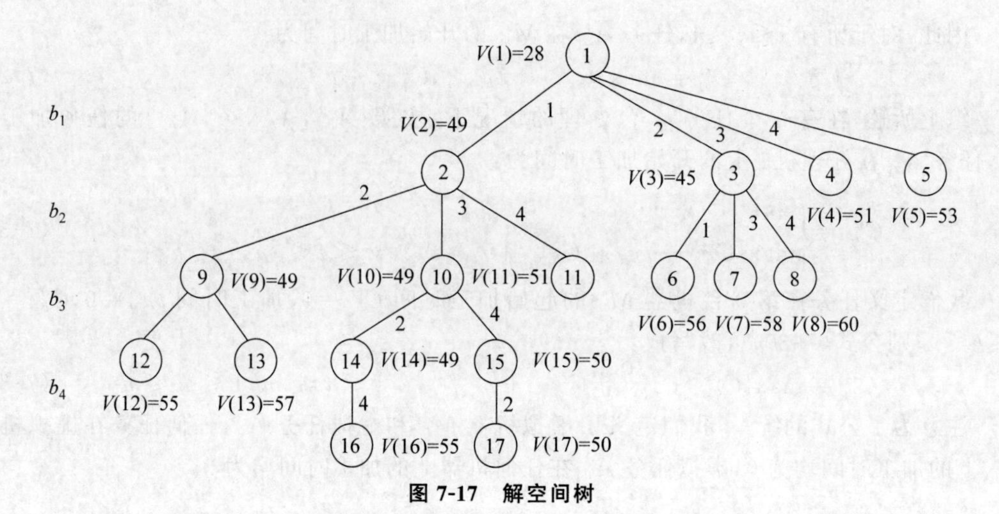

图 7-17 解空间树

由于结点 16 达到树深,因此结点 16 是问题的一个解,其下界值 55 为问题的一个解值。

根据解值 55 剪枝活结点集合中下界值大于 55 的分支。

从活结点集合中取出下界值最小的结点 15 作为当前扩展结点,生成其子结点 17,由于结点 17 达到树深,因此结点 17 也是问题的一个解,其下界值 50 为问题的一个解值。

根据解值 50 剪枝活结点集合中下界值大于 50 的分支。

剪枝后,活结点集合为空,搜索结束。结点 15 对应的任务加工顺序 1-3-4-2 则为最优加工顺序,任务加工时序如图 7-18 所示。

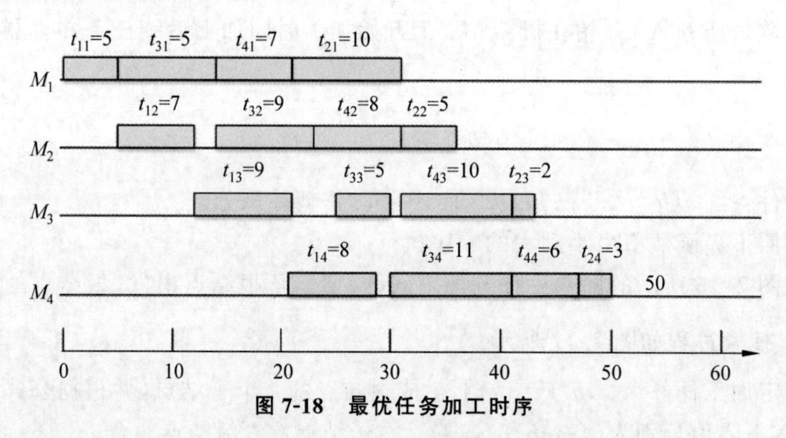

图 7-18 最优任务加工时序

7.5.5 算法实现

```
class MachingSequencePoint
{
    public int num;                                  //结点编号
    public int []ms;                                 //任务加工顺序队列
    public int v;                                    //下界值
    public int level;                                //结点深度,根结点深度为 0
    public int[,]c;              //存储各任务各机器上的开始时间,c[0,]==0;c[,0]==0;
    public MachingSequencePoint(int num,int v,int level,int [,]c,int []ms){
```

```
        this.num=num;
        this.v=v;
        this.level=level;
        this.c =c;
        this.ms =ms;
    }
    public MachingSequencePoint(MachingSequencePoint parentPoint,int num,int
    task){
        this.num=num;
        this.level =parentPoint.level +1;
        ms =(int[])parentPoint.ms.Clone();
        ms[level] =task;
        c =(int[,]) parentPoint.c.Clone();
    }
}
public void MachingSequenceProblem()
{
    int n =4;                                   //任务数
    int m =4;                                   //机器数
    int minValue =-1;
    int minNum =0;
    //任务在各台机器上的加工时间
    //t[0,]为任务 0 在机器上的加工时间,全为 0
    //t[,0]为任务在机器 0 上的加工时间,全为 0
    int[,] t ={
        {0,0,0,0,0},
        { 0,5,7,9,8},
        { 0,10,5,2,3},
        { 0,9,9,5,11},
        {0,7,8,10,6 }
    };
    Hashtable nodes =new Hashtable();           //用于存储所有结点
    Hashtable anodes =new Hashtable();          //用于存储所有活结点
    int sequenceNum =1;
    int[,] c =new int[n +1, m +1];
    int[] ms =new int[n +1];
    ms[0] =0;
    for(int i =0;i<n+1;i++)
    {
        c[i, 0] =0;
    }
    for (int j =0; j <m+1; j++)
    {
        c[0, j] =0;
    }
    int v =0;
    for (int i =0; i <n +1; i++)
    {
        v+=t[i, m] ;
```

```
    }
    MachingSequencePoint start =
        new MachingSequencePoint(sequenceNum,v,0,c,ms);
    nodes.Add(start.num, start);
    anodes.Add(start.num, start.v);
    while (anodes.Count >0)
    {
        int key=getMinNode(anodes);
        anodes.Remove(key);
        MachingSequencePoint cp=(MachingSequencePoint)nodes[key];
        //生成子结点
        for(int i =1; i <n +1; i++)
        {
            bool cflag =false;
            for(int k=1;k<=cp.level;k++)
            if (cp.ms[k] ==i)
            {
                cflag =true;
                break;
            }
            if(cflag)
                continue;
            MachingSequencePoint np =
                new MachingSequencePoint(cp, ++sequenceNum, i);
            //求任务 i 在各台机器上的开始时间
            for(int j =1; j <m +1; j++)
            {
                np.c[np.level, j] =Math.Max(np.c[np.level, j -1] +
                    t[i, j -1],np.c[np.level -1, j] +
                    t[np.ms[np.level -1], j]);
            }
            np.v =np.c[np.level, m]+t[i, m];
            for(int k =1; k <n +1; k ++)
            {
                bool flag =false;
                for(int kk=1;kk<=np.level;kk++)
                {
                    if (np.ms[kk] ==k)
                    {
                        flag =true;
                        break;
                    }
                }
                if(!flag)
                    np.v +=t[k, m];
            }
            if (np.level ==n)          //找到问题的一个解
            {   //输出解
                if (minValue ==-1 || minValue >np.v)
```

```
                {
                    minValue =np.v;
                    minNum =np.num;
                }
                System.Console.WriteLine("vlaue ="+np.v);
                System.Console.Write("MachingSequence =" );
                for(int k=1;k<n;k++)
                    System.Console.Write(np.ms[k] +"-");
                System.Console.WriteLine(np.ms[n]);
                Hashtable aanodes = (Hashtable) anodes.Clone();
                foreach( int ckey in aanodes.Keys )          //剪枝
                {
                    if ((int)anodes[ckey] >np.v)
                        anodes.Remove(ckey);
                }
                nodes.Add(np.num, np);
                continue;
            }
            nodes.Add(np.num, np);
            anodes.Add(np.num, np.v);
        }
    }
    if (minNum >0)
    {
        MachingSequencePoint np =(MachingSequencePoint) nodes[minNum];
        System.Console.WriteLine("Best Maching Time is =" +np.v);
        System.Console.Write("Best Maching Sequence is=");
        for (int k =1; k <n; k++)
            System.Console.Write(np.ms[k] +"-");
        System.Console.WriteLine(np.ms[n]);
    }
}
int getMinNode(Hashtable ns)
{
    int min =-1;
    int minkey =0;
    foreach (int key in ns.Keys)
    {
        int value =(int)ns[key];
        if((min ==-1) || (min>value))
        {
            min =value;
            minkey =key;
        }
    }
    return minkey;
}
```

7.5.6 效率分析

对于任务数为 n 的问题，解空间树中结点的数量为：

$$\mathrm{num}_n = 1 + n + n(n-1) + n(n-1)(n-2) + \cdots + n!$$

对于 $n=4$，$\mathrm{num}_4=65$；对于 $n=5$，$\mathrm{num}_5=326$；对于 $n=6$，$\mathrm{num}_6=1957$；对于 $n=7$，$\mathrm{num}_7=13\ 700$；对于 $n=8$，$\mathrm{num}_8=986\ 410$。

选取机器数 $M=4$，采用随机数生成器随机产生 n 任务在 4 个工序中的加工时间。在 $n=4,5,6,7,8$ 时分别做 5 组实验，实验结果如表 7-1 所示。

表 7-1 实验结果

n	实验 1	实验 2	实验 3	实验 4	实验 5	平 均
4	9	16	9	16	14	12.8
5	16	21	114	58	85	58.8
6	354	235	48	225	86	189.6
7	2266	121	3379	120	86	1194.4
8	15 501	15 023	1571	387	804	6657.2

效应值搜索结点数除以解空间结点数，当 $n=4,5,6,7,8$ 时，效应值分别为 19.69%，18.04%，9.69%，8.72%、0.67%。

在每个结点需要计算 $C_{b_i}^k$ 值，$k=1:m$，每个结点共需 $2m$ 次加法，以及 m 次求 max 的二值计算。

7.6 最大团问题

7.6.1 问题描述

给定一个无向图 $G=(V,E)$，其中，V 是非空集合，称为顶点集；E 是 V 中元素构成的无序二元组的集合，称为边集，无向图中的边均是顶点的无序对，无序对用圆括号“( )”表示。

如果 $U \in V$，且对任意两个顶点 u、$v \in U$ 有 $(u,v) \in E$，即 U 中任意两个顶点是相连的，则称 U 是 G 的完全子图，G 的完全子图 U 是 G 的团。G 的最大团是指 G 的最大完全子图，如图 7-19 所示。

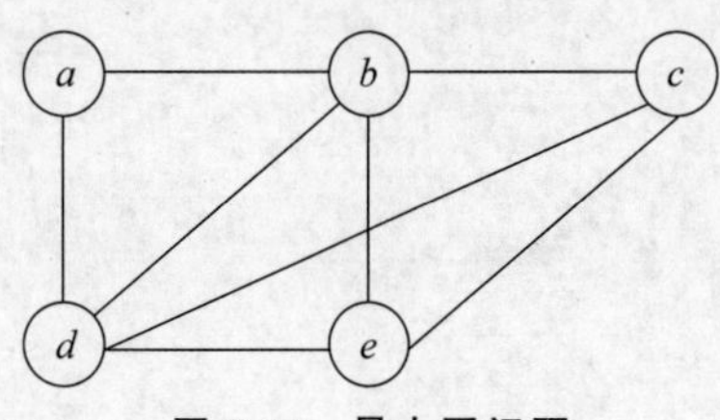

图 7-19 最大团问题

如果 $U \in V$ 且对任意 u、$v \in U$ 有 (u,v) 不属于 E，则称 U 是 G 的空子图。G 的空子图 U 是 G 的独立集当且仅当 U 不包含在 G 的更大的空子图中。G 的最大独立集是 G 中所含顶点数最多的独立集。

对于任一无向图 $G=(V,E)$，其补图 $G'=(V',E')$ 定义为：$V'=V$，且 $(u,v) \in E'$ 当且仅当 $(u,v) \notin E$。

如果 U 是 G 的完全子图，则它也是 G' 的空子图，反之亦然。因此，G 的团与 G' 的独立集之间存在一一对应的关系。特殊地,U 是 G 的最大团当且仅当 U 是G'的最大独立集。

7.6.2　问题分析

解向量：采用固定长度的 n 元组解向量$(x_1,x_2,\cdots,x_n)$,其中,x_i 代表顶点 i 是否在团中。

显式约束：$x_i\in\{0,1\}$,0 代表顶点 i 不在团中,1 代表顶点 i 在团中。

隐式约束：$x_i\neq x_j$,$i\neq j$ 时。

目标函数：$\sum x_i$ 最大。

因此,这个问题的状态空间树是一棵**二叉树**。

上界函数：

$$u(x)=a(x)+b(x) \tag{7-33}$$

其中,$a(x)$为团中已有顶点数量;$b(x)$为剩余空间中可能加入团的最大顶点数量。

7.6.3　问题求解

根结点的团中没有任何顶点,这时 5 个顶点都可能包含在团中,因此 $u(1)=5$。

其次,根据顶点 a 是否在团中,生成根结点的两个子结点 2 和 3。

按照先入先出原则,取出结点 2 作为当前结点,根据顶点 b 是否在团中,生成其子结点 4 和 5。

按照先入先出原则,取出结点 3 作为当前结点,根据顶点 b 是否在团中,生成其子结点 6 和 7。

按照先入先出原则,取出结点 4 作为当前结点,根据顶点 c 是否在团中,生成其子结点,由于顶点 c 与顶点 a 没有连线,只生成结点 4 的右子结点 8。

按照先入先出原则,取出结点 5 作为当前结点,根据顶点 c 是否在团中,生成其子结点,由于顶点 c 与顶点 a 没有连线,只生成结点 5 的右子结点 9。

按照先入先出原则,取出结点 6 作为当前结点,根据顶点 c 是否在团中,生成其子结点 10 和 11。

按照先入先出原则,取出结点 7 作为当前结点,根据顶点 c 是否在团中,生成其子结点 12 和 13。

按照先入先出原则,取出结点 8 作为当前结点,根据顶点 d 是否在团中,生成其子结点,由于顶点 d 与顶点 a 没有连线,只生成结点 8 的右子结点 14。

按照先入先出原则,取出结点 9 作为当前结点,根据顶点 d 是否在团中,生成其子结点,由于顶点 d 与顶点 a 没有连线,只生成结点 9 的右子结点 15。

按照先入先出原则,取出结点 10 作为当前结点,根据顶点 d 是否在团中,生成其子结点 16 和 17;由于结点 16 的团中已有 3 个结点,剪除最大可能团结点数为 2 的结点 13、15。

按照先入先出原则,取出结点 11 作为当前结点,根据顶点 d 是否在团中,生成其子结点 18 和 19;由于结点 19 的最大团可能结点数小于 3,剪除结点 19。

按照先入先出原则,取出结点 12 作为当前结点,根据顶点 d 是否在团中,生成其子结点 20 和 21;由于结点 21 的最大团可能结点数小于 3,剪除结点 21。

按照先入先出原则，取出结点 14 作为当前结点，根据顶点 e 是否在团中，生成其子结点，由于顶点 e 与顶点 a 没有连线，只生成结点 14 的右子结点 22；由于结点 22 的团结点数为 2，剪除结点 22。

按照先入先出原则，取出结点 16 作为当前结点，根据顶点 e 是否在团中，生成其子结点 23 和 24；由于结点 23 的团中已有 4 个结点，剪除最大可能团结点数小于 4 的结点 17、18、20。

问题的最大团数为 4，解为(01111)，求解过程如图 7-20 所示。

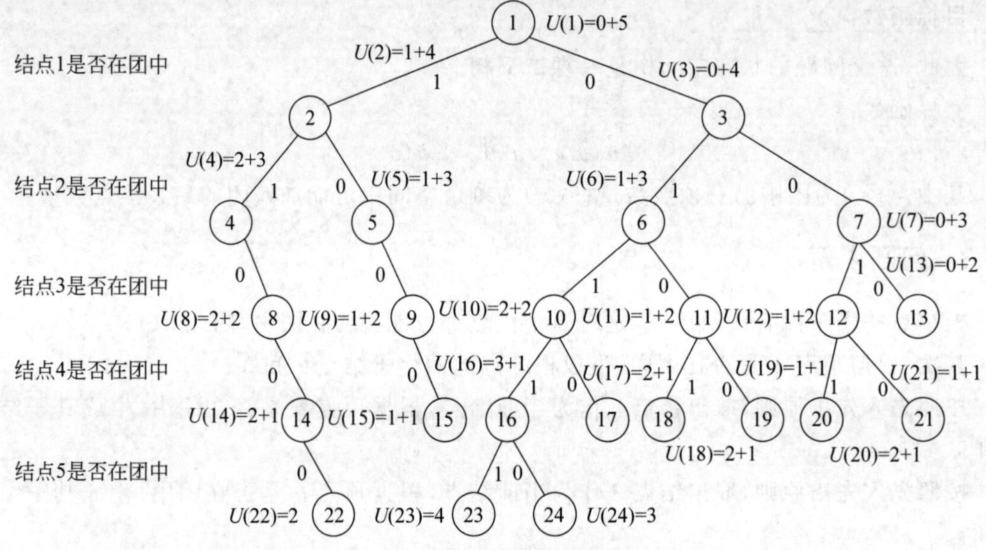

图 7-20 最大团问题解空间树

7.6.4 算法实现

```
public class MaxCliquePoint
{
    public int[] x;                  //解向量,分别对应图中顶点 1,2,3,4,5,…
    public int num;                  //搜索结点号
    public int cliqueNum;            //团中顶点数
    public int level;                //结点级别,根结点级别为 0
    public int u = 0;                //上界
    public MaxCliquePoint(int num, int n)
    {
        this.num = num;
        this.cliqueNum = 0;
        this.level = 0;
        this.x = new int[n];
        this.u = n;
    }
    public MaxCliquePoint()
    {
    }
```

```
    public MaxCliquePoint(MaxCliquePoint p,int num)
    {
        this.x = (int[])p.x.Clone();
        this.num =num;
        this.level =p.level +1;
        this.cliqueNum =p.cliqueNum;
        this.u =p.u -1;
    }
    public MaxCliquePoint Clone()
    {
        MaxCliquePoint np =new MaxCliquePoint();
        np.x = (int[])this.x.Clone();
        np.num =this.num;
        np.level =this.level;
        np.cliqueNum =this.cliqueNum;
        np.u =this.u;
        return np;
    }
}
public void MaxClique()
{
    int pointsequence =1;
    int n =5;                          //图中顶点数
    int[,] es =                        //图中边的集合
    {
        { 0, 1, 0, 1, 0 },
        { 1, 0, 1, 1, 1 },
        { 0, 1, 0, 1, 1 },
        { 1, 1, 1, 0, 1 },
        { 0, 1, 1, 1, 0 }
    };
    MaxCliquePoint start =new MaxCliquePoint(pointsequence++,n);
    Queue q =new Queue();
    q.Enqueue(start);
    int maxNum =0;
    MaxCliquePoint maxNode=null;
    while (q.Count >0)
    {
        MaxCliquePoint cp = (MaxCliquePoint)q.Dequeue();
        //剪枝
        if ((cp.cliqueNum +cp.u) <maxNum)
            continue;
        if(cp.level ==n)
            continue;
        //左子树
        bool flag =true;
        for(int i =0; i<cp.level; i++)
        {
            if (cp.x[i] ==1 && es[cp.level, i] ==0)
                flag =false;
```

```
        }
        if (flag)
        {
            MaxCliquePoint left =
                new MaxCliquePoint(cp, pointsequence++);
            left.x[left.level -1] =1;
            left.cliqueNum++;
            if (left.cliqueNum >maxNum)
            {
                maxNum =left.cliqueNum;
                maxNode =left.Clone();
            }
            q.Enqueue(left);
        }
        //右子树
        MaxCliquePoint right=new MaxCliquePoint(cp, pointsequence++);
        right.x[right.level -1] =0;
        q.Enqueue(right);
    }
    if (maxNum >0)                  //有解
    {
        System.Console.WriteLine("the Max Clique Number is " +maxNum);
        System.Console.Write("the Nodes in Max Clique is ");
        for(int i =0; i <n; i++)
        {
            if((int)maxNode.x[i]==1)
                System.Console.Write(i+1+" ");
        }
        System.Console.WriteLine("");

    }
}
```

7.7 装载问题

7.7.1 问题描述

有一批共 n 个集装箱要装上两艘载重分别为 c_1 和 c_2 的轮船，其中，集装箱 i 的重量为 w_i，且 $\sum_{i=1}^{n} w_i \leqslant c_1+c_2$。装载问题要求确定是否存在一个合理的装载方案可将这 n 个集装箱要装上这两艘轮船。如果有，找出装载方案。

7.7.2 问题分析

容易证明：如果一个装载问题有解，则采用下面的策略可以得到最优装载方案。

(1) 首先将第一艘轮船尽可能装满。

(2) 然后将剩余的集装箱装在第二艘轮船上。

那么装载问题可描述为：

$$\max\sum_{i=1}^{n}w_ix_i \tag{7-34}$$

$$\text{s.t.}\sum_{i=1}^{n}w_ix_i\leqslant c_1,\quad (x_i\in\{0,1\},1\leqslant i\leqslant n) \tag{7-35}$$

解向量：采用固定长度的 n 元组解向量$(x_1,x_2,\cdots,x_n)$，其中，x_i 代表集装箱 i 是否装载在货船 1 中。

显式约束：$x_i\in\{0,1\}$，0 代表集装箱 i 没有装载在货船 1 中，1 代表集装箱 i 装载在货船 1 中。

隐式约束：$x_i\neq x_j$，$i\neq j$ 时。

目标函数：$\sum_{i=1}^{n}w_ix_i$ 最大且 $\sum_{i=1}^{n}w_ix_i\leqslant c_1$。

因此，这个问题的状态空间树是一棵**二叉树**。

上界函数：

$$u(x)=a(x)+b(x) \tag{7-36}$$

其中，$a(x)$为已装载集装箱重量；$b(x)$为剩余集装箱重量。

7.7.3 问题求解

(1) 先求出所有集装箱重量 $\text{maxWeight}=\sum_{i=1}^{n}w_i$。

(2) 接着将集装箱按重量从大到小顺序排列。

(3) 构建状态空间树并搜索最优解。

① 根结点为货船 1 中未装载任何货物，待装载货物数量为 n，$a(1)=0$，$b(1)=\text{maxWeight}$；将根结点放入队列中。

② 生成根结点的两个子结点，左子结点代表货物 1 装载在货船 1 中；右子结点代表货物 1 未装载在货船 1 中；计算各结点已装载集装箱重量 $a(x)$和剩余集装箱重量 $b(x)$。如果 $a(x)$超过 c_1，则剪除该结点；将新生成的结点放入队列中；检查队列中是否有结点的 $u(x)$小于目前已装入集装箱的最大重量，如果有则剪除相应结点。

③ 重复上述过程，直至 n 个集装箱全部判断完成，且待处理队列为空。

(4) 找出货船 1 的最大装载方案，检查剩余集装箱是否能够全部装载到货船 2 中，如果能则得出问题的解，如果不能则本问题无解。

例：有一批共 5 个集装箱要装上两艘载重量分别为 40 和 20 的两艘货船，集装箱的重量为(15,14,12,10,8)，是否存在一个合理的装载方案可将这 n 个集装箱装上这两艘轮船？如果有，找出装载方案。

先求出所有集装箱重量 $\text{maxWeight}=\sum_{i=1}^{n}w_i=15+14+12+10+8=59$，小于两艘货船的装载量之和。

根结点货船 1 没有装载任何货物，这时都可能装载在货船 1 中，因此 $u(1)=0+59$，将根结点放入队列中。

按照先入先出原则，取出根结点，按照集装箱 1 是否装载在货船 1 中，生成其两个子结点 2 和 3，计算各自的 $u(x)$，更新当前已装载货物最大值。

按照先入先出原则，取出结点 2 作为当前结点，根据集装箱 2 是否装载在货船 1 中，生成其子结点 4 和 5，计算各自的 $u(x)$，更新当前已装载货物最大值。

按照先入先出原则，取出结点 3 作为当前结点，根据集装箱 2 是否装载在货船 1 中，生成其子结点 6 和 7，计算各自的 $u(x)$，更新当前已装载货物最大值。

按照先入先出原则，取出结点 4 作为当前结点，根据集装箱 3 是否装载在货船 1 中，生成其子结点，由于货物总和超载，只生成其右子结点 8，计算其 $u(x)$。

按照先入先出原则，取出结点 5 作为当前结点，根据集装箱 3 是否装载在货船 1 中，生成其子结点 9 和 10，计算各自的 $u(x)$，更新当前已装载货物最大值。

按照先入先出原则，取出结点 6 作为当前结点，根据集装箱 3 是否装载在货船 1 中，生成其子结点 11 和 12，计算各自的 $u(x)$，更新当前已装载货物最大值。

按照先入先出原则，取出结点 7 作为当前结点，根据集装箱 3 是否装载在货船 1 中，生成其子结点 13 和 14，计算各自的 $u(x)$，更新当前已装载货物最大值；由于结点 14 的预期最大装载量小于当前已装载货物最大值，剪除结点 14。

按照先入先出原则，取出结点 8 作为当前结点，根据集装箱 4 是否装载在货船 1 中，生成其子结点 15 和 16，计算各自的 $u(x)$，更新当前已装载货物最大值；由于结点 9、10、11、12、13、16 的预期最大装载量小于当前已装载货物最大值，剪除结点 9、10、11、12、13、16。

按照先入先出原则，取出结点 15 作为当前结点，根据集装箱 5 是否装载在货船 1 中，生成其子结点，由于货物总和超载，只生成其右子结点 17，计算其 $u(x)$。

搜索完成，解为(11010)，货船 1 装载量集装箱重量为 39，由于剩余货物能够装载在货船 2 上，因此得到原问题的一个解，如图 7-21 所示。

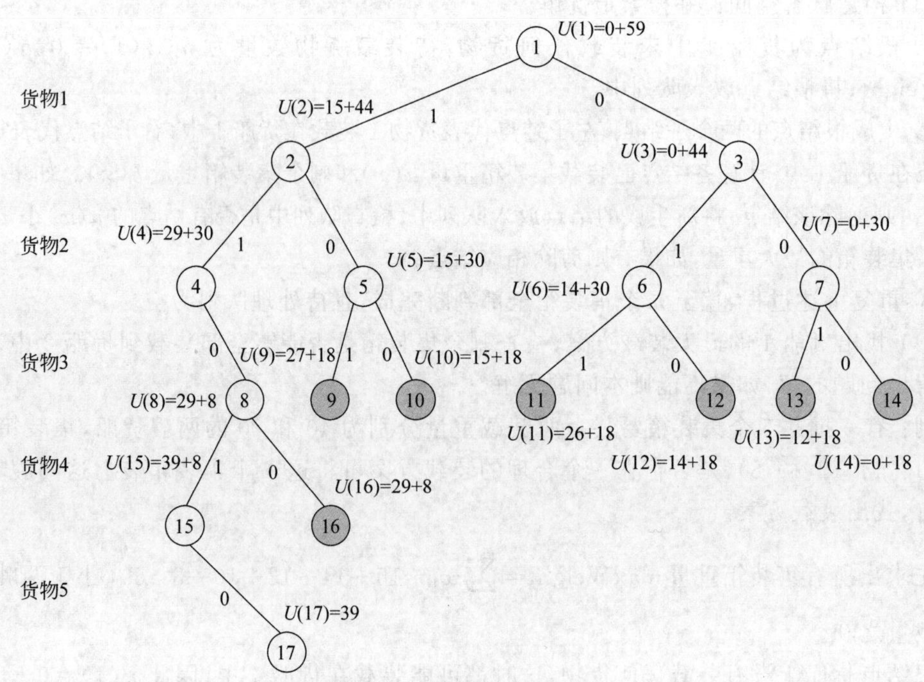

图 7-21 装载问题解空间树

7.7.4 算法实现

```
class MaxLoadingPoint
{
    public int[] x;                      //解向量,对应箱子是否装入 c1 中
    public int num;                      //搜索结点号
    public int weights;                  //已装入货物量
    public int level;                    //结点级别,根结点级别为 0
    public int u =0;                     //上界
    public MaxLoadingPoint(int num, int n)
    {
        this.num =num;
        this.weights =0;
        this.level =0;
        this.x =new int[n];
        this.u =n;
    }
    public MaxLoadingPoint()
    {
    }
    public MaxLoadingPoint(MaxLoadingPoint p, int num)
    {
        this.x =(int[])p.x.Clone();
        this.num =num;
        this.level =p.level +1;
        this.weights =p.weights;
    }
    public MaxLoadingPoint Clone()
    {
        MaxLoadingPoint np =new MaxLoadingPoint();
        np.x =(int[])this.x.Clone();
        np.num =this.num;
        np.level =this.level;
        np.weights =this.weights;
        np.u =this.u;
        return np;
    }
}
public void MaxLoading()
{
    int n =5;                            //箱子数量
    int c1 =40;
    int c2 =20;
    int[] w ={ 15, 14, 12, 10, 8 };
    int total =0;
    for (int i =0; i <n; i++)
        total +=w[i];
    int ps =1;
    MaxLoadingPoint start =new MaxLoadingPoint(ps++, n);
```

```
        start.u = total;
        Queue q = new Queue();
        q.Enqueue(start);
        int maxWeight = 0;
        MaxLoadingPoint maxNode = null;
        while (q.Count > 0)
        {
            MaxLoadingPoint cp = (MaxLoadingPoint) q.Dequeue();
            //剪枝
            if ((cp.weights + cp.u) < maxWeight)
                continue;
            if (cp.level == n)                              //已到叶结点
                continue;
            //左子树
            if(w[cp.level]+cp.weights <= c1)                //能装入当前箱子
            {
                MaxLoadingPoint left = new MaxLoadingPoint(cp, ps++);
                left.x[left.level - 1] = 1;
                left.weights += w[cp.level];
                left.u -= w[cp.level];
                if (left.weights > maxWeight )
                {
                    maxWeight = left.weights;
                    maxNode = left.Clone();
                }
                q.Enqueue(left);
            }
            //右子树
            MaxLoadingPoint right = new MaxLoadingPoint(cp, ps++);
            right.x[right.level - 1] = 0;
            right.u -= w[cp.level];
            q.Enqueue(right);
        }
        if (maxWeight > 0)                                  //有解
        {
            if (total - maxWeight > c2)
            {
                System.Console.WriteLine("找不到解!");
                return;
            }
            System.Console.WriteLine("找到一个解,c1 上装载货物量为: " + maxWeight);
            System.Console.Write("c1 上装载的箱子号为: ");
            for (int i = 0; i < n; i++)
                if ((int)maxNode.x[i] == 1)
                    System.Console.Write(i + 1 + " ");
            System.Console.WriteLine("");
            System.Console.WriteLine("c2 上装载货物量为: " + (total-maxWeight));
            System.Console.Write("c2 上装载的箱子号为: ");
            for (int i = 0; i < n; i++)
```

```
            if ((int)maxNode.x[i] ==0)
                System.Console.Write(i +1 +" ");
        System.Console.WriteLine("");
    }
}
```

7.8 布线问题

7.8.1 问题描述

印刷电路板将布线区域划分成 $n\times m$ 个方格阵列，要求确定连接方格阵列中的方格 a 的中点到方格 b 的中点的最短布线方案。在布线时，电路只能沿直线或直角布线，为了避免线路相交，已布线的方格做了封锁标记，其他线路不允许穿过被封锁的方格，如图 7-22 所示。

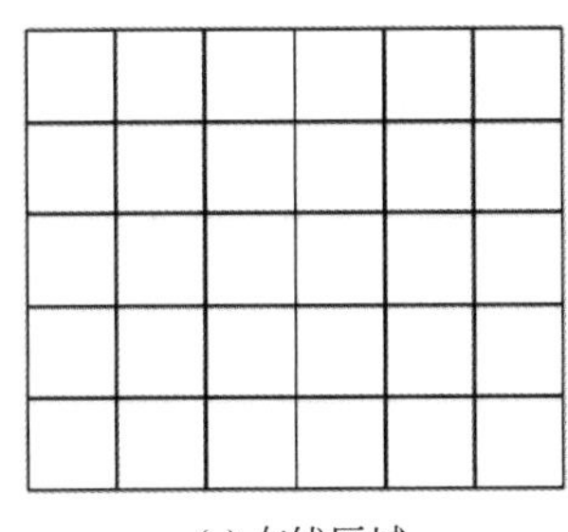
(a) 布线区域

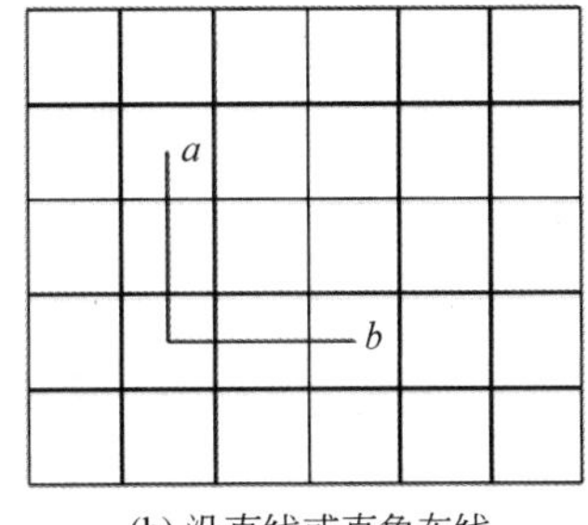

(b) 沿直线或直角布线

图 7-22　布线问题

7.8.2 问题分析

用分支限界法求解布线问题的解空间是一个图。从起始位置 a 开始将它作为第一个扩展结点。与该扩展结点相邻并可达的方格成为可行结点被加入到活结点队列中，并且将这些方格标记为 1，即从起始方格 a 到这些方格的距离为 1。接着，从活结点队列中取出队首结点作为下一个扩展结点，并将与当前扩展结点相邻且未标记过的方格标记为 2，并存入活结点队列。这个过程一直继续到算法搜索到目标方格 b 或活结点队列为空时为止。

解向量：采用非固定长度的解向量$((x_1,y_1),(x_2,y_2),\cdots,(x_k,y_k))$，其中，$i$ 代表所走的步数，x_i 代表第 i 步的行坐标，y_i 代表第 i 步的列坐标。左上角方块的坐标为(1,1)，右下角的坐标为(n,m)。

两点间距离：a,b 两点的距离为$|x_a-x_b|+|y_a-y_b|$。

显式约束：$x_i\in\{1,2,\cdots,n\},y_i\in\{1,2,\cdots,m\}$；

隐式约束：解向量长度最短。

下界函数：

$$v(x)=a(x)+b(x) \tag{7-37}$$

其中，$a(x)$为走步数；$b(x)$为 x 到目标 b 的距离。

7.8.3 问题求解

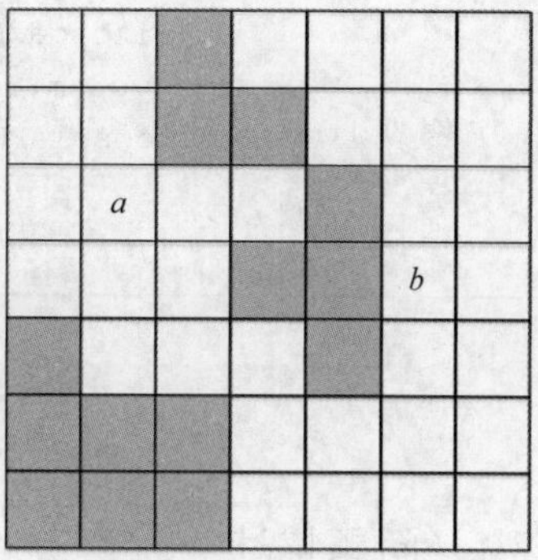

求解如图 7-23 所示布线问题，找出从点 a 到点 b 的最短布线路径。

约定：

（1）布线不能穿过布线区域边界。

（2）布线不能穿过黑色区域（封锁标记）。

（3）布线不能走已走过区域（通过已走过区域不会获得更短的路径）。

（4）当四个方向都为黑色区域或已走过区域时，剪除该结点分支。

（5）移动时按照上、左、右、下的顺序。

（6）移动方向相对位移如表 7-2 所示。

图 7-23 布线问题实例

表 7-2 位移表

移 动	方 向	offset[i].row	offset[i].col
1	上	−1	0
2	左	0	−1
3	右	0	1
4	下	1	0

首先从初始结点 a 出发，按照上、左、右、下的顺序尝试走一步，产生 4 个新的位置状态，即在状态空间树上产生根结点的 4 个子结点，记录各子结点的位置状态、已走步数、到达目标结点的距离；将上述结点放入搜索队列中。

按照先进先出的原则，从队列中取出一个结点，从此结点出发，按照上、左、右、下的顺序尝试走一步，如遇到封锁区域、边界或已走过区域，停止相应方向的操作，如 4 个方向均不能移动，剪除该结点。记录各子结点的位置状态，已走步数等于父结点已走步数加 1，计算到达目标结点的距离；将新结点放入搜索队列中。

重复上述步骤，直至新结点距离目标结点的距离为 1，或搜索队列为空。

上述例题的搜索状态空间树如图 7-24 所示，行走路径如图 7-25 所示。

7.8.4 算法实现

```
public Position(int x,int y)
{
    this.x =x;
    this.y =y;
}
class PCBPoint
{
    public Position[] p;                    //解向量
```

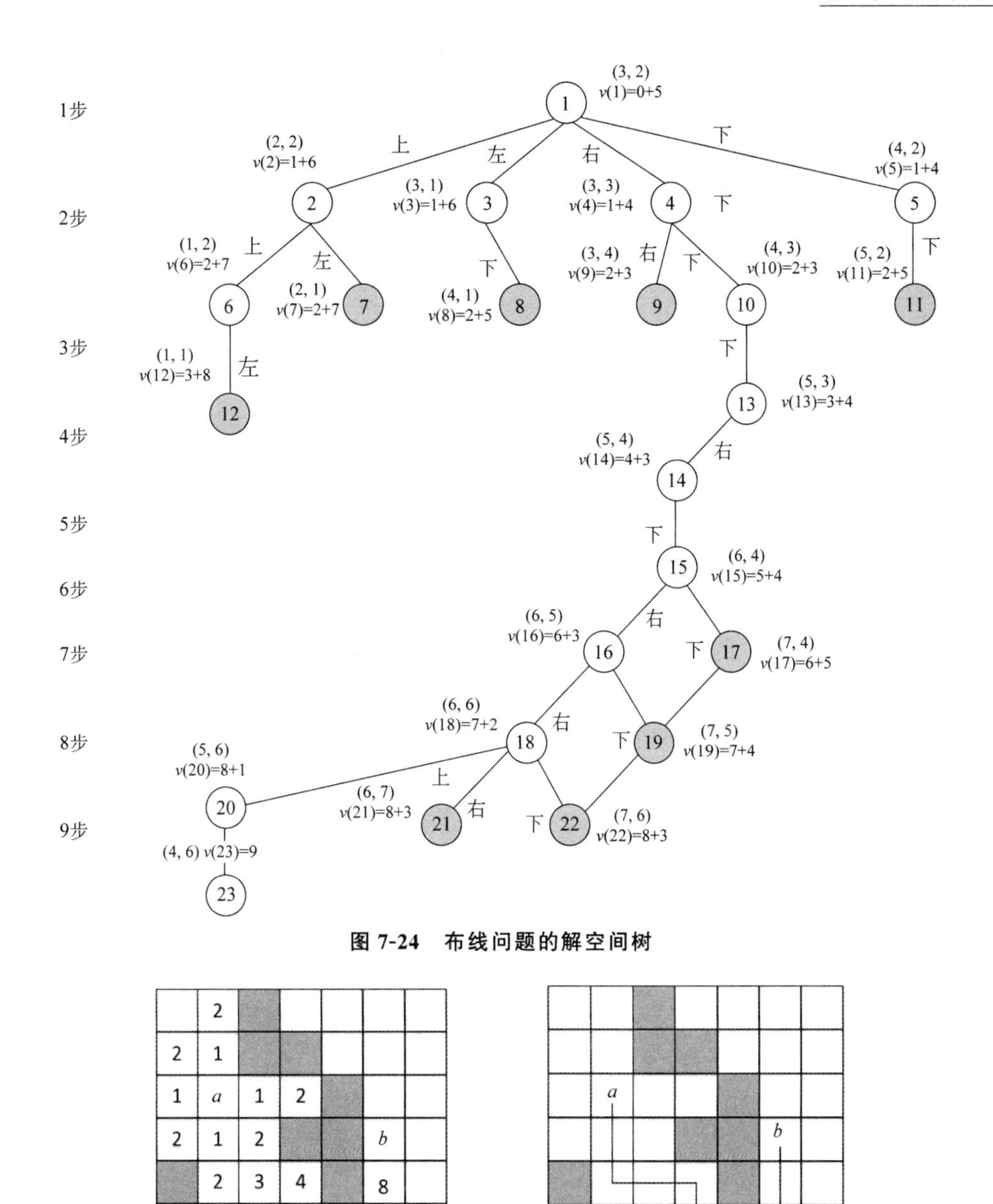

图 7-24　布线问题的解空间树

	2					
2	1					
1	*a*	1	2			
2	1	2			*b*	
	2	3	4		8	
			5	6	7	8
			6	7	8	

(a) 标记距离

a　*b*

(b) 最短布线路径

图 7-25　布线问题的行走路径

```
    public int step;
    public int[,] pcb;                    //电路板状态
    public Position cr;                   //当前位置
    public int v;                         //下界
    public PCBPoint(int[,] pcb,Position a)
    {
        int n =pcb.Length;
```

```
        this.p =new Position[n];
        this.p[0] =a;
        this.cr =a;
        this.pcb = (int[,])pcb.Clone();
        this.pcb[a.y,a.x] =1;
        this.step =0;
    }
    public PCBPoint()
    { }
    public PCBPoint(PCBPoint parent, Position ps)
    {
        this.p= (Position[])parent.p.Clone ();
        this.step =parent.step +1;
        this.p[this.step] =ps;
        this.cr =ps;
        this.pcb = (int[,])parent.pcb.Clone();
        this.pcb[ps.y,ps.x] =1;
    }
    public int distance( Position b)
    {
        return Math.Abs(cr.x -b.x) +Math.Abs(cr.y -b.y);
    }
}
public void FindPath()
{
    //布线区域 area 中为 0 的区域可布线,为 1 的区域为封锁区域不能布线,
    //当布线通过一个区域时,将其值设为 1,封锁该区域
    int n =7;                                          //电路板宽度
    int m =7;                                          //电路板高度
    int[,] pcb =                                       //初始电路板状态
    {   //为 0 的区域可布线
        {0,0,1,0,0,0,0},
        {0,0,1,1,0,0,0},
        {0,0,0,0,1,0,0},
        {0,0,0,1,1,0,0},
        {1,0,0,0,1,0,0},
        {1,1,1,0,0,0,0},
        {1,1,1,0,0,0,0}
    };
    Queue q =new Queue();                              //创建搜索队列
    Position a =new Position(1, 2);                    //布线起点位置
    Position b =new Position(5, 3);                    //布线终点位置
    PCBPoint start =new PCBPoint(pcb,a);
    start.v =start.distance(b);
    int minStep =-1;                                   //最短布线步数
    PCBPoint minPoint =null;                           //最短布线路径
    Hashtable nodes =new Hashtable();                  //已走过结点列表
    nodes.Add(a.y * n+a.x, start);
    q.Enqueue(start);
    while (q.Count >0)
```

```
        {
            PCBPoint cp = (PCBPoint)q.Dequeue();
            if (minStep >0 && cp.v >minStep)                        //剪枝
                continue;
            if (cp.distance (b) ==0)                                //找到一个解
            {
                if(minStep ==-1 || cp.step <minStep)
                {
                    minStep =cp.step;
                    minPoint =new PCBPoint();
                    minPoint.step =cp.step;
                    minPoint.p = (Position [])cp.p.Clone();
                }
                continue;
            }
            if ((cp.cr.y>0) && cp.pcb[cp.cr.y-1, cp.cr.x] ==0)      //可上
            {
                Position key =new Position(cp.cr.x, cp.cr.y -1);
                if(!nodes.ContainsKey(key.y * n +key.x))
                {
                    PCBPoint np =new PCBPoint(cp, key);
                    np.v =np.step +np.distance(b);
                    nodes.Add(key.y * n +key.x, np);
                    q.Enqueue(np);
                }
            }
            if ((cp.cr.x >0) && cp.pcb[cp.cr.y,cp.cr.x-1] ==0)      //可左
            {
                Position key =new Position(cp.cr.x -1, cp.cr.y);
                if (!nodes.ContainsKey(key.y * n +key.x))
                {
                    PCBPoint np =new PCBPoint(cp, key);
                    np.v =np.step +np.distance(b);
                    nodes.Add(key.y * n +key.x, np);
                    q.Enqueue(np);
                }
            }
            if ((cp.cr.x <n-1) &&cp.pcb[cp.cr.y,cp.cr.x +1] ==0)    //可右
            {
                Position key =new Position(cp.cr.x +1, cp.cr.y);
                if (!nodes.ContainsKey(key.y * n +key.x))
                {
                    PCBPoint np =new PCBPoint(cp, key);
                    np.v =np.step +np.distance(b);
                    nodes.Add(key.y * n +key.x, np);
                    q.Enqueue(np);
                }
            }
            if ((cp.cr.y <m-1) && cp.pcb[cp.cr.y +1,cp.cr.x]==0)    //可下
```

```
        {
            Position key =new Position(cp.cr.x, cp.cr.y +1);
            if (!nodes.ContainsKey(key.y * n +key.x))
            {
                PCBPoint np =new PCBPoint(cp, key);
                np.v =np.step +np.distance(b);
                nodes.Add(key.y * n +key.x, np);
                q.Enqueue(np);
            }
        }
    }
    if (minStep >0)
    {
        System.Console.WriteLine("找到最佳布线路径,长度为: " +minPoint .step );
        for(int i=0;i<minPoint .step +1; i++)
        {
            pcb[minPoint.p[i].y,minPoint.p[i].x] =i;
            System.Console.Write(" (" +minPoint.p[i].x +"," +minPoint.p[i].y
            +")");
        }
        System.Console.WriteLine("");
        for (int i =0; i <m; i++)
        {
            for (int j =0; j <n; j++)
            {
                if (a.x ==j && a.y ==i)
                    System.Console.Write("a ");
                else if(b.x ==j && b.y ==i)
                    System.Console.Write("b ");
                else
                    System.Console.Write(pcb[i,j]+" ");
            }
            System.Console.WriteLine("");
        }
    }
}
```

第 8 章 概率分析和随机算法

8.1 概　　念

概率算法也叫随机化算法。概率算法允许算法在执行过程中随机地选择下一个计算步骤。在很多情况下，算法在执行过程中面临选择时，随机性选择比最优选择省时，因此概率算法可以在很大程度上降低算法的复杂度。

概率算法的一个基本特征是对所求解问题的同一实例用同一概率算法求解两次可能得到完全不同的效果。这两次求解问题所需的时间甚至所得到的结果可能会有相当大的差别。

概率算法大致可以分为四类：数值概率算法、蒙特卡罗（Monte Carlo）算法、拉斯维加斯（Las Vegas）算法和舍伍德（Sherwood）算法。

对于许多问题来说，近似解毫无意义。例如，一个判定问题其解为“是”或“否”，二者必居其一，不存在任何近似解答。又如，我们要求解一个整数的因子时所给出的解答必须是准确的，一个整数的近似因子没有任何意义。用蒙特卡罗算法能求得问题的一个解，但这个解未必是正确的。求得正确解的概率依赖于算法所用的时间。算法所用的时间越多，得到正确解的概率就越高。蒙特卡罗算法的主要缺点就在于此。一般情况下，无法有效判断得到的解是否肯定正确。

8.2 随机数产生方法

8.2.1 随机数的概念

随机数是专门的随机实验的结果，随机数通常需要满足三种特性：随机性、独立性、不可预测性。

随机数主要分为两种：真随机数与伪随机数。

真随机数：由具体实验或者物理现象产生的随机数为真随机数，例如，投掷钱币、骰子、核裂变等。

伪随机数：用确定性的算法由计算器或者计算机计算出来的结果为伪随机数。

生产随机数的随机数发生器也分为两类：真随机数发生器和伪随机数发生器。真随机数发生器是利用自然界真实的物理现象（噪声、量子效应）的不可预知性而产生的真正的随机数；而伪随机数发生器是将种子数据通过复杂的算法扩展成长的随机序列而产生的。

真随机数产生的条件严格，如果随机数量较大时，真随机数产生速度慢并且不方便，常常耗时耗力；而伪随机数可以用计算机大量生成，在模拟研究中为了提高模拟效率，一般采用伪随机数代替真正的随机数。模拟中使用的一般是循环周期极长并且能通过随机数检验的伪随机数，以保证计算结果的随机性。

8.2.2 随机数的应用

随机数在计算机领域中常常用于密码学、仿真、游戏随机码等跟随机有关的应用。随机数在密码学中应用广泛且意义重大，许多密码学算法和协议的安全性都依赖于完美随机数，即不可预测的随机数。而我国目前许多的科学实验例如火箭的发射等也是运用大量的随机数进行环境的模拟仿真，增加了安全性也大幅度地避免了实际实验所造成的资源浪费和环境污染。人们日常的实际生活中随机数也起着很大的作用，例如，随机生成手机验证码、抽奖号码的产生等。

8.2.3 随机数的产生方法

1. 线性同余法

线性同余法(LCG)是经典的随机数产生方法，由 Lehmer 在 1951 年提出。同余是指对于两个整数 A 和 B，如果它们同时除以一个自然数 M，得到的余数相同，就说 A 和 B 对于模 M 同余，即 $A \equiv B(\bmod M)$。

线性同余发生器是用不连续分段线性方程计算产生伪随机数序列的算法，LCG 定义如下。

$$X_{n+1}=(AX_n+C)\bmod M \tag{8-1}$$

其中，X 是产生随机数序列；M 是模，且 $0<M$；A 为乘子，$0<A<M$；C 为偏移量，$0\leqslant C\leqslant M$；C、M 互质。

X_0 称为开始值，$0\leqslant X_0<M$，通常称为"种子"，即 seed，如图 8-1 所示。

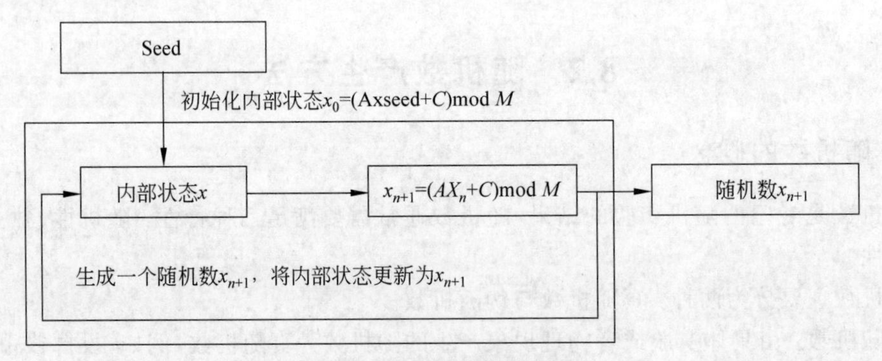

图 8-1 线性同余法流程图

此算法复杂度为 $O(n)$。

2. 平方取中法

平方取中法是由冯·诺依曼提出的。此法开始取一个 $2s$ 位的整数，称为种子，将其平方，得 $4s$ 位整数(不足 $4s$ 位时高位补 0)，然后取此 $4s$ 位的中间 $2s$ 位作为下一个种子数，并对此数规范化(规范化成小于 1 的 $2s$ 位的实数值)，即为第一个(0,1)上的随机数。以此类推，即可得到一系列随机数。

$$X_{i+1}=\left[\frac{X_i^2}{10^s}\right]\bmod 10^{2s} \tag{8-2}$$

$$\mu_{i+1}=\frac{X_{i+1}}{10^{2s}} \tag{8-3}$$

算法复杂度为$O(n)$。

3. 斐波那契法

斐波那契法是基于Fibonacci序列，其递推公式为：

$$\begin{cases}X_{n+2}=(X_{n+1}+X_n)\bmod m\\ r_n=\dfrac{X_n}{m}\end{cases} \tag{8-4}$$

显然，斐波那契法有两个种子，此方法的最大特点就是计算速度很快，且达到满周期。但是序列中的数会重复出现，独立性较差。此发生器没有乘法运算，产生速度快。但是它存在着令人不能容忍的不居中现象，即由前两个数得到的第三个数要不是同时大于就是同时小于前二者而永不居中。此序列的另一个缺点是显著的序列相关，即取小值的数后面出现也取小值，这些均说明其不是一个很好的算法。

8.2.4　随机数生成

1. 整数随机数的产生

在C语言中产生随机数的函数通常是用rand()函数进行生成，C语言函数库中对于rand()函数，若未给出参数，则随机生成一个从0到32 767的整型数，进行返回。

rand()函数不是真正的随机数生成器，而srand()会设置提供rand()函数使用的随机数种子，若第一次调用rand()函数之前没有调用srand()，那么系统会自动调用，而使用种子相同的数调用rand()会导致相同的随机数序列生成，为保证每次产生的数不一样，引入了专门为rand()设置随机化种子的函数srand()。

rand()函数使用的是线性同余法，因此在生成随机数列之前需要设置一个起点数(种子)。由线性同余法的流程可知，由于A、C、M均为常量，若是选取相同的种子作为参数，得出的随机数列是相同的，因此种子的选取至关重要。由于计算机每一秒的时间戳都不一样，所以通常选取当前的时间戳time(0)的返回值或者NULL作为种子，只要将时间戳传入srand()函数即可。

2. 生成规定位数的随机数

例如，生成两位随机数：

```
int ret=rand()%90+10
```

运用所得随机数对90取余得到0～89的整数，这时再加上10便得到10～99的两位随机数了。

3. 随机数小数的产生

随机数产生器rand()是根据其后%n中的n来确定产生的数字的，产生的是小于n的整型数字。虽然rand()函数只能输出整数，但是通过除法运算可以输出小数，再将小数加上整数即可输出具有大于1的随机小数。例如，产生3～4的随机小数：

```
int ret=(rand()%10)/10+3
```

8.2.5 常见分布函数的随机数的产生

1. 均匀分布 $U(a,b)$

均匀分布 $U(a,b)$ 的分布函数为：

$$F(x)=\begin{cases}0, & x<a \\ \dfrac{x-a}{b-a}, & a\leqslant x<b \\ 1, & x\geqslant b\end{cases} \tag{8-5}$$

得出 $F^{-1}(y)=a+(b-a)y$。

步骤 1：取一个随机整数 $u=\text{rand}()$。

步骤 2：令 $u=u/\text{RAND\_MAX}$，得到$[0,1]$中的随机数。

步骤 3：返回 $a+u(b-a)$，产生$[a,b]$间均匀分布的随机数。

2. 正态分布 $N(\mu,\sigma^2)$

正态分布的概率密度函数为：

$$f_{(x,y)}=\frac{1}{2\pi}e^{\frac{x^2+y^2}{2}}$$

得出 $x=R\cos\theta=\sqrt{-1\ln\mu_1}\ \sin(2\pi\mu_2)$。

步骤 1：产生服从 $U(0,1)$ 的随机数μ_1 和μ_2。

步骤 2：$y=[-2\ln\mu_1]^{\frac{1}{2}}\sin(2\pi\mu_2)$。

步骤 3：返回 $\mu+\sigma y$。

3. 指数分布 $\exp(\beta)$

指数函数概率密度函数为：

$$f(x)=\begin{cases}\lambda e^{-\lambda x}, & x>0 \\ 0, & x\leqslant 0\end{cases} \tag{8-6}$$

步骤 1：产生服从 $U(0,1)$ 的随机数 μ。

步骤 2：返回 $-\beta\ln\mu$。

4. 三角分布 $T(a,b,m)$

步骤 1：$c=\left(\dfrac{m-a}{b-a}\right)$。

步骤 2：产生服从 $U(0,1)$ 的随机数 μ。

步骤 3：如果 $\mu<c$，$y=\text{sqrt}(c\mu)$，否则 $y=1-\text{sqrt}((1-c)(1-\mu))$。

步骤 4：返回 $a+(b-a)y$。

8.3 数值概率算法

数值概率算法常用于数值问题的求解。这类算法所得到的往往是近似解，而且近似解的精度随计算时间的增加不断提高。在许多情况下，要计算出问题的精确解是不可能或没有必要的，因此用数值概率算法可得到相当满意的解。

8.3.1　用随机投点法计算 π 值

设有一半径为 r 的圆及其外切四边形，向该正方形随机地投掷 n 个点，设落入圆内的点数为 k。由于所投入的点在正方形上均匀分布，因而所投入的点落入圆内的概率为 $\pi\times\frac{r^2}{(2r)^2}=\pi/4$。所以当 n 足够大时，k 与 n 之比就逼近这一概率。从而，π 约等于 $4\times k/n$。

如图 8-2 所示，在一个边长为 2 的正方形中随机投点，半径为 1 的圆的面积即为 π 的近似值。假设 10 000 个点"均匀随机"地垂直落在正方形上，那么落入圆内的投点数量与圆的面积正相关。

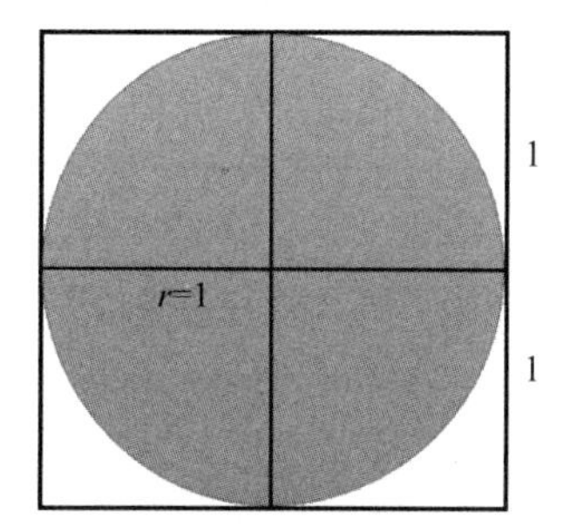

图 8-2　随机投点图

$$\frac{\text{圆内投点数}}{\text{正方形投点数}}=\frac{\text{圆面积}}{\text{正方形面积}}=\frac{\pi}{4} \tag{8-7}$$

代码实现：

```
public double pi()
{
    int N =100000;
    int ins =0;
    Random r =new Random();
    for (int i =0; i <N; i++)
    {
        double x =r.NextDouble() * 2 -1;
        double y =r.NextDouble() * 2 -1;
        if ((x * x +y * y) <1)
            ins++;
    }
    double p =(double)(4 * ins) / (double)N;
    return p;
}
```

得到结果 π 的精度与投点次数相关。

8.3.2　计算定积分

设 $f(x)$是$[0,1]$上的连续函数，且 $0\leqslant f(x)\leqslant 1$。需要计算的积分为 $I=\int_0^1 f(x)\mathrm{d}x$，积分 I 等于图中的面积 G。

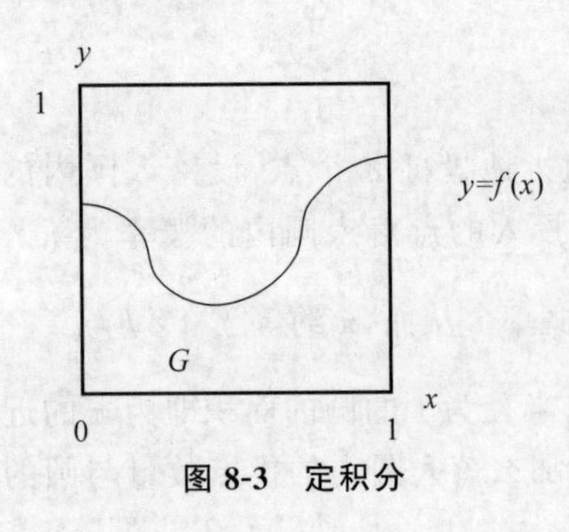

图 8-3 定积分

在如图 8-3 所示单位正方形内均匀地做投点实验，则随机点落在曲线下面的概率为：

$$P_r\{y \leqslant f(x)\} = \int_1^1 \int_0^{f(x)} \mathrm{d}y\mathrm{d}x = \int_0^1 f(x)\mathrm{d}x \quad (8\text{-}8)$$

假设向单位正方形内随机地投入 n 个点(x_i, y_i)。如果有 m 个点落入 G 内，则随机点落入 G 内的概率为 $i \approx \frac{m}{n}$。

假定 $f(x)=x \cdot x(0 \leqslant x \leqslant 1)$，然后计算定积分。

代码实现：

```
//随机化算法,用随机投点法计算定积分
public double Darts(int n, double a, double b)
{
    Random dart=new Random ();
    double sum =0.0;
    for (int i =0; i <n; i++)
    {
        double x = (b-a) * dart.NextDouble ()+a;        //产生[a,b)随机数
        sum =sum +f(x);
    }
    return (b -a) * sum / n;
}
double f(double x)
{
    return x * x;
}
```

算法时间复杂度为 $O(n)$，空间复杂度为 $O(1)$。

8.3.3 解非线性方程组

求解下面的非线性方程组：

$$\begin{cases} f_1(x_1, x_2, \cdots, x_n) = 0 \\ f_2(x_1, x_2, \cdots, x_n) = 0 \\ \cdots \\ f_n(x_1, x_2, \cdots, x_n) = 0 \end{cases} \quad (8\text{-}9)$$

其中，$x_1, x_2, \cdots, x_n$ 是实变量，f_i 是未知量 $x_1, x_2, \cdots, x_n$ 的非线性实函数。要求确定上述方程组在指定求根范围内的一组解 $x_1^*, x_2^*, \cdots, x_n^*$。

在指定求根区域 D 内，选定一个随机点 x_0 作为随机搜索的出发点。在算法的搜索过程中，假设第 j 步随机搜索得到的随机搜索点为 x_j。在第 $j+1$ 步，计算出下一步的随机搜索增量 D_{xj}。从当前点 x_j 依 D_{xj} 得到第 $j+1$ 步的随机搜索点。当 $x<\mathrm{e}$ 时，取为所求非线性方程组的近似解。否则进行下一步新的随机搜索过程。

8.4　蒙特卡罗算法

8.4.1　蒙特卡罗算法思想

蒙特卡罗(Monte Carlo)方法，又称为随机抽样或统计实验方法，是1945年由冯·诺依曼进行核武模拟时提出的。它是以概率和统计的理论与方法为基础的一种数值计算方法，它是双重近似：一是用概率模型模拟近似的数值计算，二是用伪随机数模拟真正的随机变量的样本。

传统的经验方法由于不能逼近真实的物理过程，很难得到满意的结果，而蒙特卡罗方法由于能够真实地模拟实际物理过程，故解决问题与实际非常符合，可以得到很圆满的结果。

在实际应用中常会遇到一些问题，不论采用确定性算法或随机化算法都无法保证每次都能得到正确的解答。蒙特卡罗算法则在一般情况下可以保证对问题的所有实例都以高概率给出正确解，但是通常无法判定一个具体解是否正确。

设 p 是一个实数，且 $\frac{1}{2}<p<1$。如果一个蒙特卡罗算法对于问题的任一实例得到正确解的概率不小于 p，则称该蒙特卡罗算法是 p 正确的，且称 $p-\frac{1}{2}$ 是该算法的优势。如果对于同一实例，蒙特卡罗算法不会给出两个不同的正确解答，则称该蒙特卡罗算法是一致的。

有些蒙特卡罗算法除了具有描述问题实例的输入参数外，还具有描述错误解可接受概率的参数。这类算法的计算时间复杂性通常由问题的实例规模以及错误解可接受概率的函数来描述。

当所要求解的问题是某种事件出现的概率，或者是某个随机变量的期望值时，它们可以通过某种“实验”的方法，得到这种事件出现的频率，或者这个随机变数的平均值，并用它们作为问题的解。这就是蒙特卡罗方法的基本思想。蒙特卡罗方法通过抓住事物运动的几何数量和几何特征，利用数学方法来加以模拟，即进行一种数字模拟实验。它是以一个概率模型为基础，按照这个模型所描绘的过程，通过模拟实验的结果，作为问题的近似解。

8.4.2　蒙特卡罗算法实现步骤

蒙特卡罗解题归结为三个主要步骤：构造或描述概率过程、实现从已知概率分布抽样、建立各种估计量。

1. 构造或描述概率过程

对于本身就具有随机性质的问题，如粒子输运问题，主要是正确描述和模拟这个概率过程；对于本来不是随机性质的确定性问题，如计算定积分，就必须事先构造一个人为的概率过程，它的某些参量正好是所要求问题的解。即要将不具有随机性质的问题转换为随机性质的问题。

2. 实现从已知概率分布抽样

构造了概率模型以后，由于各种概率模型都可以看作是由各种各样的概率分布构成的，因此产生已知概率分布的随机变量(或随机向量)，就成为实现蒙特卡罗方法模拟实验的基本手段，这也是蒙特卡罗方法被称为随机抽样的原因。最简单、最基本、最重要的一个概率分布是(0,1)上的均匀分布(或称矩形分布)。随机数就是具有这种均匀分布的随机变量。随机数序列就是具有这种分布的总体的一个简单子样,也就是一个具有这种分布的相互独立的随机变数序列。产生随机数的问题,就是从这个分布的抽样问题。在计算机上,可以用物理方法产生随机数,但价格昂贵,不能重复,使用不便。另一种方法是用数学递推公式产生。这样产生的序列,与真正的随机数序列不同,所以称为伪随机数,或伪随机数序列。不过,经过多种统计检验表明,它与真正的随机数或随机数序列具有相近的性质,因此可把它作为真正的随机数来使用。已知分布随机抽样有各种方法,与从(0,1)上均匀分布抽样不同,这些方法都是借助于随机序列来实现的,也就是说,都是以产生随机数为前提的。由此可见,随机数是实现蒙特卡罗模拟的基本工具。建立各种估计量:一般说来,构造了概率模型并能从中抽样后,即实现模拟实验后,就要确定一个随机变量,作为所要求的问题的解,我们称它为无偏估计。

3. 建立各种估计量

相当于对模拟实验的结果进行考察和登记,从中得到问题的解。例如,检验产品的正品率问题,可以用 1 表示正品,0 表示次品,于是对每个产品检验可以定义如下的随机变数 T_i $(i=1,2,3,\cdots,N)$作为正品率的估计量。于是,在 N 次实验后,正品个数为 $\sum_{i=1}^{N} T_i$。显然,正品率 p 为 $\left(\sum_{i=1}^{N} T_i\right)\Big/N$。不难看出,$T_i$ 为无偏估计。当然,还可以引入其他类型的估计,如最大似然估计、渐进有偏估计等。但是,在蒙特卡罗计算中,使用最多的是无偏估计。

8.4.3 主元素问题

1. 问题描述

设 $T[1:n]$是一个含有 n 个元素的数组。当$|T[i]=x|>n/2$ 时,称元素 x 是数组 T 的主元素。例如,数组 $T[]=\{5,5,5,5,5,5,1,3,4,6\}$中,元素 $T[0:5]$为数组 $T[]$的主元素。

2. 问题分析与求解

算法随机选择数组元素 x,由于数组 T 的非主元素个数小于 $n/2$,所以,x 不为主元素的概率小于 1/2。因此判定数组 T 的主元素存在性的算法是一个偏真 1/2 正确的算法。50%的错误概率是不可容忍的,利用重复调用技术将错误概率降低到任何可接受的范围内。

3. 代码实现

```
bool Majority(int [] T, int n)
{
    Random rnd = new Random();
    int i = (int) rnd.NextDouble () * n;
    int x = T[i];                        //随机选择数组元素
    int k = 0;
    for (int j = 0; j < n; j++)
    {
        if (T[j] == x)
            k++;
    }
    return (k > n / 2);                  //k>n/2 时,T 含有主元素
```

```
    }
    public void MajorityMC()
    {
        int n =10;
        double e =0.001;
        int[] T={ 5, 5, 5, 5, 5, 5, 1, 3, 4, 6 };
        bool result =false;
        int k =(int)Math.Ceiling (Math.Log(1/e) /Math.Log ((float)2));
        for (int i =1; i <=k; i++)
        {
            if (Majority(T, n))
            {
                result =true; ;
                break;
            }
        }
        System.Console.Write("T=");
        for(int i =0; i <n; i++)
            System.Console.Write("["+T[i]+"]");
        if (result)
            System.Console.WriteLine(" 有主元素!");
        else
            System.Console.WriteLine(" 无主元素!");
    }
```

对于任何给定的 $\varepsilon>0$，算法 majorityMC 重复调用$\left\lceil \log\left(\frac{1}{\varepsilon}\right)\right\rceil$次算法 majority。它是一个偏真蒙特卡罗算法，且其错误概率小于 ε。算法 majorityMC 所需的计算时间显然是 $O\left(n\log\left(\frac{1}{\varepsilon}\right)\right)$。

8.4.4 素数测试问题

1. 问题描述

判断一个自然数是否为素数。

2. 数学原理

Wilson 定理：对于给定的正整数 n，判定 n 是一个素数的充要条件是 $(n-1)! \equiv -1 \pmod{n}$。

费尔马小定理：如果 p 是一个素数，且 $0<a<p$，则 $a^{p-1}\equiv 1 \pmod{p}$。

二次探测定理：如果 p 是一个素数，且 $0<x<p$，则方程 $x^2\equiv 1 \pmod{p}$ 的解为 $x=1$ 和 $p-1$。

Carmichael 数：费尔马小定理是素数判定的一个必要条件。满足费尔马小定理条件的整数 n 未必全是素数。有些合数也满足费尔马小定理的条件，这些合数称为 Carmichael 数。前 3 个 Carmichael 数是 561，1105，1729。Carmichael 数是非常少的，在 1～100 000 000 的整数中，只有 255 个 Carmichael 数。

3. 问题分析与求解

设 m 的二进制表示为 $b_k b_{k-1} \cdots b_1 b_0$ ($b_k=1$)。我们引入下面一个例子具体分析一下过程。

例如，$m=41$，其二进制表示为 $b_k b_{k-1} \cdots b_1 b_0 = 101001$ ($k=5$)，可以这样来求 a^m：

初始 $C \leftarrow 1$。

$b_5=1$：$C \leftarrow C^2(=1)$，$\because b_k=1$，做 $C \leftarrow a \times C(=a)$。

$b_5 b_4=10$：$C \leftarrow C^2(=a^2)$，$\because b_{k-1}=0$，不做动作。

$b_5 b_5 b_3=101$：$C \leftarrow C^2(=a^4)$，$\because b_{k-2}=1$，做 $C \leftarrow a \times C(=a^5)$。

$b_5 b_5 b_3 b_2=1010$：$C \leftarrow C^2(=a^{10})$，$\because b_{k-3}=0$，不做动作。

$b_5 b_5 b_3 b_2 b_1=10100$：$C \leftarrow C^2(=a^{20})$，$\because b_{k-4}=0$，不做动作。

$b_5 b_5 b_3 b_2 b_1 b_0=101001$：$C \leftarrow C^2(=a^{40})$，$\because b_{k-5}=1$，做 $C \leftarrow a \times C(=a^{41})$。

最终要对 a^m 求模，而求模可以引入到计算中的每一步：即在求得 C^2 及 $a \times C$ 之后紧接着就对这两个值求模，然后再存入 C。这样做的好处是存储在 C 中的最大值不超过 $n-1$，于是计算的最大值不超过 $\max\{(n-1)^2, a(n-1)\}$。

因此，即便 a^m 很大，求 $a^m \bmod n$ 时也不会占用很多空间。时间复杂度为 $O(\log_2(\log_2 3n))$。

4. 代码实现

```
public void PrimeMC()
{
    Random rnd =new Random ();
    int k =10;
    for(int n=1010; n <1025; n++)
    {
        int a =0, result =0;
        bool composite =false;
        for (int i =1; i <=k; i++)
        {
            a =(int)rnd.NextDouble() * (n -3) +2;
            power(a, n -1, n, ref result, ref composite);
            if (composite || (result !=1))
            {
                System.Console .WriteLine (n+"不是素数!");
                break;
            }
        }
        if(!composite&&(result ==1))
            System.Console.WriteLine(n +"是素数!");
    }
}
//用于计算 a^p mod n,并实施对 n 的二次探测
void power( int a, int p, int n, ref int result, ref bool composite)
{
```

```
        int x=0;
        if (p ==0)
            result =1;
        else
        {
            power(a, p / 2, n, ref x, ref composite);          //递归计算
            result =(x * x) %n;                                 //二次探测
            if ((result ==1) && (x !=1) && (x !=n -1))
                composite =true;
            if ((p %2) ==1)
                result =(result * a) %n;
        }
    }
```

8.5　拉斯维加斯算法

拉斯维加斯(Las Vegas)算法是另一种随机算法,因此它具备随机算法最为重要的特征之一——基于随机数进行求解。

与蒙特卡罗(Monte Carlo)算法一样,拉斯维加斯算法也不是一种具体的算法,而是一种思想。但不同的是,拉斯维加斯算法在生成随机值的环节中,会不断地进行尝试,直到生成的随机值令自己满意。在这个过程中也许会一直无法产生这样的随机值,因此拉斯维加斯算法的时间效率通常比蒙特卡罗算法低,并且最终可能无法得到问题的解,但是一旦算法找到一个解,那么这个解一定是问题的正确解。

8.5.1　*n* 皇后问题

该问题在1850年被19世纪著名的数学家高斯提出:8×8的棋盘上摆放八个皇后使其不能互相攻击,任意两个皇后都不能处于同一行、同一列或同一斜线上。将八皇后问题扩展到 m 皇后问题,是在 $m\times m$ 的棋盘里放置 m 个皇后,证明任何两个皇后都不能处于同一行、同一列或同一斜线上。

思路:假设 m 皇后问题有可能用向量 $\boldsymbol{Y}=(y_1,y_2,\cdots,y_n)$ 表示,其中,$1\leqslant y_i\leqslant m$ 并且 $1\leqslant i\leqslant m$,即第 i 行第 y_i 列上,解向量 $\boldsymbol{Y}$ 必须满足约束条件:$y_i\neq y_j(i\neq j)$。

m 皇后问题的拉斯维加斯概率算法用伪代码描述如下。

```
输入:(表示皇后的个数)
输出:(为符合约束条件的向量)
把数组 y[m]的初始化值赋值为 0;计数器 count 初始化值赋为 0;
for(a=0;a<m;a++)
(1) 获得一个[1,m]的随机数 b;
(2) count=count+1,进行第 count 次实验;
(3) 若皇后 a 放置在位置 b 不发生冲突,则 y[a]=b;count=0;转循环,q=a+1 开始放置下一个
    皇后;
(4) 若 count=m,那么就没有办法放置皇后 a,算法运行失败,结束算法;否则,转步骤(2)重新放置
    皇后 a;
将元素 y[0]~y[m-1]作为八皇后问题的一个解输出。
```

算法实现：

```
public void nQueen()
{
    int n =10;                                          //棋盘大小
    int t =7;                                           //使用拉斯维加斯算法的层次数
    int[,] map =new int[n, n];                //棋盘,其中值为 1 的位置为皇后放入位置
    Random rand=new Random ();
    int i=0;
    while (i !=n)
    {     //循环调用,直到产生解
        for (i =0; i <t; i++)
        {
            int randPos =(int)(rand.NextDouble() * n);      //产生[0,n)随机数
            if (!place(map, n, i, randPos))
                break;
            for (int j =0; j <n; j++)
                map[i,j] =0;
            map[i,randPos] =1;
        }
        if (i ==t && recall(map, n, t))
            i =n;
    }
    System.Console.WriteLine(n +"皇后问题的一个解是: ");
    for (i =0; i <n; i++)
    {
        for (int j =0; j <n; j++)
            System.Console.Write(" " +map[i, j] +" ");
        System.Console.WriteLine(" ");
    }
}
//判断某行放置皇后是否合法,i 为即将放置的行数,j 为即将放置的列数
bool place(int [,]map, int n, int i, int j)
{
    for (int a =i -1, b =1; a >=0; a--, b++)
    {
        //判断直线方向
        if (map[a,j] ==1)
            return false;
        int l =j -b;
        int r =j +b;
        //判断两个斜线方向
        if (l >=0 && map[a,l] ==1)
            return false;
        if (r <n && map[a,r] ==1)
            return false;
    }
    return true;
}
//回溯剩下的皇后位置,t 回溯开始的位置
bool recall(int [,]map, int n, int t)
```

```
{
    if (t ==n)
        return true;
    for (int i =0; i <n; i++)
    {
        if (!place(map, n, t, i))
            continue;
        map[t,i] =1;
        if (recall(map, n, t +1))
            return true;
        map[t,i] =0;
    }
    return false;
}
```

8.5.2　随机排序

快速排序是一种经典的排序算法，其所需要的辅助空间通常比相同规模的归并排序小。但是传统的快速排序存在一个问题，即排序的时间复杂度不稳定，我们应用拉斯维加斯算法的思想改进快速排序，得到一种随机快速排序算法，能使得快速排序算法的时间复杂度稳定在 $O(n\log_2 n)$。

快速排序时间不稳定的原因是轴的选取过偏，使得划分的两个子集合的大小不均衡。

解决问题的方法有：

(1) 通过查找中值作为轴，这种方法本身时间复杂度较高。

(2) 通过三次随机选取三个数，取三个数的中间数作为轴。

我们可以用拉斯维加斯法解决该问题。

首先，定义轴的好坏：

- 好轴：能满足条件 $|L| \leqslant \frac{3}{4}|A|$ 和 $|R| \leqslant \frac{3}{4}|A|$ 的轴。其中，A 是原问题集合，L 和 R 分别是子问题结合。
- 坏轴：能满足条件 $|L| \geqslant \frac{3}{4}|A|$ 或 $|R| \geqslant \frac{3}{4}|A|$ 的轴。

如果抽取概率是随机分布，则好轴、坏轴的分布如图 8-4 所示。

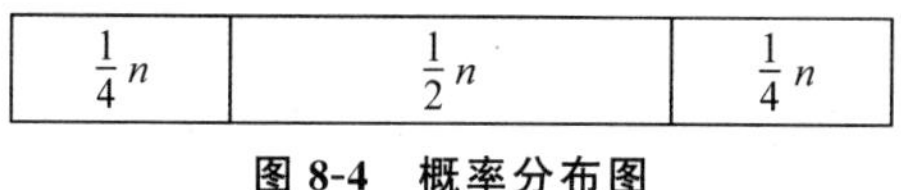

$\frac{1}{4}n$	$\frac{1}{2}n$	$\frac{1}{4}n$

图 8-4　概率分布图

所以一次抽取到好轴的概率是一半。如果第一次没抽到好轴，就进行第二次抽取，直到抽到好轴，则抽到好轴的期望次数 $E<2$。则算法最坏情况下的时间复杂度为：

$$T(n) \leqslant T\left(\frac{n}{4}\right) + T\left(\frac{3n}{4}\right) + EO(n) = T\left(\frac{n}{4}\right) + T\left(\frac{3n}{4}\right) + 2cn \tag{8-10}$$

$$T(n) \leqslant 2cn \times \log_{\frac{4}{3}} 2cn = O(n\log n) \tag{8-11}$$

8.5.3 求解整数因子分解

1. 问题描述

设 $n>1$ 是一个整数。关于整数 n 的因子分解问题是找出 n 的如下形式的唯一分解式：$n=p_1^{m_1}p_2^{m_2}\cdots p_k^{m_k}$。其中，$p_1<p_2<\cdots<p_k$ 是 k 个素数，$m_1,m_2,\cdots,m_k$ 是 k 个正整数。如果 n 是一个合数，则 n 必有一个非平凡因子 $x(1<x<n)$，使得 x 可以整除 n。给定一个合数 n，求 n 的一个非平凡因子的问题称为整数 n 的因子分割问题。

2. 试除法

整数因子分解最直观的方法当数“试除法”。试除法可看成是用小于或等于 n 的每个素数去试除待分解的整数。如果找到一个数能够整除除尽，这个数就是待分解整数的因子。试除法一定能够找到 n 的因子。因为它检查 n 的所有可能的因子，所以如果这个算法“失败”，也就证明了 n 是个素数。

Mertens 定理告诉我们 76％的奇数都有小于 100 的素因子，因此对于大多数整数，“试除法”已经足够，但是对于特殊的数，特别是素因子普遍较大的时候，“试除法”的效率便明显不足。

试除法代码实现：

```
int Split(int n)
{
    int m = (int) ( Math.Floor (Math.Sqrt ((double) (n))));
    for (int i =2; i <=m; i++)
        if (n %i ==0)
            return i;
    return 1;
}
```

3. Pollard p-1 方法

Pollard p-1 方法由 Pollard 于 1974 年提出，用来找到给定合数 n 的一个因子 d。算法过程如下。

(1) 选取一个正整数 k，k 可被许多素数的幂次整除；例如，k 是小于 B 的素数序列$(1,2,\cdots,B)$的阶乘。

(2) 选取一个随机数 a，满足 $2\leqslant a\leqslant n-2$。

(3) 计算 $r=a^k \bmod n$。

(4) 计算最大公因子，计算 $d=\gcd(r-1,n)$。注：$\gcd(a,b)$是求两个整数最大公因数的欧几里得算法。

(5) 如果 $d=1$ 或 $d=n$，回到步骤(1)重新计算，否则 d 就是要找的因子。

Pollard 算法用于 Split(n)从相同工作量就可以得到在 $1\sim x^4$ 范围内整数的因子分割。

```
//拉斯维加斯算法求解因子分割问题
public void Pollard()
{
    int n =1024;
```

```
    Random rnd =new Random ();
    int i =1;
    int x =(int)(rnd.NextDouble() * n);          //随机整数
    int y =x;
    int k =2;
    while (true)
    {
        i++;
        x =(x * x -1) %n;                         //x[i]=(x[i-1]^2-1) mod n
        int d =gcd(y -x, n);                      //求 n 的非平凡因子
        if ((d >1) && (d <n))
        {
            System.Console.WriteLine(d+"是"+n+"的一个非平凡因子");
            return;
        }
        if (i ==k)
        {
            y =x;
            k *=2;
        }
    }
}
//求整数 a 和 b 最大公因数的欧几里得算法
int gcd(int a, int b)
{
    if (b ==0)
        return a;
    else
        return gcd(b, a %b);
}
```

8.6　舍伍德算法

设 A 是一个确定性算法，当它的输入实例为 x 时所需的计算时间记为 $\tau_A(x)$。设 X_n 是算法 A 的输入规模为 n 的实例的全体，则当问题的输入规模为 n 时，算法 A 所需的平均时间为 $\widetilde{\tau_A}(n)=\sum_{x\in x_n}\tau_A(x)/|X_n|$。这显然不能排除存在 $x\in X_n$ 使得 $\tau_A(x)\gg\widetilde{\tau_A}(n)$ 的可能性。

我们希望获得一个随机化算法 B，使得对问题的输入规模为 n 的每一个实例均有 $\tau_B(x)=\widetilde{\tau_A}(n)+s(n)$。这就是舍伍德(Sherwood)算法设计的基本思想。当 $s(n)$ 与 $\widetilde{\tau_A}(n)$ 相比可忽略时，舍伍德算法可获得很好的平均性能。

舍伍德算法总能求得问题的一个解，且所求得的解总是正确的。当一个确定性算法在最坏情况下的计算复杂性与其在平均情况下的计算复杂性有较大差别时，可以在这个确定算法中引入随机性将它改造成一个舍伍德算法，消除或减少问题的好坏实例间的这种差别。舍伍德算法的精髓不是避免算法的最坏情况行为，而是设法消除这种最坏行为与特定实例

之间的关联性。

8.6.1 元素选择问题

1. 问题描述

给定线性序集中 n 个元素和一个整数 $k(1\leqslant k\leqslant n)$，要求找出这 n 个元素中第 k 小的元素，即如果将这 n 个元素依其线性序排列时，排在第 k 个位置的元素即为要找的元素。当 $k=1$ 时，就是要找的最小元素；当 $k=n$ 时，就是要找的最大元素；当 $k=(n+1)/2$ 时，则是找中位数。

2. 问题分析

对于元素选择问题而言，用拟中位数作为划分基准可以保证在最坏的情况下用线性时间完成选择。如果只简单地用待划分数组的第一个元素作为划分基准，则算法的平均性能较好，而在最坏的情况下需要 $O(n^2)$ 计算时间。舍伍德选择算法则随机地选择一个数组元素作为划分基准，这样既保证了算法的线性时间平均性能，又避免了计算拟中位数的麻烦。

3. 实现过程

(1) 随机选择一个基准值 pivot，将基准值与范围左侧元素交换位置。

(2) 以基准值为轴进行划分，先从右往左找到一个位置 j 的元素小于 pivot，然后从左往右找到一个位置 i 的元素大于 pivot，交换两个元素的位置。

(3) 当 $i=j$ 时停止交换，这时 j 的左侧元素小于或等于 pivot，右侧元素大于或等于 pivot。

(4) 因为 j 处的元素肯定小于或等于 pivot，将 L 与 j 处元素交换位置，j 位置的元素就是这个序列里面第 $j-L+1$ 小的元素。

(5) 如果 $j-L+1=k$，则问题解决。

(6) 否则判断 k 与 $j-L+1$ 的相对大小，当 $j-L+1<k$ 时继续对右侧的序列重复以上过程，否则对左侧序列重复以上过程，直到找到满足条件的 $j-L+1$。

4. 代码实现

```
public void Select()
{
    int[] a = { 5, 20, 7, 3, 15, 48, 6, 1, 30, 28 };
    int[] b = (int [])a.Clone();
    int n =10;
    int k =7;
    if (k <1 || k >n)                     //超界
        return;
    nt result =select(b, 0, n -1, k);
    System.Console.Write("the " +k +" small data in {");
    for (int i =0; i <n; i++)
        System.Console.Write(" " +a[i]);
    System.Console.WriteLine("} is " +result);
}
int select(int [] a, int l, int r, int k)
```

```
{
    Random rnd =new Random();
    while (true)
    {
        if (l >=r) { return a[l]; }
        //随机选择划分基准
        int i =l;
        int j =l +rnd.Next(0, 32767) %(r -l +1);
        Swap(ref a[i], ref a[j]);
        j =r +1;
        int pivot =a[l];
        //以划分基准为轴做元素交换
        while (true)
        {
            while (i <r && a[++i] <pivot) ;
            while (j >l && a[--j] >pivot) ;
            if (i >=j)
                break;
            Swap(ref a[i], ref a[j]);
        }
        //如果最后基准元素在第 k 个元素的位置,则找到了第 k 小的元素
        if (j -l +1 ==k) { return pivot; }
        //a[j]必然小于 pivot,做最后一次交换
         //满足左侧比 pivot 小,右侧比 pivot 大
        a[l] =a[j];
        a[j] =pivot;
        //对子数组重复划分过程
        if (j -l +1 <k)
        {
            k =k - (j -l +1);          //基准元素右侧,求出相对位置
            l =j +1;
        }
        else
            r =j -1;                   //基准元素左侧
    }
}
void Swap(ref int a, ref int b)
{   //交换函数
    int temp =a;
    a =b;
    b =temp;
}
```

5. 时间复杂度分析

由于划分基准是随机的,低区子数组中含有 i 个元素的概率为$\frac{1}{n-1}$。设 $T(n)$是算法作用于一个含有 n 个元素的输入数组上所需的期望时间的上界,且 $T(n)$是单调递增的。在最坏情况下,第 k 小的元素总是被划分在较大的子数组中。得到如下关于 $T(n)$的递归式:

$$T(n) \leqslant \frac{1}{n}\left[T(\max(1,n-1)+\sum_{i=1}^{n-1}T(\max(i,n-i))\right]+O(n)$$
$$\leqslant \frac{1}{n}\left[T(n-1)+2\sum_{i=\frac{n}{2}}^{n-1}T(i)\right]+O(n)$$
$$\leqslant \frac{2}{n}\sum_{i=\frac{n}{2}}^{n}T(i)+O(n) \tag{8-12}$$

8.6.2 搜索有序表

1. 问题描述

有序表也称查找表，是用简单的查询操作替换运行时计算的数组，由于从内存中提取数值要比复杂的计算速度快很多，通过有序表能显著提升运行效率。查找表用两个数组来表示一个包含 n 个元素的给定有序集 S：数组 value[0:n]用来存储有序集的元素；数组 link[0:n]存储一个指向有序集元素在 value 数组中位置的指针。

查找表中，link[0]指向有序集的第一个元素，而 value[link[0]]是该集合中最小的元素；如果 value[i]是给定有序集合 S 的第 k 个元素，则 value[link[i]]就是 S 的第 $k+1$ 个元素。

对于任何 $1 \leqslant i \leqslant n$，存在 value[$i$]$\leqslant$value[link[$i$]]，若没有同值元素，则有 value[$i$]$<$value[link[$i$]]。对于集合 S 中最大的 link[k]元素，ink[k]$=0$，而 value[0]用一个大数表示，如表 8-1 所示。

表 8-1 有序表案例

i	0	1	2	3	4	5	6	7
value[i]	∞	2	3	13	1	5	21	8
link[i]	4	2	5	6	1	7	0	3

从表 8-1 可以看出，查找表是用两个数组来表示有序链表，根据链表性质可知，搜索链表中元素的时间复杂度为 $O(n)$。

2. 问题分析

搜索有序表的问题是能否找到一种更有效的搜索算法，使其时间复杂度低于 $O(n)$。思路是找到更接近待搜索元素的位置开始搜索，以减少不必要的顺序搜索时间。

首先随机抽取数组 value 元素若干次，从中选取值最接近待搜索元素值的位置 i，从位置 i 开始进行顺序搜索。

假设随机抽取元素次数为 k，且其抽取值均匀分布，则这 k 个元素将搜索范围分成 $k+1$ 块，每块的长度为 $n/(k+1)$，因此平均顺序查找的时间为 $n/(k+1)$。而从 k 个无序抽取值中找到最接近 x 目标元素的时间是 k 次比较。因此，算法平均代价是 $k+n/(k+1)$，当 $k=\sqrt{n}$ 时得到最小值为 $O(\sqrt{n})$。

3. 代码实现

```
public void LookupTable()
{
```

```
    int n=8;                                           //有序表长度
    int[] value ={ -1, 2, 3, 13, 1, 5, 21, 8 };        //-1 代表无穷大
    int[] link ={ 4, 2, 5, 6, 1, 7, 0, 3 };
    int x =13;                                         //待查找元素
    int k =(int)Math.Sqrt(n);
    int maxValue=-1;                                   //最接近值
    int num=0;                                         //最接近值下标
    Random rnd =new Random();
    for(int i =0; i <k; i++)
    {
        int r =rnd.Next(0, n -1);
        if(maxValue<value[r]&& value[r] <=x)
        {
            maxValue =value[r];
            num =r;
        }
    }
    while (value[link[num]] <=x)
    {
        if (value[link[num]] ==x)
        {
            System.Console.WriteLine("找到元素"+x+",在位置: "+num);
            break;
        }
        num =link[num];
    }
}
```

4. 算法所需的平均计算时间

如果数组中的元素被随机搜索了 k 次，后续连续搜索所需的平均比较次数为 $O\left(\frac{n}{k}+1\right)$。因此，如果让 $k=\sqrt{n}$，时间复杂度为 $O(\sqrt{n})$。

8.6.3　跳跃表

1. 问题描述

如果用有序链表来表示一个含有 n 个元素的有序集 S，则在最坏情况下搜索 S 中一个元素需要 $O(n)$ 计算时间。如果在有序链表的部分结点处增设附加指针，那么就会提高其搜索性能。增设了附加指针的有序链表，在搜索过程中用附加指针来跳过链表中若干结点，这样就加快了搜索速度，如图 8-5 所示。

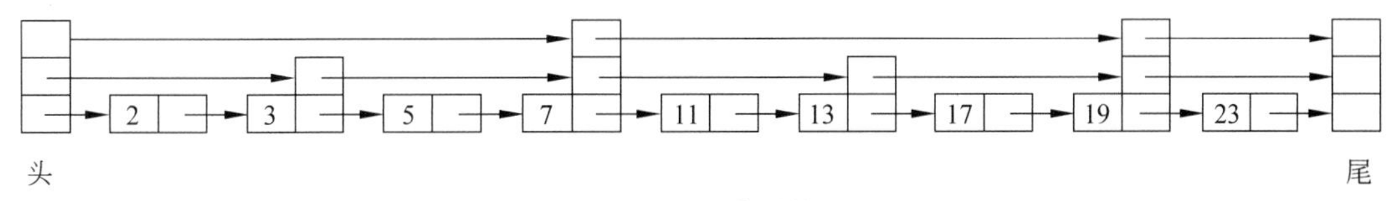

图 8-5　跳跃表结构图

2. 问题分析

一个有序链表可以改造成完全跳跃表，这样每一个 k 级结点含有 $k+1$ 个指针，分别跳过 $2^k-1,2^{k-1}-1,\cdots,2^0-1$ 个中间结点。第 i 个 k 级结点安排在跳跃表的位置 i^{2^k}，$i\geqslant 0$，这样就可以在时间 $O(\log_2 n)$内完成集合成员的搜索运算，在一个完全跳跃表中，最高级的结点是$\lceil \log_2 n \rceil$级结点。

完全跳跃表与完全二叉搜索树差不多，虽然它可以有效地支持成员搜索运算，但不适应于集合动态变化的情况，集合元素的插入和删除运算会破坏完全跳跃表原有的平衡状态，影响后继元素搜索的效率。

为了在动态变化中维持跳跃表中附加指针的平衡性，必须使跳跃表中 k 级结点数维持在总结点数的一定比例范围内，注意到在一个完全跳跃表中，50%的指针是 0 级指针，25%的指针是 1 级指针，…，$\left(\frac{100}{2^{k+1}}\right)$%的指针是 k 级指针，因此，在插入一个元素时，以概率 1/2 引入一个 0 级结点，以概率 1/4 引入一个 1 级结点，…，以概率$\frac{1}{2^{k+1}}$引入一个 k 级结点。另一方面，一个 i 级结点指向下一个同级或更高级的结点，它所跳过的结点数不再准确地维持在 2^i-1，经过这样的修改，就可以在插入或删除一个元素时，通过对跳跃表的局部修改来维持其平衡性。

在一个完全跳跃表中，具有 i 级指针的结点中有一半同时具有 $i+1$ 级指针，为了让跳跃表保持平衡，声明一个实数 $p(0\leqslant p\leqslant 1)$并要求在跳跃表中维持在具有 i 级指针的结点中，同时 $i+1$ 级指针的结点所占比例约为 p。在插入一个新结点时，先将其结点级别初始化为 0，然后用随机数生成器反复地产生一个[0,1]间的随机实数 q。如果 $q<p$，则使新结点级别增加 1，直至 $q\geqslant p$。由此产生新结点级别的过程可知，所产生的新结点的级别为 0 的概率为 $1-p$，级别为 1 的概率为 $p(1-p)$，级别为 i 的概率为 $p^i(1-p)$。产生的新结点的级别有可能是一个很大的数，甚至远远超过表中元素的个数，为了避免这种情况，用 $\log_{1/p}n$ 作为新结点级别的上界，其中，n 是当前跳跃表中的结点个数。当前跳跃表中任一结点的级别不超过 $\log_{1/p}n$。

3. 代码实现

```
//跳跃表结点
public class SkipNode
{
    public int level;                                          //结点级别
    public SkipNode[] next;                                    //指针数组
    public int data;                                           //结点值
    public SkipNode (int level)
    {
        this.level =level;
    }
}
//跳跃表
public class SkipTable
{
    int MaxNodes=0;                                            //最多结点数
```

```
public int MaxLevel =0;                          //跳跃表最大层数
int curMaxLevel =0;                              //跳跃表当前最大层数
Random rnd =new Random();                        //随机函数
double Prob;                                     //概率 p
int UPbound=10000;                               //元素键值上界
SkipNode head;                                   //头结点
SkipNode tail;                                   //尾结点
SkipNode[] previous;                             //操作结点上一结点数组
int count=0;                                     //当前结点数
//构造函数
public SkipTable(int MaxNodes,double p)
{
    Prob =p;
    this.MaxNodes=MaxNodes;
    //跳跃表最大层数
    MaxLevel=(int)Math.Ceiling(Math.Log((double)MaxNodes)
            /Math.Log(1.0/p))-1;
    curMaxLevel =0;
    head =new SkipNode(MaxLevel +1);
    tail =new SkipNode(MaxLevel +1);
    tail.data =UPbound;
    previous =new SkipNode[MaxLevel +1];
    head.next =new SkipNode[MaxLevel +1];
    for (int i =0; i <=MaxLevel; i++)
        head.next[i] =tail;
}
//插入结点
public bool insert(SkipNode nd)
{
    if (nd.data >UPbound)                        //元素值超界
        return false;
    if(count==MaxNodes)                          //达到最大结点数
        return false;
    SkipNode p =head;
    for (int i =curMaxLevel; i >=0; i--)
    {
        while (p.next[i].data <nd.data)
            p =p.next[i];
        previous[i] =p;
    }
    p =p.next[0];
    if (p.data ==nd.data)                        //元素已存在
        return false;
    //确定新结点级别
    int level =0;
    while (rnd.NextDouble() <Prob)
        level++;
    if (level >MaxLevel)
        level =MaxLevel;
```

```
        //新结点级别大于原有列表最大级别,重构
        if (level >curMaxLevel)
        {
            for (int i =curMaxLevel +1; i <=level; i++)
                previous[i] =head;
            curMaxLevel =level;
        }
        nd.level =level +1;
        nd.next =new SkipNode[MaxLevel +1];
        for(int i =0; i <=level; i++)
        {
            nd.next[i] =previous[i].next[i];
            previous[i].next[i] =nd;
        }
        count++;
        return true;
    }
    //删除结点
    public bool delete(SkipNode nd)
    {
        if (!search(nd))                                    //结点不存在
            return false;
        SkipNode p =head;
        for (int i =curMaxLevel; i >=0; i--)
        {
            while (p.next[i].data <nd.data)
                p =p.next[i];
            previous[i] =p;
        }
        p =p.next[0];
        for(int i=0;i<=curMaxLevel && previous[i].next[i].data ==p.data ;
                 i++)
            previous[i].next[i] =p.next[i];
        while (curMaxLevel >0 && head.next[curMaxLevel].data ==tail.data)
                curMaxLevel--;
        count--;
        return true;
    }
    //搜索结点
    public bool search(SkipNode nd)
    {
        if (nd.data >=UPbound)                              //元素值超界
            return false;
        SkipNode p =head;
        for(int i =curMaxLevel; i >=0; i--)
        {
            while (p.next[i].data <nd.data)
                p =p.next[i];
        }
```

```
            return (p.next[0].data ==nd.data);
        }
    }
```

4. 时间复杂度分析

当跳跃表中有 n 个元素时，在最坏情况下，对跳跃表进行搜索，插入和删除运算所需的计算时间均为 $O(n+\text{maxLevel})$。在最坏情况下，可能只有一个 maxLevel 级的元素，其余元素均在 0 级链上。此时跳跃表退化为有序链表。由于跳跃表采用了随机化技术，它的每一种运算在最坏情况下的期望时间均为 $O(\log_2 n)$。在一般情况下，跳跃表的一级链上大约有 $n\times p$ 个元素，二级链上大约有 $n\times p^2$ 个元素，…，i 级链上大约有 $n\times p^i$ 个元素，因此跳跃表所占用的空间为 $O(n)$，特别地，当 $p=0.5$ 时，约需要 2^n 个指针空间。

8.7　生日悖论

1. 问题描述

一个屋子里人数必须达到多少人，才能使其中两人生日相同的概率达到 50%。这个问题的答案是一个很小的数值，远远小于一年中的天数。

2. 问题分析

首先，为屋子里的人进行编号(1,2,…,k)，其中，k 是屋子里的总人数。用 b_i 表示第 i 个人的生日，一年中有 $n=365$ 天，b_i 取值用天数来表示，例如，生日是 1 月 20 日，b_i 取值为 20，生日是 2 月 10 日，b_i 取值为 41，以此类推，所以 $1\leqslant b_i\leqslant 365$。假设生日均匀分布，$b_i$ 指定日期的取值概率是 1/365。

设 i、j 两人的生日随机选择是独立的，则 i 和 j 生日都落在特定一天 r 的概率是：

$$p_r\{b_i=r \text{ 且 } b_j=r\}=p_r\{b_i=r\}p_r\{b_j=r\} \tag{8-13}$$

这样，i，j 落在同一天的概率是：

$$P_r\{b_i=b_j\}=\sum_{r=1}^{n}p_r\{b_i=r \text{ 且 } b_j=r\}=\sum_{r=1}^{n}\left(\frac{1}{n^2}\right)=\frac{1}{n} \tag{8-14}$$

从问题的对立面入手，即先求出所有人生日都不相同的概率，然后用 1 减去所求的概率，则为至少有两个人生日相同的概率。

k 个人生日都不相同的事件为：

$$B_k=\bigcap_{i=1}^{k}A_i \tag{8-15}$$

其中，A_i 是指对所有 $j<i$，i 与 j 生日不同的事件，$B_k=A_k\cap B_{k-1}$，由概率公式可得：

$$P_r\{B_k\}=P_r\{B_{k-1}\}P_r\{PA_k \mid B_{k-1}\} \tag{8-16}$$

其中，$P_r\{B_1\}=P_r\{A_1\}=1$。

上述公式的含义是 $b_1,b_2,\cdots,b_k$ 两两不同的概率，等于 $b_1,b_2,\cdots,b_{k-1}$ 两两不同的概率乘以 $i=1,2,\cdots,k-1$ 时 $b_k\neq b_i$ 的概率。

$$\begin{aligned}P_r\{B_k\}&=P_r\{B_{k-1}\}P_r\{PA_k \mid B_{k-1}\}\\&=P_r\{B_{k-2}\}P_r\{PA_{k-1} \mid B_{k-2}\}P_r\{PA_k \mid B_{k-1}\}\\&=P_r\{B_{k-3}\}P_r\{PA_{k-2} \mid B_{k-3}\}P_r\{PA_{k-1} \mid B_{k-2}\}P_r\{PA_k \mid B_{k-1}\}\end{aligned}$$

$$\cdots$$

$$=P_r\{B_1\}P_r\{PA_2 \mid B_1\}P_r\{PA_3 \mid B_2\}\cdots P_r\{PA_k \mid B_{k-1}\} \tag{8-17}$$

当第一个人的生日为指定的某一天,则第二个人的生日与之不同的概率为 $C(n-1,1)/n$,第三个人则为 $C(n-2,1)/n$,第四个人则为 $C(n-3,1)/n$,以此类推,第 k 个人则为 $C(n-k+1,1)/n$。又由于 $P_r\{B_1\}=1$,所以:

$$\begin{aligned}P_r\{B_k\}&=1\times\left(\frac{n-1}{n}\right)\left(\frac{n-2}{n}\right)\cdots\left(\frac{n-k+1}{n}\right)\\&=1\times\left(1-\frac{1}{n}\right)\left(1-\frac{2}{n}\right)\cdots\left(1-\frac{k-1}{n}\right)\end{aligned} \tag{8-18}$$

由于 $1+x\leqslant e^x$,所以:

$$\begin{aligned}P_r\{B_k\}&=1\times\left(1-\frac{1}{n}\right)\left(1-\frac{2}{n}\right)\cdots\left(1-\frac{k-1}{n}\right)\\&\leqslant e^{-\frac{1}{n}}e^{-\frac{2}{n}}\cdots e^{-\frac{k-1}{n}}=e^{-k\frac{k-1}{2n}}\end{aligned} \tag{8-19}$$

若 $P_r\{B_k\}\leqslant\frac{1}{2}$,则 k 个人中至少有两个人生日相同的概率大于 50%。求解:$e^{-k\frac{k-1}{2n}}\leqslant\frac{1}{2}$,可得:

$$k\geqslant(1+\sqrt{1+8\ln(2n)})/2 \tag{8-20}$$

当 n 取不同值时,对应的人数 k 如下:

(1) 在一年 365 天的情况下,若需两个人生日相同,需邀请 22 个人,加上自己即 23 人。

(2) 在一年 669 天的情况下,若需两个人生日相同,需邀请 30 个人,加上自己即 31 人。

(3) 在一年 88 天的情况下,若需两个人生日相同,需邀请 11 个人,加上自己即 12 人。

3. 代码实现

```
public void birthdayParadox()
{
    int days =365;                              //天数
    double probility =1.0;
    int num =0;
    for (int i =2; i <days; i++)
    {
        double aa =(double) (i -1) /(double) days;
        probility =probility * (1.0 -aa);
        if (probility <0.5)
        {
            num =i +1;
            break;
        }
    }
    System.Console.WriteLine("一年" +days +"天,如果人数达到"
        +num +"人,则有超过 50%的概率有两个人生日相同。");
}
```

参 考 文 献

[1] 王晓东. 计算机算法设计与分析[M]. 2 版. 北京：电子工业出版社. 2004.

[2] THOMAS H C，CHARLRS E L，RONALD L R，et al. Introduction to Algorithms[M]. Third Edition. The MIT Press，2009.

[3] DONALD E K. The Art of Computer Programming[M]. Third Edition. Addison-Wesley Professional，1997.

[4] 严蔚敏，吴伟民. 数据结构(C 语言版)[M].北京：清华大学出版社，2009.

图书资源支持

感谢您一直以来对清华版图书的支持和爱护。为了配合本书的使用，本书提供配套的资源，有需求的读者请扫描下方的“书圈”微信公众号二维码，在图书专区下载，也可以拨打电话或发送电子邮件咨询。

如果您在使用本书的过程中遇到了什么问题，或者有相关图书出版计划，也请您发邮件告诉我们，以便我们更好地为您服务。

我们的联系方式：

清华大学出版社计算机与信息分社网站：https://www.shuimushuhui.com/

地　　址：北京市海淀区双清路学研大厦 A 座 714

邮　　编：100084

电　　话：010-83470236　010-83470237

客服邮箱：2301891038@qq.com

QQ：2301891038（请写明您的单位和姓名）

资源下载：关注公众号“书圈”下载配套资源。

资源下载、样书申请

书圈

图书案例

清华计算机学堂

观看课程直播